高等职业教育土建专业系列教材

U0162897

建筑施工现场安全管理

主　编　周慧芳　袁明慧　王　婷

副主编　刘亚楠　潘泱波　蒙海花

主　审　苗磊刚

南京大学出版社

图书在版编目(CIP)数据

建筑施工现场安全管理 / 周慧芳,袁明慧,王婷主编. —南京：南京大学出版社,2023.1
ISBN 978-7-305-26452-8

Ⅰ. ①建… Ⅱ. ①周… ②袁… ③王… Ⅲ. ①建筑工程－工程施工－安全管理－研究 Ⅳ. ①TU714

中国版本图书馆 CIP 数据核字(2022)第 256315 号

出版发行 南京大学出版社
社　　址 南京市汉口路 22 号　　　　邮　　编 210093
出 版 人 金鑫荣
书　　名 **建筑施工现场安全管理**
主　　编 周慧芳　袁明慧　王　婷
责任编辑 朱彦霖　　　　　　　编辑热线 025-83597482
照　　排 南京开卷文化传媒有限公司
印　　刷 盐城市华光印刷厂
开　　本 787 mm×1092 mm　1/16　印张 18.5　字数 485 千
版　　次 2023 年 1 月第 1 版　2023 年 1 月第 1 次印刷
ISBN　978-7-305-26452-8
定　　价 48.00 元

网　　址:http://www.njupco.com
官方微博:http://weibo.com/njupco
官方微信号:njutumu
销售咨询热线:(025)83594756

前　言

　　近年来建设工程安全生产法律法规及部门规章安全技术标准的相继完善,为建设行业的安全生产提供了有力的法律依据。建设行业各级管理人员肩负着施工现场安全管理的重要职责,在建筑安全施工中发挥着至关重要的作用。只有严格遵守和执行各项安全管理制度和各项标准规范,才有可能最大限度地提高企业安全生产水平,减少生产过程中的不安全因素,将事故隐患降到最低。

　　本书依据"安全第一、预防为主、综合治理"的安全生产方针以及相关的标准规范,并结合我国建筑工程施工企业的实际需求和我国高等职业教育的现状来进行编写。全文共分为四大模块:建设工程安全生产法律法规概述、安全管理与文明施工、分部分项工程安全技术、建筑施工专项安全技术。本书由江苏建筑职业技术学院周慧芳、袁明慧、工婷任主编,江苏建筑职业技术学院刘亚楠、潘泱波、蒙梅花任副主编,江苏建筑职业技术学院苗磊刚任主审。全书由周慧芳统稿。书中的教学二维码视频内容,由江苏建筑职业技术学院教师周慧芳、袁明慧和刘亚楠三位教师录制。全书配有在线开放课程。

　　本书在编写过程中,参阅了大量的参考文献,在此向文献作者们表示衷心感谢!全书多处引用现行的有关法律、法规、标准、规范,使用过程中应以最新修改的版本为准。本书除参考文献中所列的署名作品之外,部分作品的名称及作者无法详细核实,故没有注明,在此向作者表示深深的歉意和衷心的感谢。

　　由于编者水平和经验有限,书中难免有欠妥和错误之处,恳请读者批评指正。

编　者

2022 年 9 月

目 录

模块 4　建筑施工专项安全技术

模块 1
建设工程安全生产法律法规概述

【模块概述】

本模块重点讲述建设工程安全生产方面的法律法规相关知识。主要包括建设安全生产法律法规制度、本课程涉及的主要法律、法规、标准、规范及规程、建筑相关企业的安全责任等内容。

【教学目标】

知识目标：

了解建设工程安全生产法律法规体系；

了解建筑施工现场安全管理涉及的主要法律法规标准规范等；

熟悉建筑施工相关企业的安全责任。

技能目标：

能够参与编制建筑施工相关企业的安全责任制度。

素质目标：

培养学生的科学精神、逻辑思维判断能力和人文修养，使学生能够认识安全、识别隐患，学会保护自我、珍爱生命，增强法律意识，明白建筑施工现场安全管理在整个土建行业乃至国民经济发展中的重要作用，与社会主义核心价值观相适应，体现当代大学生的时代特色。

案例引入：

【背景资料】 某大型商业建筑工程项目，主体建筑物 10 层。在主体工程进行到第二层时，该层的 100 根钢筋混凝土柱已浇筑完成并拆模后，监理人员发现混凝土外观质量不良，表面酥松，怀疑其混凝土强度不够，设计要求混凝土抗压强度达到 C18 的要求，于是要求承包商出示有关混凝土质量的检验与试验资料和其他证明材料。承包商向监理单位出示其对 9 根柱施工时，混凝土抽样检验和实验结果，表明混凝土抗压强度值（28 天强度）全部达到或超过 C18 的设计要求，其中最大值达到了 C30（即 30 MPa）。

【问题】 （1）你作为监理工程师，应如何判断承包商的这批混凝土结构施工质量是否达到了要求？

（2）如果监理方组织复合性检验，结果证明该批混凝土全部达到 C18 的设计要求，其中最小值仅有 C8（即仅达到 8 MPa），应采取什么处理决定？

（3）如果承包商承认他所提交的混凝土检验和实验结果不是按照混凝土检验和试验规程及规定在现场抽取试样进行试验的，而是在实验室内，按照设计提出的最优配合比进行配制和制取试件后进行试验的结果。对于这起质量事故，监理单位应承担什么责任？承包方应承担什么责任？

（4）如果查明发生的混凝土质量事故主要是由于业主提供的水泥质量问题导致的混凝土强度不足，而且在业主采购及承包商提供这批水泥时，均未向监理方咨询和提供有关信息、协助监理方掌握材料质量和信息。虽然监理方与承包方都按规定对业主提供的材料进行了进货抽样检验，并根据检验结果确认其合格而接受。试问在这种情况下，业主及监理单位应承担什么责任？

【参考答案】 （1）作为监理工程师，为了准确判断混凝土的质量是否合格，应当在承包方在场的情况下组织自身检验力量或聘请有权威性的第三方检测机构，或是承包方在监理方的监督下，对第二层主体结构的钢筋混凝土柱，用钻取混凝土芯的方法，钻取试件再分别进行抗压强度试验，取得抗压强度的数据，进行分析鉴定。

（2）采取全部返工重做的决定，以保证主体结构的质量。承包方应承担为此所付出的全部费用。

（3）承包方不按合同标准规范与设计要求进行施工和质量检验与试验，应承担工程质量责任，承担返工处理的一切有关费用和工期损失责任。监理单位未能按照住建部有关规定实行见证取样，认真、严格地对承包方的混凝土施工和检验进行监督、控制，使施工单位的施工质量得不到严格、及时的控制和发现，以致出现严重的质量问题，造成重大经济损失和工期拖延，属于严重失误，监理单位应承担不可推卸的间接责任，并应按合同的约定处以罚金。

（4）业主向承包商提供了质量不合格的水泥，导致出现严重的混凝土质量问题，业主应承担质量责任，承担质量处理的一切费用并给承包商延长工期。监理单位及施工单位都对水泥等材料质量和施工质量进行了抽验和试验，不承担质量责任。

【本案例的重点难点】 建设各方质量责任、施工过程质量控制、质量事故处理、见证取样。

1.1 建设安全生产法律法规制度

1.1.1 建设工程安全生产法律法规体系

在建筑活动中,施工管理者必须遵循相关的法律、法规及标准,同时应当了解法律、法规及标准,以及各自的地位及相互关系。我国建设安全生产法律法规体系分为以下几个层次:

1. 建设法律

建设法律一般是全国人民代表大会及其常务委员会对建筑管理活动的宏观规定,侧重于对政府机关、社会团体、企事业单位的组织、职能、权利、义务等,以及建筑产品生产组织管理和生产基本程序进行规定,是建筑法律体系的最高层次、具有最高法律效力。以主席令形式公布,例如《中华人民共和国建筑法》。

2. 建设行政法规

建设行政法规是对法律条款进一步细化,是国务院根据有关法律中授权条款和管理全国建筑行政工作的需要制定的,是法律体系中的第二层次,以国务院令形式公布,例如《建设工程安全生产条例》。

3. 建设部门规章

建设部门规章是国务院各部委根据法律、行政法规颁布的指导建设工作的行政规章。其中综合规章主要由中华人民共和国住房和城乡建设部发布。部门规章对全国有关行政管理部门具有约束力,但它的效力低于行政法规,以部委第几号令发布,例如《实施工程强制性标准监督规定》。

4. 地方性建设法规

地方性建设法规是省、自治区、直辖市人民代表大会及其常务委员会,根据本行政区的特点,在不与宪法、法律、行政法规相抵触的情况下制定的行政法规,仅在地方性法规所辖行政区域内有法律效力。

5. 地方性建设规章

地方性建设规章是地方人民政府根据法律、法规制定的地方性规章,仅在其行政区域内有效,其法律效力低于地方性法规,例如《北京市建设工程施工现场管理办法》。

6. 国家标准

国家标准是需要在全国范围内统一的技术要求,由国务院标准化行政主管部门制定发布。国家标准分为强制性标准和推荐性标准,强制性标准代号为"GB",推荐性标准代号为"GB/T"。国家标准的编号由国家标准代号、国家标准顺序号及国家标准发布的年号组成,国家工程建设标准代号为 GB 5××××或 GB/T 5××××,例如《建设工程施工现场消防安全技术规范》(GB 50720－2011)。

7. 行业标准

行业标准是需要在某个行业范围内统一的,而又没有国家标准的技术要求,由国务院有关行政主管部门制定,并报国务院标准化行政主管部门备案。行业标准是对国家标准的补充,行业标准在相应国家标准实施后,应该自行废止。其标准分为强制性标准和推荐性标准。行业标准如城市建设行业标准(CJ)、建材行业标准(JC)、建筑工业行业标准(JG)。现行工程建设行业标准代号在部分行业标准代号后加上第三个字母J,行业标准的编号由标准代号、标准顺序号及年号组成,行业标准顺序号在3000以前为工程类标准,在3001以后为产品类标准,例如《建筑施工模板安全技术规范》(JCJ 162 - 2008)等。

8. 地方标准

地方标准是对没有国家标准和行业标准,但又需要在省、自治区、直辖市范围内统一的产品的安全和卫生要求,由省、自治区、直辖市标准化行政主管部门制定,并报国务院标准化行政主管部门备案。地方标准不得违反有关法律法规和国家行业强制性标准,在相应的国家标准行业标准实施后,地方标准应自行废止。在地方标准中凡法律法规规定强制性执行的标准,才可能有强制性地方标准。

9. 安全生产法律、法规体系

安全生产法律、法规体系如图1-1-1所示。

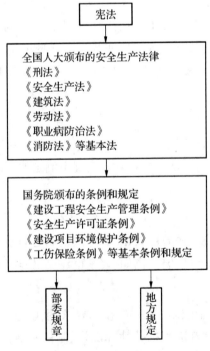

图1-1-1 安全生产法律、法规体系

1.1.2　安全生产监督管理体系

《建设工程安全生产管理条例》中明确规定了安全生产监督管理机构与职责。

国务院负责安全生产监督管理的部门依照《中华人民共和国安全生产法》的规定,对全国建设工程安全生产工作实施综合监督管理。

县级以上地方人民政府负责安全生产监督管理的部门依照《中华人民共和国安全生产法》的规定,对本行政区域内建设工程安全生产工作实施综合监督管理。

1. 国家安全生产监督管理局监督管理职责

(1) 承担国务院安全生产委员会办公室的日常工作。研究提出安全生产重大方针政策和重要措施的建议;监督检查、指导协调国务院有关部门和各省、自治区、直辖市人民政府的安全生产工作;组织国务院安全生产大检查和专项检查;参与研究有关部门在产业政策、资金投入、科技发展等工作中涉及安全生产的相关工作;负责组织国务院特别重大事故调查处理和办理结案工作;组织协调特别重大事故应急救援工作;指导协调全国安全生产行政执法工作;承办国务院安全生产委员会召开的会议和重要活动,督促、检查安全生产委员会会议决定事项的贯彻落实情况;承办国务院安全生产委员会交办的其他事项。

(2) 综合管理全国安全生产工作。组织起草安全生产方面的综合性法律和行政法规,研究拟订安全生产工作方针政策,制定发布工矿商贸行业及有关综合性安全生产规章规程,研究拟订工矿商贸安全生产标准,并组织实施。

(3) 依法行使国家安全生产综合监督管理职权,指导、协调和监督有关部门安全生产监督管理工作;制定全国安全生产发展规划;定期分析和预测全国安全生产形势,研究、协调和解决安全生产中的重大问题。

(4) 依法行使国家煤矿安全监察职权。依法监察煤矿企业贯彻执行安全生产法律、法规情况及其安全生产条件、设备设施安全和作业场所职业卫生情况;对不具备安全生产条件的煤矿企业依法进行查处;组织煤矿建设工程安全设施的设计审查和竣工验收。对设在各地的煤矿安全监察局及煤矿安全监察办事处进行管理。

(5) 负责发布全国安全生产信息,综合管理全国生产安全伤亡事故调度统计和安全生产行政执法分析工作;依法组织、协调重大、特大和特别重大事故的调查处理工作,并监督事故查处的落实情况;组织、指挥和协调安全生产应急救援工作。

(6) 负责综合监督管理危险化学品和烟花爆竹安全生产工作。

(7) 指导、协调全国安全生产检测检验工作;组织实施对工矿商贸企业安全生产条件和有关设备(特种设备除外)进行检测检验、安全评价、安全培训、安全咨询等社会中介组织的资质管理工作,并进行监督检查。

(8) 组织、指导全国安全生产宣传教育工作,负责安全生产监督管理人员、煤矿安全监察人员的安全培训、考核工作,依法组织、指导并监督特种作业人员(特种设备作业人员除外)的考核工作和生产经营单位主要经营管理者、安全管理人员的安全资格考核工作;监督检查生产经营单位安全培训工作。

(9) 负责监督管理中央管理的工矿商贸企业安全生产工作,依法监督工矿商贸企业贯彻执行安全生产法律、法规情况及其安全生产条件和有关设备(特种设备除外)、材料、劳动防护用品的安全管理工作。

(10) 依法监督检查新建、改建、扩建工程项目的安全设施与主体工程同时设计、同时施工、同时投产使用情况;依法监督检查生产经营单位作业场所职业卫生情况和重大危险源监控、重大事故隐患的整改工作,依法查处不具备安全生产条件的生产经营单位。

(11) 拟订安全生产科技规划,组织、指导安全生产重大科学技术研究和技术示范工作。

(12) 组织实施注册安全工程师执业资格制度,监督和指导注册安全工程师执业资格考试和注册工作。

(13) 组织开展与外国政府、国际组织及民间组织安全生产方面的国际交流与合作。

(14) 承办国务院交办的其他事项。

2. 国务院建设行政主管部门监督职责

国务院建设行政主管部门对全国的建设工程安全生产实施监督管理。国务院铁路、交通、水利等有关部门按照国务院规定的职责分工,负责有关专业建设工程安全生产的监督管理。

县级以上地方人民政府建设行政主管部门对本行政区域内的建设工程安全生产实施监督管理。县级以上地方人民政府交通、水利等有关部门在各自的职责范围内,负责本行政区域内的专业建设工程安全生产的监督管理。

国务院《建设工程安全生产管理条例》对各级建设行政主管部门在建设工程安全生产监督管理中的职责作了明确规定。

(1) 国务院建设行政主管部门对全国的建设工程安全生产实施监督管理主要表现在:

① 贯彻执行国家有关安全生产的法规、政策,起草或者制定建设工程安全生产管理的法规、标准,并监督实施;

② 制定建设工程安全生产管理的中、长期规划和近期目标,组织建设工程安全生产技术的开发与推广应用;

③ 指导和监督检查省、自治区、直辖市人民政府建设行政主管部门对建设工程安全生产的监督管理工作;

④ 统计全国建筑职工因工伤亡人数,掌握并发布全国建设工程安全生产动态;

⑤ 负责对企业申报资质时的安全条件的审查,行使安全生产否决权;

⑥ 组织建设工程安全生产大检查,总结交流安全生产管理经验,并表彰先进;

⑦ 检查和督促工程建设重大事故的调查处理,组织或者参与工程建设重大事故的调查。

(2) 县级以上地方人民政府建设行政主管部门对本行政区域内的建设工程安全生产实施监督管理主要表现在:

① 贯彻执行国家和地方有关安全生产的法规、标准和政策,起草或者制定本行政区域内建设工程安全生产管理的实施细则或者实施办法;

② 制定本行政区域内建设工程安全生产管理的中、长期规划和近期目标,组织建设

工程安全生产技术的开发与推广应用;

③ 建立建设工程安全生产的监督管理体制,制定本行政区域内建设工程安全生产监督管理工作制度,组织落实安全生产责任制;

④ 负责本行政区域内建筑职工因工伤亡的统计和上报工作,掌握和发布本行政区域建设工程安全生产动态,制定事故应急救援预案,并组织实施;

⑤ 负责对企业申报资质时的安全条件的审查,行使安全生产否决权;

⑥ 组织和参与本行政区域内建设工程中施工生产安全事故的调查处理工作,并依照有关规定上报重大伤亡事故;

⑦ 组织开展本行政区域内建设工程安全生产大检查,总结交流建设工程安全生产管理经验,并表彰先进;

⑧ 监督检查施工现场、构配件生产车间等安全管理和防护措施,纠正违章指挥和违章作业;

⑨ 组织开展本行政区域内施工企业的生产管理人员、作业人员的安全生产教育、培训等工作,监督检查施工企业对安全施工措施费的使用;

⑩ 领导和管理建设工程安全监督管理机构的工作。

1.1.3　安全生产监督管理规定

《建设工程安全生产管理条例》中明确规定:

(1) 建设行政主管部门在审核发放施工许可证时,应当对建设工程是否有安全施工措施进行审查,对没有安全施工措施的,不得颁发施工许可证。

(2) 建设行政主管部门或者其他有关部门对建设工程是否有安全施工措施进行审查时,不得收取费用。

(3) 县级以上人民政府负有建设工程安全生产监督管理职责的部门在各自的职责范围内履行安全监督检查职责时,有权采取下列措施:

① 要求被检查单位提供有关建设工程安全生产的文件和资料;

② 进入被检查单位施工现场进行检查;

③ 纠正施工中违反安全生产要求的行为;

④ 对检查中发现的安全事故隐患,责令立即排除;重大安全事故隐患排除前或者排除过程中无法保证安全的,责令从危险区域内撤出作业人员或者暂时停止施工。

▶ 1.2　本课程涉及的主要法律、法规、标准、规范及规程 ◀

1. 法律

(1)《中华人民共和国安全生产法》(2021年修订)

(2)《中华人民共和国建筑法》(2019年修订)

(3)《中华人民共和国劳动法》(2018年修订)

(4)《中华人民共和国刑法》(2020年修订)

(5)《中华人民共和国消防法》(2021年修订)

(6)《中华人民共和国职业病防治法》(2018年修订)

(7)《中华人民共和国安全生产法》(2021年修订)

2. 行政法规

(1)《建设工程安全生产管理条例》(2003)

(2)《安全生产许可证条例》(2014年修订)

(3)《生产安全事故报告和调查处理条例》(2007)

(4)《国务院关于进一步加强安全生产工作的决定》(2004)

3. 部门规章

(1)《建筑施工企业安全生产管理机构设置及专职安全生产管理人员配备办法》(2008)(住建部)

(2)《危险性较大的分部分项工程安全管理规定》(2018)(住建部)

(3)《建筑工程安全生产监督管理工作导则》(2005)(建设部)

(4)《建筑施工企业安全生产许可证管理规定》(2004)(建设部)

(5)《建筑起重机械安全监督管理规定》(2008)(住建部)

(6)《实施工程建设强制性标准监督规定》(2000)(建设部)

(7)《建筑施工企业主要负责人、项目负责人和专职安全生产管理人员安全生产考核管理暂行规定》(2004)(建设部)

(8)《生产经营单位安全培训规定》(2005)(安监总局)

(9)《特种作业人员安全技术培训考核管理规定》(2010)(安监总局)

(10)《建筑施工特种作业人员管理规定》(2008)(住建部)

(11)《建筑业企业职工安全培训教育暂行规定》(1997)(建设部)

(12)《生产安全事故应急预案管理办法》(2009)(安监总局)

4. 国家标准

(1)《建筑施工组织设计规范》GB/T 50502—2019

(2)《建设工程施工现场消防安全技术规范》GB 50720—2019

(3)《安全标志及其使用导则》GB 2894—2020

(4)《起重机械安全规程》GB 6067—2010

(5)《塔式起重机安全规程》GB 5144—2006

(6)《建筑施工企业安全生产管理规范》GB 50656—2011

(7)《高处作业分级》GB/T 3608—2016

(8)《高处作业吊篮》GB 19155—2017

(9)《建筑边坡工程技术规范》GB 50330—2002

(10)《建设工程施工现场供用电安全规范》GB 50194—2014

(11)《建筑施工安全技术统一规范》GB 50870—2013

5. 行业标准

(1)《建筑施工安全检查标准》JGJ 59 - 2011

(2)《施工企业安全生产评价标准》JGJ/T 77 - 2010

(3)《施工现场临时建筑物技术规范》JGJ/T 188 - 2009

(4)《建筑施工现场环境与卫生标准》JGJ 146 - 2004

(5)《建筑基坑支护技术规程》JGJ 120 - 2012

(6)《建筑施工土石方工程安全技术规范》JGJ 180 - 2019

(7)《建筑施工高处作业安全技术规范》JGJ 80 - 2016

(8)《建筑施工扣件式钢管脚手架安全技术规范》JGJ 130 - 2011

(9)《建筑施工门式钢管脚手架安全技术规范》JGJ 128 - 2019

(10)《建筑施工碗扣式钢管脚手架安全技术规范》JGJ 166 - 2016

(11)《建筑施工承插型盘扣式钢管支架安全技术规程》JGJ 231 - 2021

(12)《建筑施工工具式脚手架安全技术规范》JGJ 202 - 2010

(13)《施工现场临时用电安全技术规范》JGJ 46 - 2017

(14)《建筑施工模板安全技术规范》JGJ 162 - 2008

(15)《建筑机械使用安全技术规程》JGJ 33 - 2021

(16)《建筑施工塔式起重机安装、使用、拆卸安全技术规程》JGJ 196 - 2010

(17)《龙门架及井架物料提升机安全技术规范》JGJ 88 - 2010

(18)《建筑施工升降机安装、使用、拆卸安全技术规程》JGJ 215 - 2010

(19)《施工现场机械设备检查技术规程》JGJ 160 - 2016

(20)《建筑施工起重吊装工程安全技术规范》JGJ 276 - 2012

(21)《建筑施工作业劳动保护用品配备及使用标准》JGJ 184 - 2009

▶ 1.3　建筑相关企业的安全责任 ◀

1.3.1　建设单位安全责任

1. 建设单位安全责任

建设单位在工程建设中处于主导地位,用法律手段规范建设单位的行为,对加强工程建设的安全生产管理十分必要,《建设工程安全生产管理条例》(以下简称《条例》)在第二章中明确规定了建设单位在工程建设中应承担的安全责任与应履行的义务。

《条例》第二章条文规定:

第六条　建设单位应当向施工单位提供施工现场及毗邻区域内供水、排水、供电、供气、供热、通信、广播电视等地下管线资料,气象和水文观测资料,相邻建筑物和构筑物,地下工程的有关资料,并保证资料的真实、准确、完整。

建设单位因建设工程需要,向有关部门或者单位查询前款规定的资料时,有关部门或者单位应当及时提供。

第七条 建设单位不得对勘察、设计、施工、工程监理等单位提出不符合建设工程安全生产法律、法规和强制性标准规定的要求,不得压缩合同约定的工期。

第八条 建设单位在编制工程概算时,应当确定建设工程安全作业环境及安全施工措施所需费用。

第九条 建设单位不得明示或者暗示施工单位购买、租赁、使用不符合安全施工要求的安全防护用具、机械设备、施工机具及配件、消防设施和器材。

第十条 建设单位在申请领取施工许可证时,应当提供建设工程有关安全施工措施的资料。

依法批准开工报告的建设工程,建设单位应当自开工报告批准之日起15日内,将保证安全施工的措施报送建设工程所在地的县级以上地方人民政府建设行政主管部门或者其他有关部门备案。

第十一条 建设单位应当将拆除工程发包给具有相应资质等级的施工单位。

建设单位应当在拆除工程施工15日前,将下列资料报送建设工程所在地的县级以上地方人民政府建设行政主管部门或者其他有关部门备案:

(1)施工单位资质等级证明;

(2)拟拆除建筑物、构筑物及可能危及毗邻建筑的说明;

(3)拆除施工组织方案;

(4)堆放、清除废弃物的措施。

实施爆破作业的,应当遵守国家有关民用爆炸物品管理的规定。

2. 安全投入

《条例》中明确规定:

建设单位在编制工程概算时,应当确定建设工程安全作业环境及安全施工措施所需费用。

建筑安装工程费由直接费、间接费、利润和税金组成。

1)直接费:直接费由直接工程费和措施费组成。

直接工程费是指施工过程中耗费的构成工程实体的各项费用,包括人工费、材料费、施工机械使用费。

(1)人工费,指直接从事建筑安装工程施工的生产工人开支的各项费用,具体项目如下:

① 基本工资,指发放给生产工人的基本工资。

② 工资性补贴,指按规定标准发放的物价补贴,煤、燃气补贴,交通补贴,住房补贴,流动施工津贴等。

③ 生产工人辅助工资,指生产工人年有效施工天数以外非作业天数的工资,包括职工学习培训期间的工资,调动工作、探亲、休假期间的工资,因气候影响的停工工资,女工哺乳期间的工资,病假在六个月以内的工资及产、婚、丧假期的工资。

④ 职工福利费,指按规定标准计提的职工福利费。

⑤ 生产工人劳动保护费,指按规定标准发放的劳动保护用品的购置费及修理费,徒工服装补贴,防暑降温费,在有碍身体健康环境中施工的保健费用等。

(2) 材料费,指施工过程中耗费的构成工程实体的原材料、辅助材料、构配件、零件、半成品的费用,内容包括:

① 材料原价(或供应价格)。

② 材料运杂费,指材料自来源地运至工地仓库或指定堆放地点所发生的全部费用。

③ 运输损耗费,指材料在运输装卸过程中不可避免的损耗。

④ 采购及保管费,指为组织采购、供应和保管材料过程中所需要的各项费用。包括:采购费、仓储费、工地保管费、仓储损耗。

⑤ 检验试验费,指对建筑材料、构件和建筑安装物进行一般鉴定、检查所发生的费用,包括自设实验室进行试验所耗用的材料和化学药品等费用。不包括新结构、新材料的试验费和建设单位对具有出厂合格证明的材料进行检验,对构件做破坏性试验及其他特殊要求检验试验的费用。

(3) 施工机械使用费,指施工机械作业所发生的机械使用费以及机械安拆费和场外运费。

施工机械台班单价应由下列七项费用组成:折旧费;大修理费;经常修理费;安拆费及场外运费;人工费;燃料动力费;养路费及车船使用税。

措施费是指为完成工程项目施工,发生于该工程施工前和施工过程中非工程实体项目的费用。具体内容包括:

(1) 环境保护费,指施工现场为达到环保部门要求所需要的各项费用。

(2) 文明施工费,指施工现场文明施工所需要的各项费用。

(3) 安全施工费,指施工现场安全施工所需要的各项费用。

(4) 临时设施费,指施工企业为进行建筑工程施工所必须搭设的生活和生产用的临时建筑物、构筑物和其他临时设施费用等。

临时设施包括临时宿舍、文化福利与公用事业构筑物、仓库、办公室、加工厂,以及规定范围内的道路、水、电、管线等临时设施和小型临时设施。

临时设施费用包括临时设施的搭设费、维修费、拆除费或摊销费。

(5) 夜间施工费,指因夜间施工所发生的夜班补助费、夜间施工降效、夜间施工照明设备摊销及照明用电等费用。

(6) 二次搬运费,指因施工场地狭小等特殊情况而发生的二次搬运费用。

(7) 大型机械设备进出场及安拆费,指机械整体或分体自停放场地运至施工现场或由一个施工地点运至另一个施工地点,所发生的运输费用以及机械在施工现场进行安装、拆卸所需的人工费、材料费、机械费、试运转费和安装所需的辅助设施的费用。

(8) 混凝土、钢筋混凝土模板及支架费,指混凝土施工过程中需要的各种钢模板、木模板、支架等的支、拆、运输费用及模板、支架的摊销(或租赁)费用。

(9) 脚手架费,指施工需要的各种脚手架搭、拆、运输费用及脚手架的摊销(或租赁)费用。

（10）已完工程及设备保护费，指竣工验收前，对已完工程及设备进行保护所需费用。

（11）施工排水、降水费，指为确保工程在正常条件下施工，而采取的各种排水、降水措施所发生的各种费用。

2）间接费：间接费由规费、企业管理费组成。

规费是指政府和有关权力部门规定必须缴纳的费用（简称规费），包括工程排污费、工程定额测定费、社会保障费。

（1）工程排污费，指施工现场按规定缴纳的工程排污费。

（2）工程定额测定费，是指按规定支付工程造价（定额）管理部门的定额测定费。

（3）社会保障费，包括以下三项：

① 养老保险费，指企业按照国家规定标准为职工缴纳的基本养老保险费。

② 失业保险费，指企业按照国家规定标准为职工缴纳的失业保险费。

③ 医疗保险费，指企业按照国家规定标准为职工缴纳的基本医疗保险费。

（4）住房公积金，指企业按照国家规定标准为职工缴纳的住房公积金。

（5）危险作业意外伤害保险，指按照建筑法规定，企业为从事危险作业的建筑安装施工人员支付的意外伤害保险费。

企业管理费指建筑安装企业组织施工生产和经营管理所需费用，具体项目如下：

（1）管理人员工资，指管理人员的基本工资、工资性补贴、职工福利费、劳动保护费等。

（2）办公费，指企业管理、办公用的文具费、纸张费、账表费、印刷费、邮电费、书报费、会议费、水电费、烧水费和集体取暖（包括现场临时宿舍取暖）费等。

（3）差旅交通费，指职工因公出差和调动工作的差旅费、住勤补助费、市内交通费和误餐补助费，职工探亲路费，劳动力招募费，职工离退休、退职一次性路费，工伤人员就医路费，工地转移费以及管理部门使用的交通工具的油料、燃料、养路费及牌照费。

（4）固定资产使用费，指管理和试验部门及附属生产单位使用的属于固定资产的房屋、设备、仪器等的折旧、大修、维修或租赁费。

（5）工具用具使用费，指管理使用的不属于固定资产的生产工具、器具、家具、交通工具和检验、试验、测绘、消防用具等的购置、维修和摊销费。

（6）劳动保险费，指由企业支付离退休职工的易地安家补助费、职工退职金、六个月以上的病假人员工资、职工死亡丧葬补助费、抚恤费、按规定支付给离休干部的各项经费。

（7）工会经费，指企业按职工工资总额计提的工会经费。

（8）职工教育经费，指企业为职工学习先进技术和提高文化水平，按职工工资总额计提的费用。

（9）财产保险费，指施工管理用于财产、车辆保险的费用。

（10）财务费，指企业为筹集资金而发生的各种费用。

（11）税金，指企业按规定缴纳的房产税、车船使用税、土地使用税、印花税等。

（12）其他包括技术转让费、技术开发费、业务招待费、绿化费、广告费、公证费、法律顾问费、审计费、咨询费等。

利润,指施工企业完成所承包工程获得的赢利。

税金,指国家税法规定的应计入建筑安装工程造价内的营业税、城市维护建设税及教育费附加等。

在上述费用构成中,安全投入费用已列入其中。

3. 保证安全施工措施备案制度

《条例》第二章第十条明确规定:

建设单位在申请领取施工许可证时,应当提供建设工程有关安全施工措施的资料。

依法批准开工报告的建设工程,建设单位应当自开工报告批准之日起 15 日内,将保证安全施工的措施报送建设工程所在地的县级以上地方人民政府建设行政主管部门或者其他有关部门备案。

建设单位申请领取施工许可证,应当具备下列条件,并提交相应的证明文件:

(1) 已经办理该建设工程用地批准手续。

(2) 在城市规划区的建筑工程,已经取得建设工程规划许可证。

(3) 施工现场已经基本具备施工条件,需要拆迁的,其拆迁进度符合施工要求。

(4) 已经确定施工企业。按照规定应该招标的工程没有招标,应该公开招标的工程没有公开招标,或者肢解发包工程,以及将工程发包给不具备相应资质条件的,所确定的施工企业无效。

(5) 有满足施工需要的施工图纸及技术资料,施工图设计文件已按规定进行了审查。

(6) 有保证工程质量和安全的具体措施。施工企业编制的施工组织设计中有根据建筑工程特点制定的相应质量、安全技术措施,专业性较强的工程项目编制的专项质量、安全施工组织设计,并按照规定办理了工程质量、安全监督手续。

(7) 按照规定应该委托监理的工程已委托监理。

(8) 建设资金已经落实。建设工程不足一年的,到位资金原则上不得少于工程合同价的 50%,建设工期超过一年的,到位资金原则上不得少于工程合同价的 30%。建设单位应当提供银行出具的到位资金证明,有条件的可以实行银行付款保函或者其他第三方担保。

(9) 法律、行政法规规定的其他条件。

4. 拆除工程备案制度

鉴于拆除工程中的安全事故屡有发生,《条例》特在第二章第十一条中明确规定:建设单位应当将拆除工程发包给具有相应资质等级的施工单位。

建设单位应当在拆除工程施工 15 日前,将下列资料报送建设工程所在地的县级以上地方人民政府建设行政主管部门或者其他有关部门备案:

(1) 施工单位资质等级证明;

(2) 拟拆除建筑物、构筑物及可能危及毗邻建筑的说明;

(3) 拆除施工组织方案;

(4) 堆放、清除废弃物的措施。

实施爆破作业的,应当遵守国家有关民用爆炸物品管理的规定。

对于从事爆破与拆除工程的企业,国家有专门的资质要求。

1.3.2　设计、监理及设备供应商安全责任

1. 设计单位安全责任

《条例》第二章第十三条规定:设计单位应当按照法律、法规和工程建设强制性标准进行设计,防止因设计不合理导致生产安全事故的发生。

设计单位应当考虑施工安全操作和防护的需要,对涉及施工安全的重点部位和环节在设计文件中注明,并对防范生产安全事故提出指导意见。

采用新结构、新材料、新工艺的建设工程和特殊结构的建设工程,设计单位应当在设计中提出保障施工作业人员安全和预防生产安全事故的措施建议。

设计单位和注册建筑师等注册执业人员应当对其设计负责。

《建筑法》第三十七条规定:建筑工程设计应当符合按照国家规定制定的建筑安全规程和技术规范,保证工程的安全性能。设计单位的工程设计文件对保证建筑结构安全非常重要。同时,设计单位在编制设计文件时,应当结合建设工程的具体特点和实际情况,考虑施工安全操作和防护的需要,为施工单位制定安全防护措施提供技术指导。

施工单位在施工过程中,发现设计文件无法满足安全防护和施工安全的问题时,应及时提出,设计单位有责任和义务无偿地修改设计文件。

2. 监理单位安全责任

工程监理要对施工过程的每一个环节起到监督管理的作用,是工程建设安全生产的责任主体之一。

《条例》在第二章第十四条明确规定:

工程监理单位应当审查施工组织设计中的安全技术措施或者专项施工方案是否符合工程建设强制性标准。

工程监理单位在实施监理过程中,发现存在安全事故隐患的,应当要求施工单位进行整改;情况严重的,应当要求施工单位暂时停止施工,并及时报告建设单位。施工单位拒不整改或者不停止施工的,工程监理单位应当及时向有关主管部门报告。

工程监理单位和监理工程师应当按照法律、法规和工程建设强制性标准实施监理,并对建设工程安全生产承担监理责任。

3. 施工设备供应和安装单位安全责任

(1) 施工设备提供单位安全责任

《条例》在第十五条和第十六条明确规定:

① 为建设工程提供机械设备和配件的单位,应当按照安全施工的要求配备齐全有效的保险、限位等安全设施和装置。

② 出租的机械设备和施工机具及配件,应当具有生产(制造)许可证、产品合格证。出租单位应当对出租的机械设备和施工机具及配件的安全性能进行检测,在签订租赁协

议时,应当出具检测合格证明。

禁止出租检测不合格的机械设备和施工机具及配件。

(2) 自升式架设设施安装、拆卸单位安全责任

《条例》第十七条和第十八条明确规定:

① 在施工现场安装、拆卸施工起重机械和整体提升脚手架、模板等自升式架设设施,必须由具有相应资质的单位承担。

安装、拆卸施工起重机械和整体提升脚手架、模板等自升式架设设施,应当编制拆装方案、制定安全施工措施,并由专业技术人员现场监督。

施工起重机械和整体提升脚手架、模板等自升式架设设施安装完毕后,安装单位应当自检,出具自检合格证明,并向施工单位进行安全使用说明,办理验收手续并签字。

② 施工起重机械和整体提升脚手架、模板等自升式架设设施的使用达到国家规定的检验检测期限的,必须经具有专业资质的检验检测机构检测。经检测不合格的,不得继续使用。

(3) 特种设备使用要求

对于施工起重机械的使用,应符合《特种设备安全监察条例》的相关规定。

特种设备
使用要求

1.3.3　施工单位安全责任

1. 资质要求

《条例》第二十条明确规定:

施工单位从事建设工程的新建、扩建、改建和拆除等活动,应当具备国家规定的注册资本、专业技术人员、技术装备和安全生产等条件,依法取得相应等级的资质证书,并在其资质等级许可的范围内承揽工程。

《建筑法》第二十六条规定:

承包建筑工程的单位应当持有依法取得的资质证书,并在其资质等级许可的业务范围内承揽工程。禁止建筑施工企业超越本企业资质等级许可的业务范围或者以任何形式用其他建筑施工企业的名义承揽工程。禁止建筑施工企业以任何形式允许其他单位或者个人使用本企业的资质证书、营业执照,以本企业的名义承揽工程。

《安全生产法》第十六条规定:

生产经营单位应当具备本法和有关法律、行政法规和国家标准或者行业标准规定的安全生产条件;不具备安全生产条件的,不得从事生产经营活动。施工单位从事建设工程活动,不得违反这一原则规定。

自 2001 年 7 月 1 日起施行的建设部第 87 号令《建筑业企业资质管理规定》第五条规定:建筑业企业资质分为施工总承包、专业承包和劳务分包三个序列。

(1) 获得施工总承包资质的企业,可以对工程实行施工总承包或者对主体工程实行施工承包。承担施工总承包的企业可以对所承接的工程全部自行施工,也可以将非主体

工程或者劳务作业分包给具有相应专业承包资质或者劳务分包资质的其他建筑业企业。

（2）获得专业承包资质的企业，可以承接施工总承包企业分包的专业工程或者建设单位按照规定发包的专业工程。专业承包企业可以对所承接的工程全部自行施工，也可以将劳务作业分包给具有相应劳务分包资质的劳务分包企业。

（3）获得劳务分包资质的企业，可以承接施工总承包企业或者专业承包企业分包的劳务作业。

2. 施工单位负责人安全责任

1）主要负责人安全责任

《条例》第二十一条第一款规定：

施工单位主要负责人依法对本单位的安全生产工作全面负责。生产施工单位应当建立健全安全生产责任制度和安全生产教育培训制度，制定安全生产规章制度和操作规程，保证本单位安全生产条件所需资金的投入，对所承担的建设工程进行定期和专项安全检查，并做好安全检查记录。

施工单位主要负责人，包括法人单位的法定代表人、股份有限公司的董事长、全面负责日常生产经营活动的总经理，以及非法人单位正职领导。

《建筑法》第四十四条第二款规定：

建筑施工企业的法定代表人对本企业的安全生产负责，《安全生产法》第五条规定生产经营单位的主要负责人对本单位的安全生产工作全面负责。

《安全生产法》第十七条规定：

施工单位的主要负责人在本单位安全生产工作的主要职责包括：

（1）建立健全本单位安全生产责任制；

（2）组织制定本单位安全生产规章制度和操作规程；

（3）保证本单位安全生产投入的有效实施；

（4）督促本单位的安全生产工作，及时消除生产安全事故隐患；

（5）组织制定并实施本单位的生产安全事故应急救援预案；

（6）及时、如实报告生产安全事故。

2）项目负责人安全责任

《条例》第二十一条第二款规定：

（1）施工单位的项目负责人应当由取得相应执业资格的人员担任，对建设工程项目的安全施工负责，落实安全生产责任制度、安全生产规章制度和操作规程，确保安全生产费用的有效使用，并根据工程的特点组织制定安全施工措施，消除安全事故隐患，及时、如实报告生产安全事故。

（2）项目负责人应当按规定取得项目经理资质证或建造师执业资格证书，在资质等级许可范围内承担工程项目施工管理。

（3）项目负责人岗位职责

① 对承包项目工程生产经营过程中的安全生产负全面领导责任。

② 贯彻落实安全生产方针、政策、法规和各项规章制度,结合项目工程特点及施工全过程的情况,制定本项目工程各项安全生产管理办法,或提出要求,并监督其实施。

③ 在组织项目工程业务承包,聘用业务人员时,必须本着安全工作只能加强的原则,根据工程特点确定安全工作的管理体制和人员,并明确各业务承包人的安全责任和考核指标,支持、指导安全管理人员的工作。

④ 健全和完善用工管理手续,录用外包队必须及时向有关部门申报,严格用工制度与管理,适时组织上岗安全教育,要对外包工队的健康与安全负责,加强劳动保护工作。

⑤ 组织落实施工组织设计中的安全技术措施,组织并监督项目工程施工中的安全技术交底制度和设备、设施验收制度的实施。

⑥ 领导、组织施工现场定期的安全生产检查,发现施工生产中不安全问题,组织制定措施,及时解决。对上级提出的安全生产与管理方面的问题,要定时、定人、定措施予以解决。

⑦ 发生事故,要做好现场保护与抢救的工作,及时上报,积极配合事故的调查,认真落实制定的防范措施,吸取事故教训。

3) 专职安全生产管理人员安全职责

(1) 安全员岗位职责

《条例》第二十三条明确规定:

专职安全生产管理人员负责对安全生产进行现场监督检查。发现安全事故隐患,应当及时向项目负责人和安全生产管理机构报告;对于违章指挥、违章操作的,应当立即制止。

安全员的工作内容主要包括项目安全策划、资源环境安全检查、作业安全管理、生产安全事故处理、安全资料管理五个方面。安全员的岗位职责主要有以下内容:

① 认真贯彻并执行有关的建筑工程安全生产法律、法规,坚持安全生产方针,在职权范围内对各项安全生产规章制度的落实,以及环境及安全施工措施费用的合理使用进行组织、指导、督促、监督和检查。

② 参与制定施工项目的安全管理目标,认真进行日常安全管理,掌控安全动态并做好记录,健全各种安全管理台账,当好项目经理安全生产方面的助手。

③ 协助制定安全与环境计划。

④ 参与建立安全与环境管理机构和制定管理制度。

⑤ 协助制定施工现场生产安全事故应急救援预案。

⑥ 参与开工前安全条件自查。

⑦ 参与材料、机械设备的安全检查,参与安全防护设施、施工用电、特种设备及施工机械的验收工作。

⑧ 负责防护用品和劳保用品的符合性审查。

⑨ 负责作业人员的安全教育和特种作业人员资格审查。

⑩ 参与危险性较大的分部分项工程专项施工方案及一般施工安全技术方案的编制,并对其落实情况进行监督和检查。

⑪ 参与施工安全技术交底。

⑫ 负责施工作业安全检查和危险源的防控，对违章作业和安全隐患进行处置。

⑬ 负责施工现场文明施工管理和环境监督管理。

⑭ 参与生产安全事故的调查、分析以及应急救援。

⑮ 负责安全资料的编制、检查、汇总、整理和移交。

⑯ 有权制止违章作业，有权抵制并向有关部门举报违章指挥行为。

（2）安全员的素质要求

安全是施工生产的基础，是企业取得效益的保证。一个合格的安全员应当具备下列素质：

① 良好的职业道德素质。

a）树立"安全第一"和"预防为主"的高度责任感，本着"对上级负责、对职工负责、对自己负责"的态度做好每一项工作，为做好安全生产工作尽职尽责。

b）严格遵守职业纪律，以身作则，带头遵章守纪。

c）实事求是，作风严谨，不弄虚作假，不姑息任何事故隐患。

d）坚持原则，办事公正，讲究工作方法，严肃对待违章、违纪行为。

e）胸怀宽阔，不怕讽刺中伤，不怕打击报复，不因个人好恶影响工作。

f）按规定接受继续教育，充实、更新知识，提高职业能力。

② 良好的业务素质。

a）掌握国家有关安全生产的法律、法规、政策及有关安全生产的规章、规程、规范和标准知识；

b）熟悉工程材料、施工图识读、施工工艺、项目管理、建筑构造、建筑力学与结构等专业基础知识。能够对施工材料、设备、防护设施与劳保用品进行安全符合性判断。

c）熟悉安全专项施工方案的内容和编制方法。能够编制安全专项施工方案。

d）熟悉职业健康安全与环境计划的内容和编制方法。能够编制项目职业健康安全与环境计划。

e）掌握安全管理、安全技术、心理学、人际关系学等知识，具有一定的写作能力和计算机应用能力。能够编制安全技术交底文件，并实施安全技术交底。

f）能够实施项目作业人员的安全教育培训。

g）能够进行项目文明工地、绿色施工的管理工作。

h）掌握施工现场安全事故产生的原因和防范措施及救援处理知识。能够识别施工现场安全危险源，并对安全隐患和违章作业进行处置。能够编制生产安全事故应急救援预案。能够进行生产安全事故的救援处理、调查分析。

i）能够编制、收集、整理施工安全资料。

③ 良好的身体素质和心理素质。

a）安全管理是一项既要脑勤又要腿勤的管理工作。只要有人上班，安全员就得工作，检查事故隐患，处理违章现象。显而易见，没有良好的身体素质就无法做好安全工作。

b）良好的心理素质包括意志、气质、性格三个方面。安全员在管理中会遇到很多困难，面对困难和挫折不畏惧，不退缩，不赌气撂挑子，需要坚强的意志。气质是一个人的脾气和性情，安全员应性格外向，具有长期的、稳定的、灵活的气质特点。安全员必须具有豁达的性格特征，工作中做到巧而不滑、智而不奸、踏实肯干、勤劳能干。

c）正确应对突发事件的素质。建筑施工安全生产形势千变万化，即使安全管理再严格，手段再到位，网络再健全，也仍然会遭遇不可预测的风险。基层安全员必须具备突发事件发生时临危不乱的应急处理能力，反应敏捷，无论在何时、何地，遇到何种情况，事故发生后都能迅速反应，及时妥善处理，把各种损失降到最低。

4）班组安全员的岗位职责

（1）班组安全员一般由副班（组）长兼任，协助班组长做好本班组安全工作，受工地安全员的业务指导，协助班组长做好班前安全布置、班中安全检查、班后安全总结。

（2）组织开展本班组各种安全活动，认真做好安全活动日记录，提出改进安全工作的意见和建议。

（3）对新工人进行岗位安全教育。

（4）严格执行有关安全生产的各项规章制度，对违章作业有权制止，并及时报告。

（5）检查督促班组人员合理使用劳保用品和各种防护用品、消防器材。

（6）发生事故要及时了解情况，维护好现场，并向领导报告。

5）施工单位管理人员考核任职制度

《条例》第三十六条明确规定：

施工单位的主要负责人、项目负责人、专职安全生产管理人员应当经建设行政主管部门或者其他有关部门考核合格后方可任职。

施工单位应当对管理人员和作业人员每年至少进行一次安全生产教育培训，其教育培训情况记入个人工作档案。安全生产教育培训考核不合格的人员，不得上岗。

3. 总承包单位与分包单位的安全责任

《条例》第二十四条明确规定：

建设工程实行施工总承包的，由总承包单位对施工现场的安全生产负总责。总承包单位应当自行完成建设工程主体结构的施工。

总承包单位依法将建设工程分包给其他单位的，分包合同中应当明确各自在安全生产方面的权利、义务。总承包单位和分包单位对分包工程的安全生产承担连带责任。

分包单位应当服从总承包单位的安全生产管理，分包单位不服从管理导致生产安全事故的，由分包单位承担主要责任。

标准规范

施工企业安全
生产评价标准

模块 2
安全管理与文明施工

【模块概述】

本模块重点讲述安全管理与文明施工方面的主要内容，其中包括安全生产责任制与安全目标管理、专项施工方案与安全技术措施、文明施工与安全标志管理、安全教育与安全活动、安全检查与隐患整改、生产安全事故管理与应急救援等内容。

【教学目标】

知识目标：

了解施工项目安全管理的目标和任务；

掌握安全生产方针；

熟悉安全生产相关法律法规中关于安全生产管理机构及安全管理人员的设置要求；

熟悉安全生产管理机构及安全生产管理人员的安全职责；

掌握专项施工方案的要求和安全技术交底；

掌握文明施工的内容及文明施工的基本要求；

熟悉建筑安全标志、施工项目安全保证计划及控制措施；

熟悉安全教育和安全活动的方式和要求；

了解安全检查要求和安全检查的主要形式；

掌握建筑工程安全检查标准和检查方法；

掌握施工现场安全事故的分级标准、事故上报和调查程序；

熟悉安全救援应急预案的编制要求和流程。

技能目标：

能够参与组建施工项目安全生产管理机构；

能够参与制定施工项目安全生产管理机构及安全生产管理人员的职责；

能够根据施工项目具体情况配备专职安全生产管理人员；

能够在安全生产管理中明确需要进行重点管理的内容；

能够按照相关安全管理制度对现场生产安全进行控制；

具备对现场安全隐患的排查及处理能力以及初步组织建设文明工地的能力；

能够参与编制专项施工方案和进行安全技术交底；

能够参与文明工地的创建；

具备施工现场安全员对安全防护用品的管理、使用指导能力；

能够指导现场工人的安全防护作业；

能根据建筑工程安全检查标准对建筑工程进行安全检查评定；

能够参与安全事故的防治和参与编制应急救援预案。

素质目标：

使学生学会理论与实践相结合，增强法律意识、责任意识、规范意识；激发学生爱岗敬业的热情，树立起为行业发展、国家发展、社会发展贡献自己力量的理想信念，日后人人争做合格的安全管理者。

案例引入：

> **【背景资料】** 2021年7月12日15时31分许，江苏省苏州市吴江区四季开源酒店辅房发生坍塌事故，造成17人死亡、5人受伤，直接经济损失约2615万元。发生事故后经调查，坍塌楼房是一栋已经二十多年的老楼，是四季开源酒店的客房区域。
>
> **【事故原因】**
>
> 1. 直接原因
>
> 施工人员在无任何加固及安全措施情况下，盲目拆除了底层六开间的全部承重横墙和绝大部分内纵墙，致使上部结构传力路径中断，二层楼面圈梁不足以承受上部二、三层墙体及二层楼面传来的荷载，导致该辅房自下而上连续坍塌。
>
> 2. 间接原因
>
> 一是房屋产权人未履行房屋使用安全责任人的义务，将事故建筑一楼装饰装修工程设计和施工业务发包给无相应资质的建筑公司；施工图设计文件未送审查；在未办理施工许可证的情况下擅自组织开工，改变经营场所建筑的主体和承重结构。
>
> 二是施工单位在未依法取得相应资质的情况下承揽事故建筑装修改造项目，并将拆除业务分包给不具有相应资格的个人；未编制墙体拆除工程的安全专项施工方案，无相应的审核手续；未对施工作业人员进行书面安全交底并进行签字确认。
>
> 三是设计人员未取得设计师执业资格，在未真实了解辅房结构形式的情况下，提供错误的拆墙图纸，并错误地指导承重墙的拆除作业。
>
> 四是监管部门对既有建筑改建装修工程未批先建、违法发包等行为监督管理存在漏洞。
>
> **【救援措施】**
>
> 事故发生后，江苏省消防救援总队调集南京、苏州、镇江、无锡、常州、南通消防救援支队和总队训练与战勤保障支队，共计6支重型救援队、2支轻型救援队、1支工程机械大队和1支搜救犬队，112台消防车、632名消防指战员、7头搜救犬参与救援。
>
> 2021年7月12日22时20分，随着离雷达探测仪上被困人员位置越来越近，无锡市消防救援支队救援人员才用分组接力的方式，不间断徒手和利用小型工具进行挖掘救援。
>
> 截至2021年7月13日零时，因为现场存在二次坍塌的风险，无法使用大型机械挖掘，现场已调集了两辆吊车作为支撑，形成相对安全的作业空间。现场分成了六个区域，每个区有18名消防救援人员分三组轮流作业，使用搜救犬和生命探测仪等装备进行搜救救援。
>
> 2021年7月13日消息，省消防总队调集总队训练与战勤保障等7个支队、6支重型地震救援队、5支轻型搜救队共654名指战员和120台车辆赶赴现场，充分利用登高梯、大型吊车、起重气垫、液压扩张顶撑、金属切割机等救援装备，以及生命探测仪、蛇眼探测仪、救援犬等技术手段，整夜进行搜救处置。苏州市应急、公安、卫健、住建、城管等部门和属地政府也全力组织开展救援和善后工作。

2.1 安全管理概述

2.1.1 安全管理的目标和任务

1. 施工现场的不安全因素

人的不安全行为和物的不安全状态,是造成绝大部分事故的两个潜在的不安全因素,通常也可称作事故隐患,这是事故发生的直接原因。

人的不安全因素,是指影响安全的人的因素。人的不安全因素可分为个人的不安全因素和人的不安全行为两个大类。个人的不安全因素是指人员的心理、生理、能力方面所具有不能适应工作、作业岗位要求的影响安全的因素。人的不安全行为是指能造成事故的人为错误,即人为地使系统发生故障或发生性能不良事件,是违背设计和操作规程的错误行为。各种各样的伤亡事故,绝大多数是由人的不安全因素造成的,是在人的能力范围内可以预防的。

物的不安全状态是指能导致事故发生的物质条件,它包括机械设备等物质或环境存在的不安全因素,人们将此称为物的不安全状态或物的不安全条件,也可简称为不安全状态。

管理上的不安全因素,通常也可称为管理上的缺陷,它也是事故潜在的不安全因素,是事故发生的间接原因。

2. 施工项目安全管理的对象

安全管理通常包括安全法规、安全技术、工业卫生三个方面。安全法规侧重于对劳动者的管理、约束,控制劳动者的不安全行为;安全技术侧重于对劳动对象和劳动手段的管理,消除或减少物的不安全因素;工业卫生侧重于对环境的管理,以形成良好的劳动条件,做到文明施工。施工项目安全管理的对象主要是施工活动中的人、物、环境构成的施工生产体系,主要包括劳动者、劳动手段与劳动对象、劳动条件与劳动环境。

3. 安全管理的目标

(1) 安全生产管理目标包括如下两方面。

① 事故控制方面。要求杜绝死亡、火灾、管线事故、设备事故等重大事故的发生,即死亡、火灾、管线事故、设备事故发生率为零。

② 创优达标方面。要求达到《建筑施工安全检查标准》合格标准要求的同时,达到当地建设工程安全标准化管理的标准。

(2) 工程项目安全生产管理目标包括以下内容。

① 伤亡事故控制目标:杜绝死亡、避免重伤,一般事故应有控制指标。

② 安全达标目标:根据项目工程的实际特点,按部位制定安全达标的具体目标值。

③ 文明施工实现目标:根据项目工程施工现场环境及作业条件的要求,制定实现文明工地的目标。

微课视频

安全目标管理

（3）安全生产管理目标，主要体现在"六杜绝""三消灭""二控制""一创建"。

① 六杜绝：杜绝重伤及死亡事故、杜绝坍塌伤害事故、杜绝高处坠落事故、杜绝物体打击事故、杜绝机械伤害事故、杜绝触电事故。

② 三消灭：消灭违章指挥、消灭违章操作、消灭"惯性事故"。

③ 二控制：控制年负伤率、控制年生产安全事故率。

④ 一创建：创建安全文明工地。

4. 安全管理的主要任务

（1）贯彻落实国家安全生产法规，落实"安全第一、预防为主、综合治理"的安全生产方针。

（2）制定安全生产的各种规程、规定和制度，并认真贯彻实施。

（3）制定并落实各级安全生产责任制。

（4）积极采取各项安全生产技术措施，保障职工有一个安全可靠的作业条件，减少和杜绝各类事故。

（5）采取各种劳动卫生措施，不断改善劳动条件和环境，防止和消除职业病及职业危害，做好女工和未成年工的特殊保护，保障劳动者的身心健康。

（6）定期对企业各级领导、特种作业人员和所有职工进行安全教育，强化安全意识。

（7）及时完成各类事故调查、处理和上报。

（8）推动安全生产目标管理，推广和应用现代化安全管理技术与方法，深化企业安全管理。

2.1.2 安全生产方针与安全管理的原则、内容和要求

1. 安全生产方针

《中华人民共和国安全生产法》在总结我国安全生产管理经验的基础上，将"安全第一，预防为主"规定为我国安全生产工作的基本方针。在十六届五中全会上，党和国家坚持以科学发展观为指导，从经济和社会发展的全局出发，不断深化对安全生产规律的认识，提出了"安全第一，预防为主，综合治理"的安全生产方针。

"安全第一"，就是在生产经营活动中，在处理保证安全与生产经营活动的关系上，要始终把安全放在首要位置，优先考虑从业人员和其他人员的人身安全，实行"安全优先"的原则，在确保安全的前提下，努力实现生产的其他目标。

"预防为主"，就是按照系统化、科学化的管理思想，按照事故发生的规律和特点，千方百计预防事故的发生，做到防患于未然，将事故消灭在萌芽状态。虽然人类在生产活动中还不可能完全杜绝事故的发生，但只要思想重视，预防措施得当，事故是可以大大减少的。

"综合治理"，就是标本兼治，重在治本。在采取断然措施遏制重特大事故，实现治标的同时，积极探索和实施治本之策，综合运用科技手段、法律手段、经济手段和必要的行政手段，从发展规划、行业管理、安全投入、科技进步、经济政策、教育培训、安全立法、激励约束、企业管理、监管体制、社会监督以及追究事故责任、查处违法违纪等方面着手，解决影

响安全生产的深层次问题,做到思想认识上警钟长鸣,制度保证上严密有效,技术支撑上坚强有力,监督检查上严格细致,事故处理上严肃认真。

2. 安全管理的原则

(1) 坚持管生产必须管安全的原则。

(2) 生产部门对安全生产要坚持"五同时"原则,即在计划、布置、检查、总结、评比生产工作的时候,同时计划、布置、检查、总结、评比安全工作。

(3) 坚持"三同时"的原则,即安全卫生技术措施及设施应与主体工程同时设计、同时施工、同时投产使用,以确保项目投产后符合安全卫生要求,保障劳动者在生产过程中的安全与健康。

(4) 坚持"四不放过"原则,即对发生的事故原因分析不清不放过,事故责任者和群众没受到教育不放过,没有落实防范措施不放过,事故的责任者没有受到处理不放过。

3. 安全管理的主要内容

建筑安全生产管理的主要内容包括以下几个方面:

(1) 做好岗位培训和安全教育工作。

(2) 建立健全全员性安全生产责任制。

(3) 建立健全有效的安全生产管理机构。

(4) 认真贯彻施工组织设计或施工方案的安全技术措施。

(5) 编制安全技术措施计划。

(6) 进行多种形式的安全检查。

(7) 对施工现场进行安全管理。

(8) 做好伤亡事故的调查和处理等。

4. 安全管理的基本要求

(1) 建筑施工企业必须依法取得安全生产许可证,在资质等级许可的范围内承揽工程。

(2) 总包单位及分包单位都应持有施工企业安全资格审查认可证,方可组织施工。

(3) 建筑施工企业必须建立健全符合国家现行安全生产法律、法规、标准、规范要求,满足安全生产需要的各类规章制度和操作规程。

(4) 建筑施工企业主要负责人依法对本单位的安全生产工作全面负责,企业法定代表人为企业安全生产第一责任人。

(5) 建筑施工企业应按照有关规定设立独立的安全生产管理机构,足额配备专职安全生产管理人员。

(6) 所有施工人员必须经过"公司、项目、班组"三级安全教育。

(7) 各类人员必须具备相应的安全生产资格方可上岗。

(8) 特殊工种作业人员,必须持有特种作业操作证。

(9) 建筑施工企业应依法为从业人员提供合格劳动保护用品,办理相关保险。

(10) 建筑施工企业严禁使用国家明令淘汰的安全技术、工艺、设备、设施和材料。

(11) 建筑施工企业必须把好安全生产措施关、交底关、教育关、防护关、检查关、改进关。

(12) 建筑施工企业必须建立安全生产值班制度,必须有领导带班。

(13) 建筑施工企业对查出的事故隐患要做到"定整改责任人、定整改措施、定整改完成时间、定整改完成人、定整改验收人"。

2.1.3 安全管理机构设置与人员配备

微课视频

安全管理机构
设置与人员配备

1. 企业安全管理机构与人员配备

1) 机构设置

建筑企业要设专职安全管理部门(安全部),配备专职人员。企业安全管理部门是企业安全委员会的办事机构,是企业贯彻执行安全施工方针、政策和法规,实行安全目标管理的具体工作部门,是领导的参谋和助手。

2) 人员配备

(1) 人数要求。建筑施工企业安全生产管理机构专职安全生产管理人员的配备应满足下列要求,并应根据企业经营规模、设备管理和生产需要予以增加。

① 建筑施工总承包资质序列企业:特级资质不少于 6 人;一级资质不少于 4 人;二级和二级以下资质企业不少于 3 人。

② 建筑施工专业承包资质序列企业:一级资质不少于 3 人;二级和二级以下资质企业不少于 2 人。

③ 建筑施工劳务分包资质序列企业:安全管理人员不少于 2 人。

④ 建筑施工企业的分公司、区域公司等较大的分支机构(以下简称分支机构)应依据实际生产情况配备不少于 2 人的专职安全生产管理人员。

(2) 资格要求。建筑施工企业安全生产管理机构专职安全生产管理人员,必须持有省级住房和城乡建设主管部门颁发的安全员岗位证书(C 类)。安全施工管理工作技术性、政策性、群众性很强,因此安全管理人员应挑选责任心强、有一定的经验和相当文化程度的工程技术人员担任,以利促进安全科技活动,进行目标管理。

2. 项目处安全管理机构与人员配备

1) 机构设置

公司下属项目部,是组织和指挥施工的单位,对管理施工安全有极为重要的影响。项目经理为本项目部安全施工工作第一责任者,根据项目部的施工规模及职工人数设置专职安全管理机构或配备专职安全员,并建立项目处领导干部安全施工值班制度。

(1) 项目部安全生产委员会(领导小组)

项目部安全生产委员会(领导小组),是依据工程规模和施工特点建立的项目安全生产最高权力机构。

建筑面积在 50 000 m²(含 50 000 m²)以上或造价在 3 000 万元人民币(含 3 000 万元)以上的工程项目,须设置安全生产委员会;建筑面积在 50 000 m²;以下或造价 3 000 万元人民币以下的工程项目,须设置安全领导小组。

安全生产委员会的组织成员包括工程项目经理、主管生产和技术的副经理、安全部负责人、分包单位负责人以及人事、财务、工会等有关部门负责人,人员应为5~7人。安全生产领导小组的成员包括工程项目经理、主管生产和技术的副经理、专职安全管理人员、分包单位负责人以及人事、财务、工会等负责人,人员应为3~5人。

安全生产委员会(或安全生产领导小组)主任(或组长)由工程项目经理担任。

(2)项目部专职安全管理机构。项目部专职安全管理机构,是项目部安全生产委员会(领导小组)的办事机构,是项目部贯彻执行安全施工方针、政策和法规,实行安全目标管理的具体工作部门。

2)人员配备

(1)总承包单位配备项目专职安全生产管理人员应当满足下列要求。

① 建筑工程、装修工程按照建筑面积配备。

a) 1 000 m² 以下的工程不少于 1 人。

b) 10 000~50 000 m² 的工程不少于 2 人。

c) 50 000 m² 及以上的工程不少于 3 人,且按专业配备专职安全生产管理人员。

② 土木工程、线路管道、设备安装工程按照工程合同价配备。

a) 5 000 万元以下的工程不少于 1 人。

b) 5 000 万元~1 亿元的工程不少于 2 人。

c) 1 亿元及以上的工程不少于 3 人,且按专业配备专职安全生产管理人员。

(2)分包单位配备项目专职安全生产管理人员应当满足下列要求。

① 专业承包单位应当配置至少 1 人,并根据所承担的分部分项工程的工程量和施工危险程度增加。

② 劳务分包单位施工人员在 50 人以下的,应当配备 1 名专职安全生产管理人员;50~200 人的,应当配备 2 名专职安全生产管理人员;200 人及以上的,应当配备 3 名及以上专职安全生产管理人员,并根据所承担的分部分项工程施工危险实际情况增加,不得少于工程施工人员总人数的 5‰。

③ 采用新技术、新工艺、新材料或致害因素多、施工作业难度大的工程项目,项目专职安全生产管理人员的数量应当根据施工实际情况,在《建筑施工企业安全生产管理机构设置及专职安全生产管理人员配备方法》第十三条、第十四条规定的配备标准上增加。

3. 班组安全管理组织与人员配备

班组是搞好安全施工的前沿阵地,加强班组安全建设是公司加强安全施工管理的基础。各施工班组要设不脱产安全员,协助班长搞好班组安全管理。各班组要坚持岗位安全检查、安全值班和安全日活动制度,同时要坚持做好班组安全记录。由于建筑施工点多、面广、流动、分散,往往一个班组人员不会集中在一处作业,因此,工人要提高自我保护意识和自我保护能力,在同一作业面的人员要互相关照。

在线题库

2.1 节

▶ 2.2　安全生产责任制 ◀

2.2.1　安全生产责任制的概念、制定原则与主要内容

1. 安全生产责任制的概念

安全生产责任制是建筑施工企业最基本的安全生产管理制度,是依照"安全第一、预防为主、综合治理"的安全生产方针和"管生产必须管安全"的原则,将企业各级负责人、各职能机构及其工作人员和各岗位作业人员在安全生产方面应做的工作及应负的责任加以明确规定的一种制度。安全生产责任制是建筑施工企业所有安全规章制度的核心。

我国《建设工程安全生产管理条例》规定:施工单位应当建立健全安全生产责任制度。因此,施工单位应当根据有关法律、法规的规定,结合本企业机构设置和人员组成情况,制定本企业的安全生产责任制。通过制定安全生产责任制,建立分工明确、奖罚分明、运行有效、责任落实,能够充分发挥作用的、长效的安全生产机制,把安全生产工作落到实处。

2. 安全生产责任制的制定原则

建筑施工企业制定安全生产责任制应当遵循以下原则:

(1) 合法性。必须符合国家有关法律、法规和政策、方针的要求,并及时修订。

(2) 全面性。必须明确每个部门和人员在安全生产方面的权利、责任和义务,做到安全工作层层有人负责。

(3) 可操作性。必须建立专门的考核机构,形成监督、检查和考核机制,保证安全生产责任制得到真正落实。

3. 安全生产责任制的主要内容

安全生产责任制主要包括施工单位各级管理人员和作业人员的安全生产责任制以及各职能部门的安全生产责任制。各级管理人员和作业人员包括:企业负责人、分管安全生产负责人、技术负责人、项目负责人和负责项目管理的其他人员、专职安全生产管理人员、施工班组长及各工种作业人员等。各职能部门包括:施工单位的生产计划、技术、安全、设备、材料供应、劳动人事、财务、教育、卫生、保卫消防等部门及工会组织。安全生产责任制主要包括以下内容:

(1) 部门和人员的安全生产职责。

(2) 安全生产职责履行情况的检查程序与内容。

(3) 安全生产职责的考核办法、程序与标准。

(4) 奖惩措施与落实。

微课视频

各级人员的安全
生产责任制度

2.2.2　各级管理人员安全责任

1. 施工单位主要负责人

《建设工程安全生产管理条例》规定:施工单位主要负责人依法对本单位的安全生产

工作全面负责。施工单位主要负责人安全生产职责主要包括以下内容：

（1）认真贯彻、执行国家有关建筑安全生产的方针、政策、法律、法规和标准，贯彻、执行省、市有关建筑安全生产的法规、规章、标准和规范性文件。

（2）组织和督促本单位安全生产工作，建立健全本单位安全生产责任制。

（3）组织制定本单位安全生产规章制度和操作规程。

（4）保证本单位安全生产所需资金的投入。

（5）组织开展本单位的安全生产教育培训。

（6）建立健全安全管理机构，配备专职安全管理人员，组织开展安全检查，及时消除生产安全事故隐患。

（7）组织制定本单位生产安全事故应急救援预案，组织、指挥本单位生产安全事故应急救援工作。

（8）发生事故后，积极组织抢救，采取措施防止事故扩大，同时保护好事故现场，并按照规定的程序及时如实报告，积极配合事故的调查处理。

2. 施工单位分管安全生产负责人

施工单位分管安全生产负责人的安全生产职责主要包括以下内容：

（1）认真贯彻、执行国家有关建筑安全生产的方针、政策、法律、法规和标准，贯彻、执行省、市有关建筑安全生产的法规、规章、标准和规范性文件。

（2）协助本单位主要负责人做好并具体负责安全生产管理工作。

（3）组织制定并落实安全生产管理目标。

（4）负责本单位安全管理机构的日常管理工作。

（5）负责安全检查工作。落实整改措施，及时消除施工过程中的不安全因素。

（6）落实本单位管理人员和作业人员的安全生产教育培训和考核工作。

（7）落实本单位生产安全事故应急救援预案和事故应急救援工作。

（8）发生事故后，积极组织抢救，采取措施防止事故扩大，同时保护好事故现场，积极配合事故的调查处理。

3. 施工单位技术负责人

施工单位技术负责人的安全生产职责主要包括以下内容：

（1）认真贯彻、执行国家有关建筑安全生产的方针、政策、法律、法规和标准，贯彻、执行省、市有关建筑安全生产的法规、规章、标准和规范性文件。

（2）协助主要负责人做好并具体负责本单位的安全技术管理工作。

（3）组织编制、审批施工组织设计和专业性较强工程项目的安全施工方案。

（4）负责对本单位使用的新材料、新技术、新设备、新工艺制定相应的安全技术措施和安全操作规程。

（5）参与制定本单位的安全操作规程和生产安全事故应急救援预案。

（6）参与生产安全事故和未遂事故的调查，从技术上分析事故原因，针对事故原因提出技术措施。

4. 项目负责人

《建设工程安全生产管理条例》规定,"施工单位的项目负责人应当由取得相应执业资格的人员担任,对建设工程项目的安全施工负责,落实安全生产责任制度、安全生产规章制度和操作规程,确保安全生产费用的有效使用,并根据工程的特点组织制定安全施工措施,消除安全事故隐患,及时、如实报告生产安全事故。"施工单位的项目负责人是建设工程项目安全生产的第一责任人,其主要安全生产职责包括以下内容:

(1) 认真贯彻、执行国家有关建筑安全生产的方针、政策、法律、法规和标准,贯彻、执行省、市有关建筑安全生产的法规、规章、标准和规范性文件。

(2) 落实本单位安全生产责任制和安全生产规章制度。

(3) 建立工程项目安全生产保证体系,配备与工程项目相适应的安全管理人员。

(4) 保证安全防护和文明施工资金的投入,为作业人员提供必要的个人劳动防护用具和符合安全、卫生标准的生产、生活环境。

(5) 落实本单位安全生产检查制度,对违反安全技术标准、规范和操作规程的行为及时予以制止并纠正。

(6) 落实本单位施工现场的消防安全制度,确定消防责任人,按照规定配备消防器材和设施。

(7) 落实本单位安全教育培训制度,组织岗前和班前安全生产教育。

(8) 根据施工进度,落实本单位制定的安全技术措施,按规定程序进行安全技术交底。

(9) 使用符合要求的安全防护用具及机械设备,定期组织检查、维修、保养,保证安全防护设施有效,机械设备安全使用。

(10) 根据工程特点,组织对施工现场易发生重大事故的部位、环节进行监控。

(11) 按照本单位或总承包单位制定的施工现场生产安全事故应急救援预案,建立应急救援组织或者配备应急救援人员、器材、设备等,并组织演练。

(12) 发生事故后,积极组织抢救,采取措施防止事故扩大,同时保护好事故现场,按照规定的程序及时如实报告,积极配合事故的调查处理。

5. 专职安全生产管理人员

专职安全生产管理人员负责对安全生产进行现场监督检查,其主要安全生产职责包括:

(1) 认真贯彻、执行国家有关建筑安全生产的方针、政策、法律、法规和标准,贯彻、执行省、市有关建筑安全生产的法规、规章、标准和规范性文件。

(2) 监督专项安全施工方案和安全技术措施的执行,对施工现场安全生产进行监督检查。

(3) 发现生产安全事故隐患,及时向项目负责人和安全生产管理机构报告,并监督检查整改情况。

(4) 及时制止施工现场的违章指挥、违章作业行为。

（5）发生事故后，应积极参加抢救和救护，并按照规定的程序及时如实报告，积极配合事故的调查处理。

2.2.3 职能部门安全生产责任

1. 生产计划部门

生产计划部门的主要安全生产职责包括以下内容：

（1）严格按照安全生产和施工组织设计的要求组织生产。

（2）在布置、检查生产的同时，布置、检查安全生产措施。

（3）加强施工现场管理，建立安全生产、文明施工秩序，并进行监督检查。

2. 技术部门

技术部门的主要安全生产职责包括以下内容：

（1）认真贯彻、执行国家、行业和省、市有关安全技术规程和标准。

（2）制定本单位的安全技术标准和安全操作规程。

（3）负责编制施工组织设计和专项安全施工方案。

（4）编制安全技术措施并进行安全技术交底。

（5）制定本单位使用新材料、新技术、新设备、新工艺的安全技术措施和安全操作规程。

（6）会同劳动人事、教育和安全管理等职能部门编制安全技术教育计划，进行安全技术教育。

（7）参与生产安全事故和未遂事故的调查，从技术上分析事故原因，针对事故原因提出技术措施。

3. 安全管理部门

安全管理部门的主要安全生产职责包括以下内容：

（1）认真贯彻、执行国家和省、市有关建筑安全生产的方针、政策、法律、法规、规章、标准和规范性文件。

（2）负责本单位和工程项目的安全生产、文明施工检查，监督检查安全事故隐患整改情况。

（3）参加审查施工组织设计，专项安全施工方案和安全技术措施，并对贯彻执行情况进行监督检查。

（4）掌握安全生产情况，调查研究生产过程中的不安全问题，提出改进意见，制定相应措施。

（5）负责安全生产宣传教育工作，会同教育、劳动人事等有关职能部门对管理人员、作业人员进行安全技术和安全知识教育培训。

（6）参与制定本单位的安全操作规程和生产安全事故应急救援预案。

（7）制止违章指挥和违章作业行为，依照本单位的规定对违反安全生产规章制度和安全操作规程的行为实施处罚。

(8) 负责生产安全事故的统计报告工作,参与本单位生产安全事故的调查和处理。

4. 设备管理部门

设备管理部门的主要安全生产职责包括以下内容:

(1) 负责本单位施工机械设备管理工作,参与制定设备管理的规章制度和施工机械设备的安全操作规程,并监督实施。

(2) 负责新购进和租赁施工机械设备的生产制造许可证、合格证和安全技术资料的审查工作。

(3) 监督管理施工机械设备的安全使用、维修、保养和改造工作,并参与定期检查和巡查。

(4) 负责施工机械设备的租赁、安装、验收以及淘汰、报废的管理工作。

(5) 参与施工组织设计和专项施工方案的编制和审批工作,并监督实施。

(6) 参与组织对施工机械设备操作人员的培训工作,并监督检查持证上岗情况。

(7) 参与施工机械设备事故的调查、处理工作,制定防范措施并督促落实。

5. 材料供应部门

材料供应部门的主要安全生产职责包括以下内容:

(1) 负责采购安全生产所需的安全防护用具、劳动防护用品和材料、设施。

(2) 购买的安全防护用具、劳动防护用品和材料等必须符合国家、行业标准的要求。

6. 劳动人事部门

劳动人事部门的主要安全生产职责包括以下内容:

(1) 认真贯彻落实国家、行业有关安全生产、劳动保护的法律、法规和政策。

(2) 负责劳动防护用品和安全防护服装的发放工作。

(3) 会同教育、安全管理等职能部门对管理人员和作业人员进行安全教育培训。

(4) 对违反安全生产管理制度和劳动纪律的人员,提出处理建议和意见。

7. 财务部门

财务部门的主要安全生产职责包括以下内容:

(1) 按照国家有关规定和实际需要,提供安全技术措施费用和劳动保护费用。

(2) 按照国家有关规定和实际需要,提供安全教育培训经费。

(3) 对安全生产所需费用的合理使用实施监督。

8. 教育部门

教育部门的主要安全生产职责包括以下内容:

(1) 负责编制安全教育培训计划,制定安全生产考核标准。

(2) 组织实施安全教育培训。

(3) 组织培训效果考核。

(4) 建立安全教育培训档案。

9. 卫生部门

卫生部门的主要安全生产职责包括以下内容:

(1) 负责卫生防病宣传教育工作。

(2) 负责对从事沙尘、粉尘、有毒、有害和高温、高处条件下作业人员以及特种作业人员进行健康检查,并制定落实预防职业病和改善卫生条件的措施。

(3) 发生安全事故后,对伤员采取抢救、治疗措施。

10. 保卫消防部门

保卫消防部门的主要安全生产职责包括以下内容:

(1) 认真贯彻、落实国家、行业有关消防保卫的法律、法规和规定。

(2) 参与制定消防安全管理制度并监督执行。

(3) 严格执行动火审批制度。

(4) 会同教育、安全管理等部门对管理人员和作业人员进行消防安全教育。

11. 工会组织

工会组织的主要安全生产职责包括以下内容:

(1) 维护职工在安全、健康等方面的合法权益,积极反映职工对安全生产工作的意见和要求。

(2) 组织开展安全生产宣传教育。

(3) 参与生产安全事故的调查、处理和善后工作。

2.2.4 班组长安全生产责任

(1) 严格执行安全生产规章制度,拒绝违章指挥,杜绝违章作业。合理安排班组人员工作,对本班组人员在生产中的安全和健康负责。

(2) 经常组织班组人员学习安全技术操作规程,监督班组人员正确使用防护用品。

(3) 认真落实安全技术交底,做好班前讲话。

(4) 经常检查班组作业现场安全生产状况,发现问题及时解决并上报有关领导。

(5) 认真做好新工人的岗位教育。

(6) 发生因工伤亡及未遂事故,保护好现场,立即上报有关领导。

拓展学习

详述班组长
安全生产责任

2.2.5 特殊工种安全生产责任

1. 起重工安全生产责任

(1) 严格执行安全生产规章制度,拒绝违章指挥,杜绝违章作业。

(2) 认真学习和执行起重工安全技术操作规程,熟知安全知识。

(3) 坚持上班自检制度。

(4) 严格执行安全技术施工方案和安全技术交底,不得任意变更、拆除安全防护设施,并不得动用与班组无关的机械和电气设备,加强自我防护意识。

(5) 上班前不准饮酒,不准疲劳作业,严禁无证人员替代作业。

(6) 交接班时要记录认真,内容要明细。

(7) 在工作时要时刻检查各部门运转传动情况及钢丝绳的使用情况。

(8) 机械的电气设备要严格管理,发现问题及时解决。

(9) 起重臂下严禁站人,在吊装过程中应严格听从指挥人员的指挥,必须坚持"十不吊"原则。

2. 电工安全生产责任

(1) 严格执行安全生产规章制度和措施,拒绝违章指挥,杜绝违章作业。

(2) 认真学习和执行电工安全技术操作规程,做到应知应会,熟知安全知识。

(3) 坚持每日上班巡回检查制度。坚持班前自检制度,对所用爬梯、电焊机、喷灯、脚手架、电气、洞口等进行全面检查,排除不安全因素,不符合安全要求不得作业。

(4) 严格执行安全技术施工方案和安全技术交底,不得任意变更、拆除安全防护设施。

(5) 电工所有绝缘工具应妥善保管好,严禁他用,并经常检查自己的工具是否绝缘性能良好。

(6) 在班前必须检查工地所有电器,发现问题及时解决。经常检查施工现场的线路设备,各配电箱必须上锁。

(7) 实行文明施工,高空作业应带工具袋,工具不准上下抛掷。

(8) 正确使用安全防护用品。

(9) 对各级检查提出的安全隐患,要按要求及时整改。

(10) 发生事故和未遂事故,立即向班组长报告,参加事故原因分析,吸取教训。

3. 架子工安全生产责任

(1) 严格执行安全生产规章制度,拒绝违章指挥,杜绝违章作业。

(2) 认真学习和执行架子工安全技术操作规程,熟知安全知识。

(3) 坚持经常对脚手架、安全网进行检查。

(4) 严格执行施工方案和安全技术交底,不得任意变更。

(5) 用电线路防护架体搭设时必须停电,严禁带电搭设。

(6) 坚决制止私自拆装脚手架和各种防护设施行为。

(7) 实行文明施工,不得从高处向地面抛掷钢管及其他料具,对所使用的材料要按规定堆放整齐。

(8) 进入施工现场严禁赤脚、穿拖鞋、高跟鞋,严禁酒后作业。

(9) 正确使用安全防护用品。

(10) 对检查出的安全隐患要按要求及时整改。

(11) 发生事故和未遂事故,立即向班组长报告,参加事故原因分析,吸取教训。

4. 电气焊工安全生产责任

（1）严格执行安全生产规章制度，拒绝违章指挥，杜绝违章作业。

（2）认真学习和执行电气焊工安全技术操作规程，熟知安全知识。

（3）坚持上班自检制度。

（4）严格执行安全技术施工方案和安全技术交底，不得任意变更、拆除安全防护设施，并不得动用与班组无关的机械和电气设备，加强自我防护意识。

（5）正确使用安全防护用品。

（6）下班时要切断电源，收好电缆线，在室外作业要把焊机盖好。高空切割时要有防护措施。

（7）对各级检查提出的安全隐患，要按要求及时整改。

（8）实行文明施工，不得从高处抛掷物品，将流动电线及时收回，妥善保管，停止使用后，要把闸箱切断电源并锁好。

（9）发生事故和未遂事故，立即向班组长报告，参加事故原因分析，吸取教训。

5. 机械操作工安全生产责任

（1）严格执行安全生产规章制度，拒绝违章指挥，杜绝违章作业。

（2）认真学习和执行机械操作工安全技术操作规程，熟知安全知识。

（3）坚持上班自检制度。

（4）要严格执行安全技术施工方案和安全技术交底，不得任意变更、拆除安全防护设施，并不得动用与班组无关的机械和电气设备，加强自我防护意识。

（5）正确使用安全防护用品。

（6）对各级检查提出的隐患，要按要求及时整改。

（7）发生事故和未遂事故，立即向班组长报告，参加事故原因分析，吸取教训。

2.2.6 总承包单位和分包单位的安全生产责任制

拓展学习

详述一般工种安全生产责任

工程项目实行施工总承包的，由总承包单位对施工现场的安全生产负总责。

工程项目依法实行分包的，总承包单位应当审查分包单位的安全生产条件与安全保证体系，对不具备安全生产条件的不予发包。

总承包单位应当和各分包单位签订分包合同，分包合同中应当明确各自安全生产方面的责任、权利和义务，总承包单位和分包单位各自承担相应的安全生产责任，并对分包工程的安全生产承担连带责任。

总承包单位负责编制整个工程项目的施工组织设计和安全技术措施，并向分包单位进行安全技术交底，分包单位应当服从总承包单位的安全生产管理，按照总承包单位编制的施工组织设计和施工总平面布置图进行施工。

分包单位应当执行总承包单位的安全生产规章制度，分包单位不服从总承包单位管理导致生产安全事故的，由分包单位承担主要责任。

施工现场发生生产安全事故,由总承包单位负责统计上报。

2.2.7　交叉施工(作业)的安全生产责任制

(1) 总包单位和分包单位的工程项目负责人,对工程项目中的交叉施工(作业)负总的指挥、领导责任。总包单位对分包单位、分包单位对分项承包单位或施工队伍,要加强安全消防管理,科学组织交叉施工。在没有针对性的书面技术交底、方案和可靠防护措施的情况下,禁止上下交叉施工作业,防止发生事故。

① 经营部门签订的总分包合同或协议书中应有安全消防责任划分内容,明确各方的安全责任。

② 计划部门在制定施工计划时,将交叉施工问题纳入施工计划,应优先考虑。

③ 工程调度部门应掌握交叉施工情况,加强各分包单位之间交叉施工的调度管理,确保安全的情况下协调交叉施工中的有关问题。

④ 安全部门对各分包单位实行监督、检查,要求各分包单位在施工中必须严格执行总包方的有关规定、标准、措施等,协助领导与分包单位签订安全消防责任状,并提出奖罚意见,同时对违章进行交叉作业的施工单位给予经济处罚。

(2) 总包与分包、分包与分项外包的项目工程负责人,除在签署合同或协议中明确交叉施工(作业)各方的责任外,还应签订安全消防协议书或责任状,划分交叉施工中各方的责任区和各方的安全消防责任,同时应建立责任区及安全设施的交接和验收手续。

(3) 交叉施工作业上部施工单位应为下部施工人员提供可靠的隔离防护措施,确保下部施工作业人员的安全。在隔离防护设施未完善之前,下部施工作业人员不得进行施工。隔离防护设施完善后,经过上下方责任人和有关人员进行验收合格后才能施工作业。

(4) 工程项目或分包单位的施工管理人员在交叉施工之前对交叉施工的各方做出明确的安全责任交底,各方必须在交底后组织施工作业。安全责任交底中应对各方的安全消防责任,安全责任区的划分,安全防护设施的标准、维护等内容做出明确要求,并经常检查执行情况。

(5) 交叉施工作业中的隔离防护设施及其他安全防护设施由安全责任方提供。当安全责任方因故无法提供防护设施时,可由非责任方提供,责任方负责日常维护和支付租赁费用。

(6) 交叉施工作业中的隔离防护设施及其他安全防护设施的完善和可靠性由责任方负责。由于隔离防护设施或安全防护存在缺陷而导致的人身伤害及设备、设施、料具的损失责任,由责任方承担。

(7) 工程项目或施工区域出现交叉施工作业安全责任不清或安全责任区划分不明确时,总包单位和分包单位应积极主动地进行协调和管理。各分包单位之间进行交叉施工,其各方应积极主动配合,在责任不清、意见不统一时由总包单位的工程项目负责人或工程调度部门出面协调、管理。

(8) 在交叉施工作业中防护设施完成验收后,非责任方不经总包、分包或有关责任方同意不准任意改动（如电梯井门、护栏、安全网、坑洞口盖板等）。因施工作业必须改动时，写出书面报告，需经总包、分包和有关责任方同意，才准改动，但必须采取相应的防护措施。工作完成或下班后必须恢复原状，否则非责任方负一切后果责任。

（9）电气焊割作业严禁与油漆、喷漆、防水、木工等进行交叉作业，在工序上应先安排焊割等明火作业。如果必须先进行油漆、防水作业，施工管理人员在确认排除有燃爆可能的情况下，再安排电气焊割作业。

（10）凡进总包单位施工现场的各分包单位或施工队伍，必须严格执行总包单位所执行的标准、规定、条例、办法。对于不按总包单位要求组织施工，现场管理混乱、隐患严重、影响文明安全工地整体达标的或给交叉施工作业的其他单位造成不安全问题的分包单位或施工队伍，总包单位有权终止合同或给予经济处罚。

在线题库

2.2 节

▶ 2.3　专项施工方案与安全技术措施及交底 ◀

2.3.1　专项施工方案

对于达到一定规模的危险性较大的分部分项工程，以及涉及新技术、新工艺、新材料的工程，因其复杂性和危险性，在施工过程中易发生人身伤亡事故，施工单位应当根据各分部分项工程的特点，有针对性地编制专项施工方案。

1. 专项施工方案的概念

建筑工程安全专项施工方案，简称专项施工方案，是指在建筑施工过程中，施工单位在编制施工组织（总）设计的基础上，对危险性较大的分部分项工程，依据有关工程建设标准、规范和规程的要求制定具有针对性的安全技术措施文件。

建设、施工、监理等工程建设安全生产责任主体应按照各自的职责建立健全建筑工程专项方案的编制、审查、论证和审批制度，保证方案的针对性、可行性和可靠性。

2. 专项施工方案的编制范围

下列危险性较大的分部分项工程以及临时用电设备在 5 台及以上或设备总容量达到 50 kW 及以上的施工现场临时用电工程施工前，施工单位应编制安全专项施工方案。

（1）土石方开挖工程，包括：

① 开挖深度超过 5 m（含 5 m）的基坑（槽、沟）等的土石方开挖工程；

② 开挖深度虽未超过 5 m，但地质条件和周围环境复杂的基坑（槽、沟）等的土石方开挖工程；

③ 凿岩、爆破工程。

（2）基坑支护工程，是指采用支护结构对基坑进行加固的工程。

（3）基坑降水工程，是指地下水位在坑底以上，需要采取人工降低水位的工程。

（4）模板工程，包括：

① 工具式模板工程,包括滑模、爬模、大模板等;

② 混凝土构件模板工程;

③ 特殊结构支撑系统工程。

(5) 起重吊装工程。

(6) 脚手架工程,包括:

微课视频

专项施工方案

① 落地式钢管脚手架;

② 附着式升降脚手架;

③ 悬挑式脚手架;

④ 门型脚手架;

⑤ 高处作业吊篮;

⑥ 卸料平台;

⑦ 其他临时设置的作业平台。

(7) 起重机械设备拆装工程,包括:

① 塔式起重机的安装、拆卸、顶升;

② 施工升降机的安装、拆卸;

③ 物料提升机的安装、拆卸。

(8) 拆除、爆破工程,指采用人工、机械拆除或爆破拆除的工程。

(9) 其他危险性较大的工程,主要有:

① 建筑幕墙的安装施工;

② 预应力结构张拉施工;

③ 钢结构工程施工;

④ 索膜结构施工;

⑤ 高度 6 m 以上的边坡施工;

⑥ 地下暗挖与隧道工程;

⑦ 水上桩基施工;

⑧ 人工挖孔桩施工;

⑨ 采用新技术、新工艺、新材料,可能影响工程质量安全,已由省级以上建设行政主管部门批准,尚无技术标准的施工等。

3. 专家论证的专项施工方案范围

对下列危险性较大的分部分项工程,应经由工程技术人员组成的专家组对安全专项施工方案进行论证、审查。

(1) 深基坑工程,包括:

① 开挖深度超过 5 m(含 5 m)的深基坑(槽、沟)工程;

② 地质条件、周围环境或地下管线较复杂的基坑(槽、沟)工程;

③ 可能影响毗邻建筑物、构筑物的结构和使用安全的基坑(槽、沟)开挖及降水工程。

(2) 高大模板工程,包括:

① 高度超过 8 m 的现浇混凝土梁板构件模板支撑系统；

② 跨度超过 18 m，施工总荷载大于 10 kN/m² 的现浇混凝土梁板构件模板支撑系统；

③ 集中线荷载大于 15 kN/m² 的现浇混凝土梁板构件模板支撑系统；

④ 滑模模板系统。

（3）脚手架工程，包括：

① 搭设高度超过 50 m 的落地式脚手架；

② 悬挑高度超过 20 m 的悬挑式脚手架。

（4）起重吊装工程，包括：

① 起重量超过 200 t 的单机起重吊装工程；

② 2 台以上起重机抬吊作业工程；

③ 跨度 30 m 以上的结构吊装工程。

（5）地下暗挖及有溶洞、暗河、瓦斯、岩爆、涌泥、断层等地质复杂的隧道工程。

（6）采用新技术、新工艺、新材料而容易造成质量安全事故的工程以及其他需要专家论证的工程。

4. 专项施工方案的编制与审批

（1）专项施工方案的编制

① 编制要求

a）安全专项施工方案应由施工总承包单位组织编制，编制人员应具有本专业中级以上技术职称。

b）起重机械设备安装拆卸、深基坑、附着升降脚手架等专业工程的安全专项施工方案应由专业承包企业负责编制，其他分包的专业工程安全专项施工方案，原则上也应当由专业承包单位负责编制。

c）安全专项施工方案的编制应由编制者本人在安全专项施工方案上签名并注明技术职称。

d）安全专项施工方案应根据工程建设标准和勘察设计文件，并结合工程项目和分部分项工程的具体特点进行编制。

② 编制内容

除工程建设标准有明确规定外，安全专项施工方案应主要包括工程概况、周边环境、理论计算（包括简图、详图）施工工序、施工工艺、安全措施、劳动力组织以及使用的设备、器具和材料等内容。

（2）专项施工方案的审批

① 安全专项施工方案的审核

安全专项施工方案编制后，施工单位技术负责人应组织施工、技术、设备、安全、质量等部门的专业技术人员进行审核。

在安全专项施工方案审核环节，一般应由法人单位的技术负责人负责组织有关人员进行审核,对于分支机构较多的大企业,也可由法人单位所属分支机构的技术负责人组织。审核人员中至少应有 2 人具有本专业中级以上技术职称,其中需专家论证的,审核人员中至少应有 2 人具有本专业高级以上技术职称。

② 安全专项施工方案的审批

安全专项施工方案审核合格,报施工单位技术负责人审批。由于审批是使安全专项施工方案成为有效可执行文件的最后一关,必须慎重,因此该施工单位技术负责人应为法人单位的技术负责人,法人单位所属分支机构的技术负责人不具备审批资格。实行施工总承包的,还应报总承包单位技术负责人审批。

工程监理单位应组织本专业监理工程师对施工单位提报的安全专项施工方案进行审核,审核合格,报监理单位总监理工程师和建设单位审批。

③ 安全专项施工方案的审核

审批人应当书面或以会议纪要形式提出审查意见,方案编制人应根据审查意见对方案进行修改完善。审核、审批人应在安全专项施工方案审批表上签名并注明技术职称。

5.专项施工方案的专家论证

(1)专家论证的组织

需要专家论证审查的工程,在安全专项施工方案审核通过后,施工单位应组织专家对方案进行论证审查,或者委托具有相应资格的勘察、设计、科研、大专院校和工程咨询等第三方组织专家进行论证审查。对于岩土、大型结构吊装和采用新技术、新工艺、新材料等的工程,由于技术难度大、施工工艺复杂、理论计算要求高,一些技术力量比较薄弱的中小型企业虽具备相应的施工能力,但方案编制技术力量不足,因此,提倡由技术力量较强的第三方提供专家论证服务。

安全专项施工方案论证审查专家组成员不得少于 5 人,其中具有本专业或相关专业高级技术职称人员不得少于 3 人,且方案编制单位和论证组织单位的人员不得超过半数(为了保证论证质量,避免流于形式,对方案编制单位和论证组织单位的参加人数进行了限制)。

(2)专家组人员的条件

专家组人员应具备下列条件之一。

① 具有本专业或相关专业高级技术职称,并具有 5 年以上专业工作经历;

② 具有本专业或相关专业中级技术职称,并具有 10 年以上专业工作经历;

③ 具有高级技师职业资格,并具有 10 年以上工作经历;

④ 具有技师职业资格,并具有 15 年以上工作经历。

(3)论证审查方式和程序

专家论证审查宜采用会审的方式,与会专家组人员不得少于 5 人。下列人员应列席论证会。

① 施工单位的技术负责人和安全管理机构负责人;

② 实行专业工程分包和施工总承包单位的相应人员;

③ 方案编制人员;

④ 工程项目总监理工程师。

专家组应对安全专项施工方案的内容是否完整,数学模型、验算依据、计算数据是否准确,以及是否符合有关工程建设标准等进行论证审查,形成一致意见后,提出书面论证审查报告。专家组成员本人应在论证审查报告上签字并注明技术职称,且对审查结论负责。其论证审查报告应作为安全专项施工方案的附件。

(4)审批程序

施工单位应按照专家组提出的论证审查报告对安全专项施工方案进行修改完善,经施工单位技术负责人、工程项目总监理工程师和建设单位签字后,方可实施。实行施工总承包的,还应经施工总承包单位技术负责人审核签字。

如果专家组认为安全专项施工方案需做重大修改的,方案编制单位应重新组织专家论证审查。

6. 专项施工方案的实施

(1)专项施工方案的修订。施工单位必须严格执行安全专项施工方案,不得擅自修改经过审批的安全专项施工方案。如因设计、施工条件等因素发生变化确需修订的,应重新履行审核、审批程序;需经专家论证的专项施工方案,修订后应重新经专家论证。

(2)专项施工方案的交底。方案在实施前,应由方案编制人员或技术负责人向工程项目的施工、技术、安全管理人员和作业人员进行安全技术交底。施工作业人员应严格按照安全专项施工方案和安全技术交底进行施工。在专项施工方案的实施过程中,施工单位或工程项目的施工、技术、安全、设备等有关部门应对专项施工方案的实施情况进行检查,专职安全生产管理人员应对方案的实施情况进行现场监督,发现不按照专项施工方案施工的行为要予以制止。

(3)专项施工方案实施情况的验收。施工单位应建立健全安全专项施工方案实施情况的验收制度。在方案实施过程中,施工单位或工程项目的施工、技术、安全、设备等有关部门应对专项施工方案的实施情况进行验收。验收不合格的,不得进行下一道工序。对于需经专家论证的危险性较大的分部分项工程的验收,必须由施工单位组织。

(4)需编制专项施工方案工程的监理。工程监理单位应将需编制安全专项方案的工程列入监理规划和监理实施细则。对需经专家论证的危险性较大的分部分项工程,应针对工程特点、周边环境和施工工艺等制定详细具体的安全生产监理工作流程、方法和措施,并实施旁站监理。同时,工程监理单位应加强对方案实施情况的监理。对不按专项施工方案实施的,应及时要求施工单位改正;情况严重的,由总监理工程师签发工程暂停令,并报告建设单位;施工单位拒不整改或不停止施工的,要及时向当地建筑工程管理部门、建筑安全监督机构报告。

2.3.2 安全技术措施

1. 施工安全技术措施的基本概念

安全技术措施是指为防止工伤事故和职业病危害的发生,从技术上采取的措施。在工程施工中,是指针对工程特点、环境条件、劳动组织、作业方法、施工机械、供电设施等方面制定确保安全施工的措施,安全技术措施也是建设工程项目管理实施规划或施工组织设计的重要组成部分。

2. 施工安全技术措施的编制依据

建设工程项目施工组织或专项施工方案中,必须有针对性的安全技术措施,特殊性和危险性大的工程必须编制专项施工方案或安全技术措施,安全技术措施或专项施工方案的编制依据如下。

(1) 国家和地方有关安全生产、劳动保护、环境保护和消防安全等的法律法规和有关规定。

(2) 建设工程安全生产的法律和标准规程。

(3) 安全技术标准、规范和规程。

(4) 企业的安全管理规章制度。

3. 施工安全技术措施的编制要求

(1) 及时性

① 安全技术措施在施工前必须编制好,并且审核审批后正式下达项目经理部以指导施工。

② 在施工过程中,发生设计变更时,安全技术措施必须及时变更或做补充,否则不能施工。施工条件发生变化时,必须变更安全技术措施内容,并及时经原编制、审批人员办理变更手续,不得擅自变更。

(2) 针对性

① 针对工程项目的结构特点,凡在施工生产中可能出现的危险源,必须从技术上采取措施,消除危险,保证施工安全。

② 针对不同的施工方法和施工工艺制定相应的安全技术措施。不同的施工方法要有不同的安全技术措施,技术措施要有设计、有安全验算结果、有详图、有文字说明。

根据不同分部分项工程的施工工艺可能给施工带来的不安全因素,从技术上采取措施保证其安全实施。按《建设工程安全生产管理条例》规定,土方工程、基坑支护、模板工程、起重吊装工程、脚手架工程及拆除、爆破工程等必须编制专项施工方案,深基坑、地下暗挖工程、高大模板工程的专项施工方案,还应当组织专家进行论证审查。

在使用新技术、新工艺、新设备、新材料时,编制施工组织设计或施工方案必须制定相应的安全技术措施。

③ 针对使用的各种机械设备、用电设备可能给施工人员带来的危险,从安全保险装置、限位装置等方面采取安全技术措施。

④ 针对施工中有毒、有害、易燃、易爆等作业可能给施工人员造成的危害,制定相应的防范措施。

⑤ 针对施工现场及周围环境中可能给施工人员及周围居民带来的危险,以及材料、设备运输的困难和不安全因素,制定相应的安全技术措施。

⑥ 针对季节性、特殊气候条件施工的特点，编制施工安全措施，如雨期施工安全措施、冬季施工安全措施、夏季施工安全措施等。

（3）可操作性、具体性

① 安全技术措施及方案必须明确具体、有可操作性，能具体指导施工，绝不能一般化和形式化。

② 安全技术措施及方案中必须有施工总平面图，在图中必须对危险的油库、易燃材料库、变电设备以及材料、构件的堆放位置，塔式起重机、井字架或龙门架、搅拌机的位置等按照施工需要和安全堆放的要求明确定位，并提出具体要求。

③ 参与安全技术措施编制的劳动保护、环保、消防等管理人员必须掌握工程项目概况、施工方法、场地环境等第一手资料，并熟悉有关安全生产法规和标准，具有一定的专业水平和施工经验。

4. 安全技术措施的主要内容

施工安全技术措施包括安全防护设施的设置和安全预防措施，主要包括以下内容。

（1）进入施工现场安全方面的规定。

（2）地基与深基坑的安全防护。

（3）高处作业与立体交叉作业的安全防护。

（4）施工现场临时用电工程的设置和使用。

（5）施工机械设备和起重机械设备的安装、拆卸和使用。

（6）采用新技术、新工艺、新设备、新材料时的安全技术。

（7）预防台风、地震、洪水等自然灾害的措施。

（8）防冻、防滑、防寒、防中暑、防雷击等季节性施工措施。

（9）防火、防爆措施。

（10）易燃易爆物品仓库、配电室、外电线路、起重机械的平面布置和大模板、构件等物料堆放。

（11）对施工现场毗邻的建筑物、构筑物以及施工现场内的各类地下管线的保护。

（12）施工作业区与生活区的安全距离。

（13）施工现场临时设施（包括办公、生活设施等）的设置和使用。

（14）施工作业人员的个人安全防护措施。

5. 安全技术措施资金投入

在建筑施工中，安全防护设施不设置或不到位，是造成事故的主要原因之一。安全防护设施不设置或不到位，往往是由于建设单位和施工单位未按照国家法律、法规的有关规定，未保证安全技术措施资金的投入。为保证安全生产，建设单位和施工单位应当确保安全技术措施资金的投入。

安全技术措施资金投入包括以下内容。

（1）建设单位在编制工程概算时，应当考虑到建设工程安全作业环境及安全施工措施所需费用。建设单位应当按照有关法律、法规的规定，保证安全生产资金的投入。

（2）对于有特殊安全防护要求的工程,建设单位和施工单位应当根据工程实际需要,在合同中约定安全措施所需费用。施工单位在动力设备、输电线路、地下管道、密封防震车间、易燃易爆地段以及在交通要道附近施工时,施工开始前应向监理工程师提出安全防护措施,经监理工程师认可后实施,防护措施费用由建设单位承担。实施爆破作业,在有放射性、毒害性环境(含储存、运输、使用等)中施工及使用毒害性、腐蚀性物品施工时,施工单位应在施工前以书面形式通知监理工程师,并提出相应的安全防护措施,经监理工程师认可后实施,由建设单位承担安全防护措施费用。

（3）施工单位应当保证本单位的安全生产投入。施工单位应当制订安全生产投入的计划和措施。企业负责人和工程项目负责人应当采取措施确保安全投入的有效落实,保证工程项目实施过程中用于安全生产的人力、财力、物力到位,满足安全生产和文明施工的需要。

（4）对列入建设工程概算的安全作业环境及安全施工措施所需费用,应当用于施工安全防护用具及设施的采购和更新、安全施工措施的落实和安全生产条件的改善,不得挪作他用。

6. 安全技术措施及方案审批、变更管理

（1）安全技术措施及方案审批管理。

① 一般工程安全技术措施及方案由项目经理部项目工程师审核,项目经理部技术负责人审批,报公司管理部、安全部备案。

② 重要工程安全技术措施及方案由项目经理部技术负责人审批,企业管理部、安全部复核,由企业技术发展部或企业工程师部委托技术人员审批,并在企业管理部、安全部备案。

③ 大型、特大工程安全技术措施及方案由项目经理部技术负责人组织编制,报企业技术发展部、管理部、安全部审核。按《建设工程安全生产管理条例》规定,深基坑、高大模板工程、地下暗挖工程等必须进行专家论证审查,经同意后方可实施。

（2）安全技术措施及方案变更管理。

① 施工过程中如发生设计变更,原定的安全技术措施也必须随着变更,否则不准施工。

② 施工过程中确实需要修改拟定的安全技术措施时,必须经编制人同意,并办理修改审批手续。

2.3.3　安全技术交底

1. 安全技术交底的概念

安全技术交底是指将预防和控制安全事故发生,减少其危害的安全技术措施以及工程项目、分部分项工程概况向作业班组、作业人员所做的说明。安全技术交底制度是施工单位有效预防违章指挥、违章作业和伤亡事故发生的一种有效措施。

微课视频

安全技术
措施及交底

2. 安全技术交底的一般规定

（1）安全技术交底实行分级交底制度。开工前，项目技术负责人要将工程概况、施工方法、安全技术措施等情况向工地负责人、工长交底，必要时向全体职工进行交底。工长安排班组长工作前，必须进行书面的安全技术交底。两个以上施工队和工种配合时，工长应按工程进度定期或不定期向有关班组长进行交叉作业的安全交底。班组长应每天对工人进行施工要求、作业环境等全方面交底。

（2）结构复杂的分部分项工程施工前，项目经理、技术负责人应有针对性地进行全面、详细的安全技术交底。

3. 安全技术交底的基本要求

（1）项目经理部必须实行逐级安全技术交底制度，纵向延伸到班组全体作业人员。

（2）交底必须具体、明确、针对性强。

（3）应将工程概况、施工方法、施工程序、安全技术措施等向工长、班组长、作业人员进行详细交底。

（4）交底要依据施工组织设计和分部分项安全施工方案安全技术措施的内容，以及分部分项工程施工给作业人员带来的潜在危险因素，就作业要求和施工中应注意的安全事项有针对性地进行交底。

（5）各工种的安全技术交底一般与分部分项工程安全技术交底同步进行。对施工工艺复杂、施工难度较大或作业条件危险的，应当单独进行各工种的安全技术交底。

（6）定期向由两个以上作业队伍和多工种进行交叉施工的作业队伍进行书面交底。

（7）交底应当采用书面形式。

（8）交底双方应当签字确认。

4. 安全技术交底的主要内容

（1）工程项目和分部分项工程的概况。

（2）工程项目和分部分项工程的危险部位。

（3）针对危险部位采取的具体防范措施。

（4）作业中应注意的安全事项。

（5）作业人员应遵守的安全操作规程和规范。

（6）作业人员发现事故隐患后应采取的措施。

（7）发生事故后应及时采取的避险和急救措施。

在线题库

2.3 节

▶ **2.4 文明施工与安全标志管理** ◀

2.4.1 文明施工的基本条件与要求

1. 文明施工的概念

文明施工是指工程建设实施过程中，保持施工现场良好的作业环境、卫生环境和工作秩序。施工现场文明施工的管理范围既包括施工作业区的管理,也包括办公区和生活区的管理。

文明施工主要包括以下几个方面的内容。

(1) 规范施工现场的场容,保持作业环境的整洁卫生。

(2) 科学组织施工,使生产有序进行。

(3) 减少施工对周围居民和环境的影响。

(4) 保证职工的安全和身体健康。

2. 文明施工的基本条件

(1) 有整套的施工组织设计(或施工方案)。

(2) 有健全的施工指挥系统及岗位责任制度。

(3) 工序衔接交叉合理,交接责任明确。

(4) 有严格的成品保护措施和制度。

(5) 大小临时设施和各种材料、构件、半成品按平面布置堆放整齐。

(6) 施工场地平整,道路畅通,排水设施得当,水电线路整齐。

(7) 机具设备状况良好,使用合理,施工作业符合消防和安全要求。

3. 文明施工基本要求

(1) 工地主要入口应设置简朴规整的大门,门旁必须设立明显的标牌,标明工程名称、施工单位及工程负责人姓名等内容。

(2) 施工现场建立文明施工责任制,划分区域,明确管理负责人,实行挂牌制度,做到现场清洁整齐。

(3) 施工现场场地平整,道路坚实畅通,有排水措施,基础、地下管道施工完后应及时回填平整,清除积土。

(4) 现场施工临时水电要有专人管理,不得有长流水、长明灯。

(5) 施工现场的临时设施,包括生产、办公、生活用房、料场、仓库、临时上下水管道以及照明、动力线路,要严格按照施工组织设计确定的施工平面图布置、搭设或埋设整齐。

(6) 工人操作地点及周围必须清洁整齐,做到工完场地清,及时清除在楼梯、楼板上的杂物。

(7) 砂浆、混凝土在搅拌、运输、使用过程中,要做到不洒、不漏、不剩,使用地点盛放砂浆、混凝土应有容器或垫板。

(8) 要有严格的成品保护措施,禁止损坏污染成品,堵塞管道。高层建筑要设置临时便桶,禁止在建筑物内大小便。

(9) 建筑物内清除的垃圾渣土,要通过临时搭设的竖井或利用电梯井或采取其他措施稳妥下卸,禁止从门窗向外抛掷。

(10) 施工现场不准乱堆垃圾及余物,应在适当地点设置临时堆放点,并定期外运。清运渣土垃圾及流体物品,要采取遮盖防漏措施,运送途中不得遗撒。

(11) 根据工程性质和所在地区的不同情况,采取必要的围护和遮挡措施,并保持外观整齐清洁。

（12）针对施工现场情况，设置宣传标语和黑板报，并适时更换内容，切实起到表扬先进、促进后进的作用。

（13）施工现场禁止居住家属，严禁居民、家属、儿童在施工现场穿行、玩耍。

（14）现场使用的机械设备，要按平面布置规划固定点存放，遵守机械安全规程，经常保持机身及周围环境的清洁，机械的标记、编号明显，安全装置可靠。

（15）清洗机械排出的污水要有排放措施，不得随地排放。

（16）在用的搅拌机、砂浆机旁必须设有沉淀池，不得将浆水直接排放到下水道及河流等处。

（17）塔机轨道按规定铺设整齐稳固，塔边要封闭，道渣不外溢，路基内外排水畅通。

（18）施工现场应建立不扰民措施，针对施工特点设置防尘和防噪声设施，夜间施工必须有当地主管部门的批准。

微课视频

文明施工管理

2.4.2 文明施工管理的内容

1. 现场围挡

（1）施工现场必须采用封闭围挡，并根据地质、气候、围挡材料进行计算与设计，确保围挡的稳定性、安全性。

（2）围挡高度不得小于 1.8 m，建造多层、高层建筑的项目，还应设置安全防护设施。在市区主要路段和市容景观道路及机场、码头、车站广场设置的围挡高度不得低于 2.5 m，在其他路段设置的围挡高度不得低于 1.8 m。

（3）施工现场的施工区域应与办公、生活区划分清晰，并应采取相应的隔离措施。

（4）围挡使用的材料应保证围挡坚固、整洁、美观，不宜使用彩布条、竹笆或安全网等。

（5）市政工程现场，可按工程进度分段设置围栏，或按规定使用统一的连续性围挡设施。

（6）施工单位不得在现场围挡内侧堆放泥土、砂石、建筑材料、垃圾和废弃物等，严禁将围挡做挡土墙使用。

（7）在经批准临时占用的区域，应严格按批准的占地范围和使用性质存放、堆卸建筑材料或机具设备等，临时区域四周应设置高于 1 m 的围挡。

（8）在有条件的工地，四周围墙、宿舍外墙等地方，应张挂、书写反映企业精神、时代风貌及人性化的醒目宣传标语或绘画。

（9）雨后、大风后以及冻融季节应及时检查围挡的稳定性，发现问题及时处理。

2. 封闭管理

（1）施工现场进出口应设置固定的大门，且要求牢固、美观，门斗按规定设置企业名称或标志（施工现场的门斗、大门，各企业应统一标准，施工企业可根据各自的特色，标明集团企业的规范简称）。

（2）门口要设置专职门卫或保安人员，并制定门卫管理制度，来访人员应进行登记，禁止外来人员随意出入，所有进出材料或机具要有相应的手续。

（3）进入施工现场的各类工作人员应按规定佩戴工作胸卡和安全帽。

3. 施工场地

（1）施工现场的主要道路必须进行硬化处理，土方应集中堆放。集中堆放的土方和裸露的场地应采取覆盖、固化或绿化等措施。

（2）现场内各类道路应保持畅通。

（3）施工现场地面应平整，且应有良好的排水系统，保持排水畅通。

（4）制定防止泥浆、污水、废水外流以及堵塞排水管沟和河道的措施，实行三级沉淀、二级排放。

（5）工地应按要求设置吸烟处，设有烟缸或水盆，禁止流动吸烟。

（6）现场存放的油料、化学溶剂等易燃易爆物品，应按分类要求放置于专门的库房内，地面应进行防渗漏处理。

（7）施工现场地面应经常洒水，对粉尘源进行覆盖或其他有效遮挡。

（8）施工现场长期裸露的土质区域，应进行力所能及的绿化布置，以美化环境，并防止扬尘现象。

4. 材料堆放

（1）施工现场各种建筑材料、构件、机具应按施工总平面布置图的要求堆放。

（2）材料堆放要按照品种、规格堆放整齐，并按规定挂置名称、品种、产地、规格、数量、进货日期等内容及状态（已检合格、待检、不合格等）的标牌。

（3）工作面每日应做到完工料清场地净。

（4）建筑垃圾应在指定场所堆放整齐并标出名称、品种，并做到及时清运。

微课视频

文明施工检查项目
评定的保证项目

5. 职工宿舍

（1）职工宿舍要符合文明施工的要求，在建建筑物内不得兼作员工宿舍。

（2）生活区应保持整齐、整洁、有序、文明，并符合安全、消防、防台风、防汛、卫生防疫、环境保护等方面的要求。

（3）宿舍应设置在通风、干燥、地势较高的位置，防止污水、雨水流入。

（4）宿舍内应保证有必要的生活空间，室内净高不得小于 2.4 m，通道宽度不得小于 0.9 m，每间宿舍居住人员不得超过 16 人。

（5）施工现场宿舍必须设置可开启式窗户，宿舍内的床铺不得超过 2 层，严禁使用通铺。

（6）宿舍内应设置生活用品专柜，有条件的宿舍宜设置生活用品储藏室。

（7）宿舍内严禁存放施工材料、施工机具和其他杂物。

（8）宿舍周围应当搞好环境卫生，按要求设置垃圾桶、鞋柜或鞋架，生活区内应提供为作业人员晾晒衣物的场地。

(9) 宿舍外道路应平整,并尽可能地使夜间有足够的照明。

(10) 冬季,北方严寒地区的宿舍应有保暖和防止煤气中毒措施;夏季,宿舍应有消暑和防蚊虫叮咬措施。

(11) 宿舍不得留宿外来人员,特殊情况必须经有关领导及行政主管部门批准方可留宿,并报保卫人员备查。

(12) 考虑到员工家属的来访,宜在宿舍区设置适量固定的亲属探亲宿舍。

(13) 应当制定职工宿舍管理责任制,安排人员轮流负责生活区的环境卫生和管理,或安排专人管理。

6. 现场防火

(1) 施工现场应建立消防安全管理制度、制定消防措施,施工现场临时用房和作业场所的防火设计应符合规范要求。

(2) 根据消防要求,在不同场所合理配置种类合适的灭火器材;严格管理易燃、易爆物品,设置专门仓库存放。

(3) 施工现场主要道路必须符合消防要求,并时刻保持畅通。

(4) 高层建筑应按规定设置消防水源,并能满足消防要求,坚持安全生产的"三同时"。

(5) 施工现场防火必须建立防火安全组织机构、义务消防队,明确项目负责人、其他管理人员及各操作人员的防火安全职责,落实防火制度和措施。

(6) 施工现场需动用明火作业的,如电焊、气焊、气割、烘烤防水卷材等,必须严格执行三级动火审批手续,并落实动火监护和防范措施。

(7) 应按施工区域或施工层合理划分动火级别,动火必须具有"二证一器一监护"(焊工证、动火证、灭火器、监护人)。

(8) 建立现场防火档案,并纳入施工资料管理。

7. 现场治安综合治理

(1) 生活区应按精神文明建设的要求设置学习和娱乐场所,如电视机室、阅览室和其他文体活动场所,并配备相应器具。

(2) 建立健全现场治安保卫制度,责任落实到人。

(3) 落实现场治安防暴措施,杜绝盗窃、斗殴、赌博等违法乱纪事件发生。

(4) 加强现场治安综合治理,做到目标管理、职责分明,治安防范措施有力,重点要害部位防范措施到位。

(5) 与施工现场的分包队伍须签订治安综合治理协议书,并加强法制教育。

8. 施工现场标牌

(1) 施工现场人口处的醒目位置,应当公示"五牌一图"(工程概况牌、管理人员名单及监督电话牌、消防保卫牌、安全生产牌、文明施工牌、施工现场总平面布置图),标牌书写字迹要工整规范,内容要简明实用。标志牌规格:宽 1.2 m、高 0.9 m,标牌底边距地高为 1.2 m。

（2）《建筑施工安全检查标准》对"五牌"的具体内容未做具体规定,各企业可结合本地区、本工程的特点进行设置,也可以增加应急程序牌、卫生须知牌、卫生包干图、管理程序图、施工的安民告示牌等内容。

（3）在施工现场的明显处,应有必要的安全内容的标语,标语尽可能地考虑使用人性化的语言。

（4）施工现场应设置"两栏一报"（即宣传栏、读报栏和黑板报）,应及时反映工地内外各类动态。

（5）按文明施工的要求,宣传教育用字须规范,不使用繁体字和不规范的词句。

9. 生活设施

(1)卫生设施

① 施工现场应设置水冲式或移动式卫生间。卫生间地面应作硬化和防滑处理,门窗应齐全,蹲位之间宜设置隔板,隔板高度不宜低于 0.9 m。

② 卫生间大小应根据作业人员的数量设置。高层建筑施工超过 8 层以后,每隔 4 层宜设置临时卫生间,卫生间应设专人负责清扫、消毒,防止蚊蝇丛生,化粪池应及时清理。

③ 淋浴间内应设置满足需要的淋浴喷头,可设置储衣柜或挂衣架,并保证 24 h 的热水供应。

④ 盥洗设施设置应满足作业人员使用要求,并应使用节水用具。

（2）现场食堂

① 现场食堂必须有卫生许可证,炊事人员必须持身体健康证上岗。

② 现场食堂应设置独立的制作间、储藏间,门扇下方应设不低于 0.2 m 的防鼠挡板。

③ 现场食堂应设在远离卫生间、垃圾站、有毒有害场所等污染源的地方。

④ 制作间灶台及其周边应贴瓷砖,所贴瓷砖高度不宜低于 1.5 m,地面应作硬化和防滑处理。

⑤ 粮食存放台与墙和地面的距离不得小于 0.2 m。

⑥ 现场食堂应配备必要的排风和冷藏设施。

⑦ 现场食堂的燃气罐应单独设置存放间,存放间应通风良好并严禁存放其他物品。

⑧ 现场食堂制作间的炊具宜存放在封闭的橱柜内,刀、盆、案板等炊具应生熟分开,食品应有遮盖,遮盖物品正面应有标识。

⑨ 各种食用调料和副食应存放在密闭器皿内,并应有标识。

⑩ 现场食堂外应设置密闭式泔水桶,并应及时清运。

（3）其他要求

① 落实卫生责任制及各项卫生管理制度。

② 生活区应设置开水炉、电热水器或饮用水保温桶,施工区应配备流动保温水桶。

③ 生活垃圾应有专人管理,分类盛放于有盖的容器内,并及时清运,严禁与建筑垃圾混放。

10. 保健急救

（1）施工现场应按规定设置医务室或配备符合要求的急救箱,医务人员对现场卫生要起到监督作用,定期检查食堂饮食卫生情况。

(2)落实急救措施和急救器材(如担架、绷带、夹板等)。

(3)培训急救人员,掌握急救知识,进行现场急救演练。

(4)适时开展卫生防病和健康宣传教育,保障施工人员身心健康。

11. 社区服务

(1)制定并落实防止粉尘飞扬和降低噪声的方案或措施。

(2)夜间施工除应按当地有关部门的规定执行许可证制度外,还应张挂安民告示牌。

(3)现场严禁焚烧有毒、有害物质。

(4)切实落实各类施工不扰民措施,消除泥浆、噪声、粉尘等影响周边环境的因素。

2.4.3 施工现场环境保护

环境保护也是文明施工的主要内容之一,是按照法律法规、各级主管部门和企业的要求,采取措施保护和改善作业现场的环境,控制现场的各种粉尘、废水、废气、固体废弃物、噪声、振动等对环境的污染和危害。

1. 大气污染的防治

1)产生大气污染的施工环节

(1)引起扬尘污染的施工环节

① 土方施工及土方堆放过程中的扬尘。

② 搅拌桩、灌注桩施工过程中的水泥扬尘。

③ 建筑材料(砂、石、水泥等)堆场的扬尘。

④ 混凝土、砂浆拌制过程中的扬尘。

⑤ 脚手架和模板安装、清理和拆除过程中的扬尘。

⑥ 木工机械作业的扬尘。

⑦ 钢筋加工、除锈过程中的扬尘。

⑧ 运输车辆造成的扬尘。

⑨ 砖、砌块、石等切割加工作业的扬尘。

⑩ 道路清扫的扬尘。

⑪ 建筑材料装卸过程中的扬尘。

⑫ 建筑和生活垃圾清扫的扬尘等。

(2)引起空气污染的施工环节

① 某些防水涂料施工过程中的污染。

② 有毒化工原料使用过程中的污染。

③ 油漆涂料施工过程中的污染。

④ 施工现场的机械设备、车辆的尾气排放的污染。

⑤ 工地擅自焚烧废弃物对空气的污染等。

2)防止大气污染的主要措施

（1）施工现场的渣土要及时清理出施工现场。

（2）施工现场作业场所内建筑垃圾的清理，必须采用相应容器、管道运输或采用其他有效措施。严禁凌空抛掷。

（3）施工现场的主要道路必须进行硬化处理，并指定专人定期洒水清扫，防止道路扬尘，并形成制度。

（4）土方应集中堆放。裸露的场地和集中堆放的土方应采取覆盖、固化或绿化等措施。

（5）渣土和施工垃圾运输时，应采用密闭式运输车辆或采取有效的覆盖措施。施工现场出入口处应采取保证车辆清洁的措施。

（6）施工现场应使用密目式安全网对施工现场进行封闭，防止施工过程扬尘。

（7）对细粒散状材料（如水泥、粉煤灰等）应采用遮盖、密闭措施，防止和减少尘土飞扬。

（8）对进出现场的车辆应采取必要的措施，消除扬尘、抛撒和夹带现象。

（9）许多城市已不允许现场搅拌混凝土。在允许搅拌混凝土或砂浆的现场，应将搅拌站封闭严密，并在进料仓上方安装除尘装置，采取可靠措施控制现场粉尘污染。

（10）拆除既有建筑物时，应采用隔离、洒水等措施防止扬尘，并应在规定期限内将废弃物清理完毕。

（11）施工现场应根据风力和大气湿度的具体情况，确定合适的作业时间及内容。

（12）施工现场应设置密闭式垃圾站。施工垃圾、生活垃圾应分类存放，并及时清运。

（13）施工现场的机械设备、车辆的尾气排放应符合国家环保排放标准要求。

（14）城区、旅游景点、疗养区、重点文物保护地及人口密集区的施工现场应使用清洁能源。

（15）施工时遇到有毒化工原料，除施工人员做好安全防护外，应按相关要求做好环境保护。

（16）除设有符合要求的装置外，严禁在施工现场焚烧各类废弃物以及其他会产生有毒、有害烟尘和恶臭的物质。

2. 噪声污染的防治

1）引起噪声污染的施工环节

（1）施工现场人员大声的喧哗。

（2）各种施工机具的运行和使用。

（3）安装及拆卸脚手架、钢筋、模板等。

（4）爆破作业。

（5）运输车辆的往返及装卸。

2）防治噪声污染的措施。施工现场噪声的控制技术可从声源、传播途径、接收者防护等方面考虑。

（1）声源控制。从声源上降低噪声，这是防止噪声污染的根本措施。具体措施是：

① 尽量采用低噪声设备和工艺替代高噪声设备和工艺，如低噪声振动器、电动空压机、电锯等。

② 在声源处安装消声器消声。如在通风机、鼓风机、压缩机以及各类排气装置等进出风管的适当位置安装消声器。

（2）传播途径控制。在传播途径上控制噪声的方法主要有：

① 吸声。利用吸声材料或吸声结构形成的共振结构吸收声能，降低噪声。

② 隔声。应用隔声结构，阻止噪声向空间传播，将接收者与噪声声源分隔。隔声结构包括隔声室、隔声罩、隔声屏障、隔声墙等。

③ 消声。利用消声器阻止传播。如对空气压缩机、内燃机等安装消声装置。

④ 减振降噪。对来自振动引起的噪声，通过降低机械振动减少噪声，如将阻尼材料涂在制动源上，或改变振动源与其他刚性结构的连接方式等。

⑤ 严格控制人为噪声。进入施工现场不得高声叫喊、无故敲打模板、乱吹口哨，限制高音喇叭的使用，最大限度地减少噪声扰民。

（3）接收者防护。让处于噪声环境下的人员使用耳塞、耳罩等防护用品，减少相关人员在噪声环境中的暴露时间，以减轻噪声对人体的危害。

（4）控制强噪声作业时间。凡在人口稠密区进行强噪声作业时，必须严格控制作用时间，一般在22时至次日6时期间（夜间）停止打桩作业等强噪声作业。确系特殊情况必须昼夜施工时，建设单位和施工单位应提前15日向环境保护和建设行政主管等部门提出申请，经批准后方可进行夜间施工，并会同居委会或村委会公告附近居民，并做好周围群众的安抚工作。

（5）施工现场噪声的限值。施工现场的噪声不得超过国家标准《建筑施工场所噪声限值》的规定。

（6）施工单位应对施工现场的噪声值进行监控和记录。

3. 水污染的防治

（1）引起水污染的施工环节

① 桩基础施工、基坑护壁施工过程的泥浆。

② 混凝土（砂浆）搅拌机械、模板、工具的清洗产生的泥浆污水。

③ 现场制作水磨石施工的泥浆。

④ 油料、化学熔剂泄漏。

⑤ 生活污水。

⑥ 将有毒废弃物掩埋于土中等。

（2）防治水污染的主要措施

① 回填土应过筛处理。严禁将有害物质掩埋于土中。

② 施工现场应设置排水沟和沉淀池。现场废水严禁直接排入市政污水管网和河流。

③ 现场存放的油料、化学溶剂等应设有专门的库房。库房地面应进行防渗漏处理。

使用时还应采取防止油料和化学溶剂跑、冒、滴、漏的措施。

④ 卫生间的地面、化粪池等应进行抗渗处理。

⑤ 食堂、盥洗室、淋浴间的下水管线应设置隔离网,并应与市政污水管线连接,保证排水通畅。

⑥ 食堂应设置隔油池,并应及时清理。

4. 固体废弃物污染的防治

固体废弃物是指生产、日常生活和其他活动中产生的固态、半固态废弃物质。固体废弃物是一个极其复杂的废物体系,按其化学组成可分为有机废弃物和无机废弃物,按其对环境和人类的危害程度可分为一般废弃物和危险废弃物。固体废弃物对环境的危害是全方位的,主要会侵占土地、污染土壤、污染水体、污染大气、影响环境卫生等。

(1)建筑施工现场常见的固体废弃物

① 建筑渣土,包括砖瓦、碎石、混凝土碎块、废钢铁、废屑、废弃装饰材料等。

② 废弃材料,包括废弃的水泥、石灰等。

③ 生活垃圾,包括炊厨废物、丢弃食品、废纸、废弃生活用品等。

④ 设备、材料等的废弃包装材料等。

(2)固体废弃物的处置。固体废弃物处理的基本原则是采取资源化、减量化和无害化处理,对固体废弃物产生的全过程进行控制。固体废弃物的主要处理方法有:

① 回收利用。回收利用是对固体废弃物进行资源化、减量化的重要手段之一。对建筑渣土可视具体情况加以利用;废钢铁可按需要用作金属原材料;对废电池等废弃物应分散回收,集中处理。

② 减量化处理。减量化处理是对已经产生的固体废弃物进行分选、破碎、压实浓缩、脱水等减少其最终处置量,降低处理成本,减少对环境的污染。在减量化处理的过程中,也包括和其他处理技术相关的工艺方法,如焚烧、解热、堆肥等。

③ 焚烧技术。焚烧用于不适合再利用且不宜直接予以填埋处置的固体废弃物,尤其是对受到病菌、病毒污染的物品,可以用焚烧进行无害化处理。焚烧处理应使用符合环境要求的处理装置,注意避免对大气的二次污染。

④ 稳定和固化技术。稳定和固化技术是指利用水泥、沥青等胶结材料,将松散的固体废弃物包裹起来,减小废弃物的毒性和可迁移性,使得污染减少的技术。

⑤ 填埋。填埋是固体废弃物处理的最终补救措施,经过无害化、减量化处理的固体废弃物残渣集中到填埋场进行处置。填埋场应利用天然或人工屏障,尽量使需处理的废物与周围的生态环境隔离,并注意废物的稳定性和长期安全性。

5. 照明污染的防治

标准规范

夜间施工应当严格按照建设行政主管部门和有关部门的规定,对施工照明器具的种类、灯光亮度加以严格控制,特别是在城市市区、居民居住区内,必须采取有效的措施,减少施工照明对附近居民的危害。

建设工程施工现场
环境与卫生标准

2.4.4 文明工地的创建

1. 确定文明工地管理目标

创建文明工地是建筑施工企业提高企业形象,深入贯彻以人为本、构建和谐社会的重要举措,确定文明工地管理目标又是实现文明工地的先决条件。

1) 确定文明工地管理目标时,应考虑以下因素:

(1) 工程项目自身的危险源与不利环境因素识别、评价和防范措施。

(2) 适用法规、标准、规范和其他要求的选择和确定。

(3) 可供选择的技术和组织方案。

(4) 生产经营管理上的要求。

(5) 社会相关方(社区居委会或村民委员会、居民、毗邻单位等)的意见和要求。

2) 文明工地管理目标。工程项目部创建文明工地,管理目标一般应包括:

(1) 安全管理目标

① 伤、亡事故控制目标。

② 火灾、设备事故、管线事故以及传染病传播、食物中毒等重大事故控制目标。

③ 标准化管理目标。

(2) 环境管理目标

① 文明工地管理目标。

② 重大环境污染事件控制目标。

③ 扬尘污染物控制目标。

④ 废水排放控制目标。

⑤ 噪声控制目标。

⑥ 固体废弃物处置目标。

⑦ 社会相关方投诉的处理情况。

2. 建立创建文明工地的组织机构

工程项目经理部要建立以项目经理为第一责任人的创建文明工地责任体系,建立健全文明工地管理组织机构。

(1) 工程项目部文明工地领导小组,由项目经理、项目副经理、项目技术负责人以及安全、技术、施工等主要部门(岗位)负责人组成。

(2) 文明工地工作小组主要包括以下工作小组:

① 综合管理工作小组。

② 安全管理工作小组。

③ 质量管理工作小组。

④ 环境保护工作小组。

⑤ 卫生防疫工作小组。

⑥ 季节性灾害防范工作小组等。

各地还可以根据当地气候、环境、工程特点等因素建立相关工作小组。

3. 制定创建文明工地的规划措施及实施要求

(1) 规划措施。文明施工规划措施应与施工规划设计同时按规定进行审批,主要包括以下规划措施。

① 施工现场平面划分与布置。

② 环境保护方案。

③ 现场预防安全事故措施。

④ 卫生防疫措施。

⑤ 现场保安措施。

⑥ 现场防火措施。

⑦ 交通组织方案。

⑧ 综合管理措施。

⑨ 社区服务。

⑩ 应急救援预案等。

(2) 实施要求。工程项目部在开工后,应严格按照文明施工方案(措施)组织施工,并对施工现场管理实施控制。

工程项目部应将有关文明施工的规划,向社会张榜公示,告知开、竣工日期、投诉和监督电话,自觉接受社会各界的监督。

工程项目部要强化全体员工教育,提高全员安全生产和文明施工的素质。工程项目部可利用横幅、标语、黑板报等形式,加强有关文明施工的法律、法规、规程、标准的宣传工作,使得文明施工深入人心。

工程项目部在对施工人员进行安全技术交底时,必须将文明施工的有关要求同时进行交底,并在施工作业时督促其遵守相关规定,高标准、严要求地做好文明工地创建工作。

4. 加强创建过程的控制与检查

对创建文明工地规划措施的执行情况,工程项目部要严格执行日常巡查和定期检查制度,检查工作要从工程开工做起,直至竣工交验为止。

工程项目部每月检查应不少于四次。检查应依据国家、行业、地方和企业等有关规定,对施工现场的安全防护措施、环境保护措施、文明施工责任制以及各项管理制度等落实情况进行重点检查。

在检查中发现的一般安全隐患和违反文明施工的现象,要按"三定"(定人、定期限、定措施)原则予以整改;对各类重大安全隐患和严重违反文明施工的现象,项目部必须认真地进行原因分析,制订纠正和预防措施,并对实施情况进行跟踪检查。

5. 文明工地的评选

施工企业内部的文明工地评选,应参照有关文明工地检查评分标准以及本企业有关文明工地评选规定进行。

参加省、市级文明工地的评选,应按照本行政区域内建设行政主管部门的有关规定,实行预申报与推荐相结合、定期检查与不定期抽查相结合的方式进行评选。

（1）申报文明工地的工程,应提交的书面资料包括以下内容。

① 工程中标通知书。

② 施工现场安全生产保证体系审核认证通过证书。

③ 安全标准化管理工地结构阶段复验合格审批单。

④ 文明工地推荐表。

⑤ 设区市建筑安全监督机构检查评分资料一式一份。

⑥ 省级建筑施工文明工地申报表一式两份。

⑦ 工程所在地建设行政主管部门规定的其他资料。

（2）在创建省级文明工地项目过程中,在建项目有下列情况之一的,取消省级文明工地评选资格。

① 发生重大安全责任事故的。

② 省、市建设行政主管部门随机抽查分数低于 70 分的。

③ 连续两次考评分数低于 85 分的。

④ 有违法违纪行为的。

2.4.5 安全标志的管理

1. 安全色与安全标志的规定

1）安全色

安全色是传递安全信息含义的颜色,用来表示禁止、警告、指令、指示等,其作用在于使人们能迅速发现或分辨安全标志,提醒人们注意,预防事故发生。安全色包括红、蓝、黄、绿四种颜色。

（1）红色表示禁止、停止、消防和危险。

（2）蓝色表示指令必须遵守。

（3）黄色表示注意、警告。

（4）绿色表示通行、安全和提供信息。

2）安全标志

微课视频

安全标志管理

安全标志是用以表达特定安全信息的标志,由图形符号、安全色、几何形状（边框）或文字构成。安全标志的作用,主要在于引起人们对不安全因素的注意,预防事故发生,但不能代替安全操作规程和防护措施。

安全标志分为禁止标志、警告标志、指令标志和提示标志四大类型。

（1）禁止标志

① 禁止标志是禁止人们不安全行为的图形标志。

② 禁止标志的基本形式是红色的带斜杠的圆边框,圆边框内的图形或文字为黑色,如禁止烟火标志（见图 2-4-1）。

③ 文字辅助标志横写时应写在禁止标志的下方。禁止标志文字为白色字红色底。

（2）警告标志

① 警告标志是提醒人们对周围环境引起注意，以避免可能发生危险的图形标志。

② 警告标志的基本形式是黑色的正三角形边框。正三角形边框内的图形为黑色图黄色底，如当心坠落标志（见图 2-4-2）。

③ 文字辅助标志横写时应写在警告标志的下方。警告标志文字为黑色字黄色底。

（3）指令标志

① 指令标志是强制人们必须做出某种动作或采用防范措施的图形标志。

② 指令标志的基本形式是蓝色的圆形边框，框内图形为白色图蓝色底，如必须戴安全帽标志（见图 2-4-3）。

③ 文字辅助标志横写时应写在标志的下方。指令标志文字为白色字蓝色底。

（4）提示标志

① 提示标志是向人们提供某种信息（如标明安全设施或场所等）的图形标志。

② 提示标志的基本形式是正方形边框，如当心坠落标志（见图 2-4-4）。

图 2-4-1　禁止烟火标志　　图 2-4-2　当心坠落标志

图 2-4-3　必须戴安全帽标志　　图 2-4-4　当心坠落标志

③ 提示标志提示目标的位置时要加方向辅助标志。按实际需要指示左向或下向时，辅助标志应放在图形标志的左方；指示右向时，则应放在图形标志的右方，如应用方向辅助标志示例（见图 2-4-5）。

图 2-4-5　应用方向辅助标志示例

2. 安全标志的设置要求

（1）根据工程特点及施工不同阶段，有针对性地设置安全标志。

（2）必须使用国家或省市统一的安全标志（应符合《安全标志及其使用导则》GB 2894-2008 规定）。补充标志是安全标志的文字说明，必须与安全标志同时使用。

（3）各施工阶段的安全标志应是根据工程施工的具体情况进行增补或删减，其变动情况可在安全标志登记表中注明。

（4）标志牌应设在与安全有关的醒目地方，并使工人看见后，有足够的时间来注意它所表示的内容。

（5）施工现场安全标志的设置应按表 2-4-1 所示位置设置，并绘制安全标志设置位置平面图。

（6）标志牌不应设在门、窗、架等可移动的物体上，以免标志牌随母体物体相应移动，影响认读。

（7）标志牌应设置在明亮的环境中，牌前不得放置妨碍认读的障碍物。

表 2-4-1 施工现场安全标志的设置

类别		位 置
禁止类（红色）	禁止吸烟	材料库房、成品库、油料堆放处、易燃易爆场所、材料场地、木工棚、施工现场、打字复印室
	禁止通行	外架拆除、坑、沟、洞、槽、吊钩下方、危险部位
	禁止攀登	外用电梯出口、通道口、马道出入口
	禁止跨越	首层外架四面、栏杆、未验收的外架
指令类（蓝色）	必须戴安全帽	外用电梯出入口、现场大门口、吊钩下方、危险部位、马道出入口、通道口、上下交叉作业
	必须系安全带	现场大门口、马道出入口、外用电梯出入口、高处作业场所、特种作业场所
	必须穿防护服	通道口、马道出入口、外用电梯出入口、电焊作业场所、油漆防水施工场所
	必须戴防护眼镜	马道出入口、外用电梯出入口、通道出入口、车工操作间、焊工操作场所、抹灰操作场所、机械喷漆场所、修理间、电镀车间、钢筋加工场所
警告类（黄色）	当心弧光	焊工操作场所
	当心塌方	坑下作业场所、土方开挖
	机械伤人	机械操作场所、电锯、电钻、电刨、钢筋加工现场、机械修理场所
提示类（绿色）	安全状态通行	安全通道、行人车辆通道、外架施工层防护、人行通道、防护棚

（8）多个标志牌在一起设置时，应按警告、禁止、指令、提示类型的顺序，先左后右、先上后下地排列。

（9）标志牌设置的高度，应尽量与人眼的视线高度相一致。悬挂式和柱式的环境信息标志牌的下边缘距地面的高度不宜小于 2 m；局部信息标志的设置高度应视具体情况确定，一般为 1.6～1.8 m。

（10）安全标志牌应经常检查，至少每半年检查一次，如发现有破损、变形、褪色等不符合要求时应及时修整或更换。

在线题库

2.4 节

2.5　安全教育与安全活动

2.5.1　安全教育

1. 安全生产教育培训制度

施工单位应当建立健全安全生产教育培训制度。安全生产教育培训制度的主要内容包括：意义和目的、种类和对象、内容和要求、培训大纲、教材、学时、形式和方法、师资、教学设备、教具、实践教学、登记、考核和教育培训档案等。

微课视频

安全生产教育

1）意义和目的

（1）安全教育的意义

① 安全教育是掌握各种安全知识、避免职业危害的主要途径。

② 安全教育是企业发展的需要。

③ 安全教育是适应企业人员结构变化的需要。

④ 安全教育是搞好安全管理的基础性工作。

⑤ 安全教育是发展、弘扬企业安全文化的需要。

⑥ 安全教育是安全生产向广度和深度发展的需要。

（2）安全教育的目的

① 提高全员安全素质。

② 提高企业安全管理水平。

③ 防止事故发生，实现安全生产。

2）安全教育的对象

按照《建筑业企业职工安全培训教育暂行规定》（建教〔1997〕83 号）要求，建筑业企业职工每年必须接受一次专门的安全培训。

（1）企业法定代表人、项目经理。每年接受安全培训的时间，不得少于 30 学时。

（2）企业专职安全管理人员。取得岗位合格证书并持证上岗后，每年必须接受安全专业技术业务培训，时间不得少于 40 学时。

（3）企业其他管理人员和技术人员。每年接受安全培训的时间，不得少于 20 学时。

（4）企业特殊工种（包括电工、焊工、架子工、司炉工、爆破工、机械操作工、起重工、塔机司机及指挥人员、人货两用电梯司机等）。在通过专业技术培训并取得岗位操作证后，每年必须接受有针对性的安全培训，时间不得少于 20 学时。

（5）企业其他职工。每年接受安全培训的时间，不得少于 15 学时。

（6）企业待岗、转岗、换岗的职工。在重新上岗前，必须接受一次安全培训，时间不得少于 20 学时。

（7）建筑业企业新进场的工人（包括合同工、临时工、学徒工、实习人员、代培人员等）必须接受公司、项目部（或工区、工程处、施工队）、班组的"三级"安全培训教育，培训分别不得少于 15 学时、15 学时和 20 学时，并经考核合格后，方能上岗。

3）安全教育的种类

（1）按教育的内容分类。安全教育主要有五个方面的内容，即安全法制教育、安全思想教育、安全知识教育、安全技能教育和事故案例教育，这些内容是互相结合、互相穿插、各有侧重的，形成安全教育生动、触动、感动和带动的连锁效应。

（2）按教育的时间分类。可以分为采用"五新"（新技术、新工艺、新产品、新设备、新材料）时的安全教育、经常性的安全教育、季节性施工的安全教育和节假日加班的安全教育等。

4）安全教育的形式

（1）召开会议，如安全培训、安全讲座、报告会、先进经验交流、安全现场会、展览会、知识竞赛等。

（2）报刊宣传，可订阅或编制安全生产方面的书报或刊物，也可编制一些安全宣传的小册子等。

（3）音像制品，如电影、电视剧等。

（4）文艺演出，如小品、相声、短剧、快板、评书等。

（5）图片展览，如安全专题展览、板报等。

（6）悬挂标牌或标语，如悬挂安全警示标牌、标语、宣传横幅等。

（7）现场观摩，如现场观摩安全操作方法、应急演练等。安全教育的形式应当结合建筑生产的特点和员工的文化水平而定，尽可能采取丰富多彩、行之有效的教育形式，使安全教育深入每个员工的内心。

2. 建筑施工企业管理人员安全生产考核

（1）企业管理人员安全生产考核管理的相关规定

① 主要考核对象。建筑施工企业（含独立法人子公司）的主要负责人、项目负责人和专职安全生产管理人员。

② 考核管理机关。国务院建设行政主管部门负责全国建筑施工企业管理人员安全生产的考核工作，并负责中央管理的建筑施工企业管理人员安全生产考核和发证工作。

省、自治区、直辖市人民政府建设行政主管部门负责本行政区域内中央管理以外的建筑施工企业管理人员安全生产考核和发证工作。

③ 申请条件。建筑施工企业管理人员应当具备相应的文化程度、专业技术职称和一定的安全生产工作经历，并经企业年度安全生产教育培训合格后，方可参加建设行政主管部门组织的安全生产考核。

④ 考核内容。建筑施工企业管理人员安全生产考核内容包括安全生产知识考试和

管理能力考核。

⑤ 有效期。安全生产考核合格证书有效期 3 年。有效期满需要延期的,应当于期满前 3 个月内向原发证机关申请办理延期手续。

⑥ 监督管理。建设行政主管部门对建筑施工企业管理人员履行安全生产管理职责情况进行监督检查,发现有违反安全生产法律法规、未履行安全生产管理职责、不按规定接受年度安全生产教育培训、发生死亡事故,情节严重的,收回安全生产考核合格证书,并限期改正,重新考核。

(2) 企业管理人员安全知识考试的主要内容

企业管理人员安全知识考试主要考查安全生产法律法规、安全生产管理和安全技术等三个方面的知识,主要包括以下内容。

① 国家有关建筑安全生产的方针政策、法律、法规、部门规章、标准及有关规范性文件,省、市有关建筑安全生产的法规、规章、标准及规范性文件。

② 建筑施工企业管理人员的安全生产职责。

③ 建筑安全生产管理的基本制度,包括安全生产责任制、安全教育培训制度、安全检查制度、安全资金保障制度、专项安全施工方案的审批和论证制度、消防安全制度、意外伤害保险制度、事故应急救援预案制度、安全事故统计上报制度、安全生产许可制度和安全评价制度等。

④ 建筑施工企业安全生产管理基本理论、基本知识以及国内外建筑安全生产的发展历程、特点和管理经验。

⑤ 企业安全生产责任制和安全生产规章制度的内容及制定方法,施工现场安全监督检查的基本知识、内容和方法。

⑥ 重特大事故应急救援预案和现场救援。

⑦ 生产安全事故报告、调查和处理。

⑧ 建筑施工安全专业知识和施工安全技术。

⑨ 典型事故案例分析。

(3) 建筑施工企业专职安全生产管理人员安全生产管理能力考核的主要内容

① 贯彻执行国家有关建筑安全生产方针、政策、法律、法规和标准,以及省、市有关建筑安全生产的法规、规章、标准、规范和规范性文件情况。

② 企业安全生产管理机构负责人是否能够依据企业安全生产实际,适时修订企业安全生产规章制度,调配各级安全生产管理人员,监督、指导并评价企业各部门或分支机构的安全生产管理工作,配合有关部门进行事故的调查处理。

③ 企业安全生产管理机构工作人员是否能够做好安全生产相关数据统计、安全防护和劳动保护用品的配备及检查、施工现场安全督查等工作。

④ 施工现场专职安全生产管理人员是否能够认真负责施工现场的安全生产巡视督查,做好检查记录,发现现场存在安全隐患时,是否能够及时向企业安全生产管理机构和工程项目经理报告,对违章指挥、违章操作是否能够立即制止。

⑤ 事故发生后,是否能够积极参加抢救和救护,及时如实地报告,积极配合事故的调

查处理。

⑥ 安全生产业绩。

3. 新工人"三级"安全教育培训

1) 新工人"三级"安全教育培训的主要内容

(1) 企业级安全教育培训主要有以下内容：

① 安全生产的意义和基础知识。

② 国家安全生产方针、政策、法律法规。

③ 国家、行业安全技术标准、规范、规程。

④ 地方有关安全生产的规定和安全技术标准、规范、规程。

⑤ 企业安全生产规章制度等。

⑥ 企业历史上发生的重大安全事故和应吸取的教训。

(2) 项目级安全教育培训主要有以下内容：

① 施工现场安全管理规章、制度及有关规定。

② 各工种的安全技术操作规程。

③ 安全生产、文明施工的基本要求和劳动纪律。

④ 工程项目基本情况，包括现场环境、施工特点、危险作业部位及安全注意事项。

⑤ 安全防护设施的位置、性能和作用。

(3) 班组级安全教育培训主要有以下内容：

① 本班组从事作业的基本情况，包括现场环境、施工特点、危险作业部位及安全注意事项。

② 本班组使用的机具设备及安全装置的安全使用要求。

③ 个人安全防护用品的安全使用规则和维护知识。

④ 班组的安全要求及班组安全活动等。

2) 新工人"三级"安全教育培训的要求

(1) 公司级安全教育培训一般由企业的教育、劳动人事、安全、技术等部门配合进行，项目级安全教育培训一般由项目负责人和负责项目安全、技术管理工作的人员组织，班组级安全教育培训一般由班组长组织。

(2) 受教育者必须经过教育培训考核合格后方可上岗。

(3) 要将"三级"安全教育培训和考核等情况记入职工安全教育档案。

4. 建筑施工特种作业人员管理

建筑施工特种作业人员是指在房屋建筑和市政工程施工活动中，从事可能对本人、他人及周围设备设施的安全造成重大危害作业的人员。建筑施工特种作业人员必须按照国家有关规定参加专门的安全作业培训，必须经建设行政主管部门考核合格，取得特种作业操作资格证书，方可上岗从事相应作业。特种作业操作资格证书在全国范围内均有效，离开特种作业岗位一定时间后，须重新进行实际操作考核，考核合格后方可上岗作业。

1) 建筑施工特种作业人员：

（1）建筑电工；

（2）建筑架子工；

（3）建筑起重信号司索工；

（4）建筑起重机械司机；

（5）建筑起重机械安装拆卸工；

（6）高处作业吊篮安装拆卸工；

（7）经省级以上人民政府建设主管部门认定的其他特种作业。

2）建筑施工特种作业人员的培训

（1）培训内容。特种作业人员的培训内容包括安全技术理论和实际操作技能。其中，安全技术理论包括安全生产基本知识、专业基础知识和专业技术理论等内容；实际操作技能主要包括安全操作要领，常用工具的使用，主要材料、元配件、隐患的辨识，安全装置调试，故障排除，紧急情况处理等技能。培训教学采用全省统一的大纲和教材。

（2）培训机构。从事特种作业人员培训的机构，由省、市建设行政主管部门统一布点。培训机构除应具备有关部门颁发的相应资质外，还应具备培训建筑施工特种作业人员的下列条件。

① 与所从事培训工种相适应的安全技术理论、实际操作师资力量。

② 有固定和相对集中的校舍、场地及实习操作场所。

③ 有与从事培训工种相适应的教学仪器、图书、资料以及实习操作仪器、设施、设备、器材、工具等。

④ 有健全的教学、实习管理制度。

3）建筑施工特种作业人员的考核和发证。建筑施工特种作业人员的考核和发证工作，由省、市建设行政主管部门负责组织实施，一般包括申请、受理、审查、考核、发证等程序。

（1）考核申请。通常情况下，在培训合格后由培训机构集中向考核机关提出考核申请。培训机构除向考核机关提交培训合格人员名单外，还应提供申请人的个人资料。

（2）考核受理。考核机构应当自收到申请人提交的申请材料之日起 5 个工作日内依法作出受理或者不予受理的决定。不予受理的，应当当场或书面通知申请人并说明理由。对于受理的申请，考核发证机关应当及时向申请人核发准考证。

（3）考核审查。对已经受理的申请，考核机构应当在 5 个工作日内完成对申请材料的审查，并作出是否准予考核的决定，书面通知申请人。不准予考核的，也应当书面通知申请人并说明理由。

（4）考核内容。特种作业人员的考核内容包括安全技术理论考试和实际操作技能考核。安全技术理论考试，一般采取闭卷考试的方式；实际操作技能考核，一般采取现场模拟操作和口试方式。

对于考核不合格的，允许补考一次；补考仍不合格的，应当重新接受专门培训。

（5）证书颁发。对于考核合格的，由市建设行政主管部门向省建设行政主管部门申请核发证书。经省建设行政主管部门审核符合条件的，由省建设行政主管部门统一颁发资格证书,并定期公布证书核发情况。资格证书采用国务院建设行政主管部门规定的统一样式,全省统一编号。

(6)证书延期复核。

① 有效期。特种作业人员操作资格证书有效期为 2 年。有效期满需要延期的,应当于期满前 3 个月内向原考核发证机关申请办理延期复核手续。延期复核合格的,资格证书有效期延期 2 年。

② 延期复核内容。特种作业人员操作资格证书延期复核的内容主要包括:身体状况,年度安全教育培训和继续教育情况,责任事故和违法违章情况等。

4)证书管理

(1)证书的保管。特种作业人员应妥善保管好自己的特种作业人员操作资格证书。任何单位和个人不得非法涂改、非法扣押、倒卖、出租、出借或者以其他形式转让资格证书。

(2)证书的补发。资格证书遗失、损毁的,持证人应当在公共媒体上声明作废,并在 1 个月内持声明作废材料向原考核发证机关申请办理补证手续。

(3)证书的撤销。有下列情形之一的,考核发证机关依据职权撤销资格证书。

① 考核发证机关工作人员违法核发资格证书的。

② 考核发证机关工作人员对不具备申请资格或者不符合规定条件的申请人核发资格证书的。

③ 持证人弄虚作假骗取资格证书或者办理延期复核手续的。

④ 考核发证机关规定应当撤销资格证书的其他情形。

(4)证书的注销。有下列情形之一的,考核发证机关依据职权注销资格证书。

① 按规定不予延期的。

② 考核发证机关规定应当注销的其他情形。

(5)证书的吊销。有下列情形之一的,考核发证机关依据职权吊销资格证书。

① 持证人违章作业造成生产安全事故或者其他严重后果的。

② 持证人发现事故隐患或者其他不安全因素未立即报告而造成严重后果的。违反上述规定造成生产安全事故的,持证人 3 年内不得再次申请资格证书;造成较大事故的,终身不得申请资格证书。

5. 采用新技术、新工艺、新材料和新设备时的安全教育培训

施工单位在采用新技术、新工艺、新材料和新设备前,必须对其进行充分的了解与研究,掌握其安全技术特性,有针对性地采取有效的安全防护措施,并对作业人员进行相应的安全生产教育培训。

采用新技术、新工艺、新材料、新设备时的安全教育培训由施工单位技术部门和安全部门负责进行,其内容主要有:

(1)新技术、新工艺、新材料、新设备的特点、特性和使用方法;

(2)新技术、新工艺、新材料、新设备投产使用后可能导致的新的危害因素及其防护方法;

（3）新设备的安全防护装置的特点和使用；

（4）新技术、新工艺、新材料、新设备的安全管理制度及安全操作规程；

（5）采用新技术、新工艺、新材料、新设备应特别注意的事项。

6. 季节性安全教育

季节性施工主要是指夏季与冬季施工。季节性安全教育是针对气候特点（如冬季、夏季、雨期等）可能给施工安全带来危害而组织的安全教育。

（1）夏季施工安全教育。夏季施工安全教育主要包括以下内容。

① 安全用电知识，包括常见触电事故发生的原理，预防触电事故发生的常识，触电事故的一般解救方法等。

② 预防雷击知识，包括雷击发生的原因，避雷装置的避雷原理，预防雷击的常识等。

③ 防坍塌安全知识，包括基坑开挖、坑壁支护、临时设施设置和使用的安全知识等。

④ 预防台风、暴风雨、泥石流等自然灾害的安全知识。

⑤ 防暑降温、饮食卫生和卫生防疫等知识。

（2）冬季施工安全教育。冬季施工安全教育主要包括以下内容。

① 防冻、防滑知识，如施工作业面防结冰、防滑安全作业知识等。

② 防火安全知识，如施工现场常见火灾事故发生的原因分析、预防火灾事故的措施、消防器材的正确使用、扑救火灾的方法等。

③ 安全用电知识，如冬季电取暖设备的安全使用知识等。

④ 防中毒知识，如固态、液态及气态有毒有害物质的特性，中毒症状的识别，救护中毒人员的安全常识以及预防中毒的知识等。重点要加强预防取暖一氧化碳或煤气中毒、亚硝酸盐类混凝土添加剂误食中毒的知识。

7. 节假日安全教育

节假日安全教育是节假日期间及其前后，为防止职工纪律松懈、思想麻痹等进行的安全教育。

节假日期间及前、后，职工的思想和工作情绪不稳定，思想不集中，注意力易分散，给安全生产带来不利影响。此时加强对职工的安全教育，是非常必要的。根据施工队伍的人员组成特点，在农作物收割长假前后，也应当对职工进行有针对性的安全教育。节假日安全教育的内容有：

（1）加强对管理人员和作业人员的思想教育，稳定职工工作情绪；

（2）加强劳动纪律和安全规章制度的教育；

（3）班组长要做好上岗前的安全教育，可以结合安全技术交底内容进行；

（4）对较易发生事故的薄弱环节进行专门的安全教育。

2.5.2　安全活动

1. 日常安全会议

（1）公司安全例会每季度一次，由公司质安部主持，公司安全主管经理、有关科室负责人、项目经理、分公司经理及其职能部门(岗位)安全负责人参加,总结一季度的安全生产情况,分析存在的问题,对下季度的安全工作重点作出布置。

(2)公司每年末召开一次安全工作会议,总结一年来安全生产上取得的成绩和存在的不足,对本年度的安全生产先进集体和个人进行表彰,并布置下一年度的安全工作任务。

(3)各项目部每月召开安全例会,由其安全部门(岗位)主持,安全分管领导、有关部门(岗位)负责人及外包单位负责人参加。传达上级安全生产文件、信息;对上月安全工作进行总结,提出存在问题,对当月安全工作重点进行布置,提出相应的预防措施。推广施工中的典型经验和先进事迹,以施工中发生的事故教育班组干部和施工人员,从中吸取教育。由安全部门做好会议记录。

(4)各项目部必须开展以项目全体、职能岗位、班组为单位的每周安全日活动,每次时间不得少于2 h,不得挪作他用。

(5)各班组在班前会上要进行安全讲话,预想当前不安全因素,分析班组安全情况,研究布置措施。做到"三交一清"(即交施工任务、交施工环境、交安全措施和清楚本班职工的思想及身体情况)。

(6)班前安全讲话和每周安全活动日的活动要做到有领导、有计划、有内容、有记录,防止走过场。

(7)工人必须参加每周的安全活动日活动。各级领导及科室有关人员需定期参加基层班组的安全日活动,及时了解安全生产中存在的问题。

2.每周的安全日活动内容

(1)检查安全规章制度执行情况和消除事故隐患。
(2)结合本单位安全生产情况,积极提出安全合理化建议。
(3)学习安全生产文件、通报,安全规程及安全技术知识。
(4)开展反事故演习和岗位练兵,组织各类安全技术表演。
(5)针对本单位安全生产中存在的问题,展开安全技术座谈和攻关。
(6)分析典型事故,总结经验、吸取教训,找出事故原因,制订预防措施。
(7)总结上周安全生产情况,布置本周安全生产要求,表扬安全生产中的好人好事。
(8)参加公司和本单位组织的各项安全活动。

3.班前安全活动

班前安全活动是班组安全管理的一个重要环节,是提高班组安全意识,做到遵章守纪,实现安全生产的途径。建筑工程安全生产管理过程中必须做好此项活动。

(1)每个班组每天上班前15分钟,由班长认真组织全班人员进行安全活动,总结前一天安全施工情况,结合当天任务,进行分部分项的安全交底,并做好交底记录。

(2)对班前使用的机械设备、施工机具、安全防护用品、设施、周围环境等要认真进行检查,确认安全完好,才能使用和进行作业。

在线题库

2.5节

（3）对新工艺、新技术、新设备或特殊部位的施工，应组织作业人员对安全技术操作规程及有关资料的学习。

（4）班组长每月 25 日前要将上个月安全活动记录交给安全员，安全员检查登记并提出改进意见之后交资料员保管。

▶ 2.6　安全检查与隐患整改 ◀

2.6.1　安全检查

安全检查是指对企业执行国家安全生产法规政策的情况、安全生产状况、劳动纪律、劳动条件、事故隐患等进行的检查。安全检查包括预知危险和消除危险，两者缺一不可。安全检查是施工现场安全工作的一项重要内容，是保护施工人员的人身安全，保护国家和集体财产不受损失，杜绝各类伤亡事故发生的一项主要安全施工措施。各施工现场，工程不论大小，都要建立安全检查制度，并将检查情况予以记录、整改。

安全检查制度的主要内容一般包括以下几个方面。

① 安全检查的目的。

② 安全检查的组织。

③ 安全检查的内容、形式与方法、时间或周期。

④ 隐患整改与复查。

⑤ 总结、评比与奖惩。

微课视频

安全检查制度

1. 安全检查的目的

（1）通过检查，可以发现施工中的人的不安全行为和物的不安全状态、环境不卫生等问题，从而采取对策，消除不安全因素，保障安全生产。

（2）利用安全生产检查，进一步宣传、贯彻、落实国家安全生产方针、政策和各项安全生产规章制度。

（3）安全检查实质上也是群众性的安全教育。通过检查，增强领导和群众的安全意识，纠正违章指挥、违章作业，提高做好安全生产的自觉性和责任感。

（4）通过检查可以互相学习、总结经验、吸取教训、取长补短，有利于进一步促进安全生产工作。

（5）通过安全生产检查，了解安全生产状态，为分析安全生产形势，研究如何加强安全管理提供信息和依据。

2. 安全检查的程序

安全检查的程序主要是以下步骤。

（1）确定检查对象、目的和任务。

（2）制订检查计划，确定检查内容、方法和步骤。

（3）组织检查人员（配备专业人员），成立检查组织。

（4）进入被检查单位进行实地检查和必要的仪器测量。

（5）查阅有关安全生产的文件和资料并进行检查访谈。

（6）做出安全检查结论，根据检查情况指出事故隐患和存在问题，提出整改建议和意见。

（7）被检查单位按照"三定"（定人、定时间、定措施）原则进行整改。

（8）被检查单位将整改情况报告检查组织，检查组织进行复查。

（9）总结检查情况。

3. 安全检查的内容

建筑工程施工安全检查主要是以查安全思想、查安全责任、查安全制度、查安全措施、查安全防护、查设备设施、查教育培训、查操作行为、查劳动防护用品使用和查伤亡事故处理等为主要内容。

（1）查安全思想。主要检查以项目经理为首的项目全体员工（包括分包作业人员）的安全生产意识和对安全生产工作的重视程度。

（2）查安全责任。主要检查现场安全生产责任制度的建立；安全生产责任目标的分解与考核情况；安全生产责任制与责任目标是否已落实到了每一个岗位和每一个人员，并得到了确认。

（3）查安全制度。主要检查现场各项安全生产规章制度和安全技术操作规程的建立和执行情况。

（4）查安全措施。主要检查现场安全措施计划及各项安全专项施工方案的编制、审核、审批及实施情况；重点检查方案的内容是否全面、措施是否具体并有针对性，现场的实施运行是否与方案规定的内容相符。

微课视频

建筑文明施工
安全检查要点

（5）查安全防护。主要检查现场临边、洞口等各项安全防护设施是否到位，有无安全隐患。

（6）查设备设施。主要检查现场投入使用的设备设施的购置、租赁、安装、验收、使用、过程维护保养等各个环节是否符合要求；设备设施的安全装置是否齐全、灵敏、可靠，有无安全隐患。

（7）查教育培训。主要检查现场教育培训岗位、教育培训人员、教育培训内容是否明确、具体、有针对性；三级安全教育制度和特种作业人员持证上岗制度的落实情况是否到位；教育培训档案资料是否真实、齐全。

（8）查操作行为。主要检查现场施工作业过程中有无违章指挥、违章作业、违反劳动纪律的行为发生。

（9）查劳动防护用品的使用。主要检查现场劳动防护用品的购置、产品质量、配备数量和使用情况是否符合安全与职业卫生的要求。

（10）查伤亡事故处理。主要检查现场是否发生伤亡事故，对发生的伤亡事故是否已按照"四不放过"的原则进行调查处理，是否已针对性地制定了纠正与预防措施；制定的纠正与预防措施是否已得到落实并取得实效。

4. 安全检查的主要形式

建筑工程施工安全检查的主要形式一般可分为日常巡查，专项检查，定期安全检查，经常性安全检查，季节性安全检查，节假日安全检查，开工、复工安全检查，专业性安全检查和设备设施安全验收检查等。

(1) 定期安全检查。建筑施工企业应建立定期分级安全检查制度。定期安全检查属全面性和考核性的检查。建筑工程施工现场应至少每旬开展一次安全检查工作。施工现场的定期安全检查应由项目经理亲自组织。

(2) 经常性安全检查。建筑工程施工应经常开展预防性的安全检查工作，以便于及时发现并消除事故隐患，保证施工生产正常进行。施工现场经常性的安全检查方式主要有以下内容。

① 现场专职安全生产管理人员及安全值班人员每天例行开展的安全巡视、巡查。

② 现场项目经理、责任工程师及相关专业技术管理人员在检查生产工作的同时进行的安全检查。

③ 作业班组在班前、班中、班后进行的安全检查。

(3) 季节性安全检查。季节性安全检查主要是针对气候特点(如旱季、雨季、风季、暑季、冬季等)可能给安全生产造成的不利影响或带来的危害而组织的安全检查。

(4) 节假日安全检查。在节假日、特别是重大或传统节假日(如春节、国庆节等)前后和节日期间，为防止现场管理人员和作业人员思想麻痹、纪律松懈等进行的安全检查。节假日加班，更要认真检查各项安全防范措施的落实情况。

(5) 开工、复工安全检查。针对工程项目开工、复工之前进行的安全检查，主要是检查现场是否具备保障安全生产的条件。

(6) 专业性安全检查。由有关专业人员对现场某项专业安全问题或在施工生产过程中存在的比较系统性的安全问题进行的单项检查。这类检查专业性强，主要由专业工程技术人员、专业安全管理人员参加。

(7) 设备设施安全验收检查。针对现场塔吊等起重设备、外用施工电梯、龙门架及井架物料提升机、电气设备、脚手架、现浇混凝土模板支撑系统等设备设施在安装、搭设过程中或完成后进行的安全验收、检查。

5. 安全检查的组织

(1) 公司级安全检查。公司负责按月或按季节、节假日组织的安全检查。由公司各部门(处、科)协助公司安全主管经理组织成立检查组，对公司安全管理情况进行检查。

(2) 项目部级安全检查。项目部负责按月或按季节、节假日组织的安全检查。由项目部安全管理部门协助项目经理组织成立检查组，对本项目工程的安全管理情况进行检查。

(3) 班组级安全检查。班组各岗位的安全检查及日常管理，应由各班组长按照作业分工组织实施。

6. 安全检查的要求

（1）根据检查内容配备力量，抽调专业人员，确定检查负责人，明确分工。

（2）应有明确的检查目的和检查项目、内容及检查标准、重点检查的关键部位。对大面积或数量多的项目可采取系统的观感和一定数量的测点相结合的检查方法。检查时尽量采用检测工具，用数据说话。

（3）对现场管理人员和操作工人不仅要检查是否有违章指挥和违章作业行为，还应进行"应知应会"的抽查，以便了解管理人员及操作工人的安全素质。对于违章指挥、违章作业行为，检查人员应当场指出，进行纠正。

（4）认真、详细进行检查记录，特别是对隐患的记录必须具体，如隐患的部位、危险性程度及处理意见等。采用安全检查评分表的，应记录每项扣分的原因。

（5）检查中发现的隐患应该进行登记，并发出隐患整改通知书，引起整改单位的重视，并作为整改的备查依据。对凡是有即发型事故危险的隐患，检查人员应责令其停工、被查单位必须立即整改。

（6）尽可能系统、定量地做出检查结论，进行安全评价。以利受检单位根据安全评价研究对策、进行整改、加强管理。

（7）检查后应对隐患整改情况进行跟踪复查，查被检单位是否按"三定"原则（定人、定期限、定措施）落实整改，经复查整改合格后，进行销案。

7. 安全检查的方法

建筑工程安全检查在正确使用安全检查表的基础上，可以采用"听""问""看""量""测""运转试验"等方法进行。

（1）"听"。听取基层管理人员或施工现场安全员汇报安全生产情况，了解现场安全工作经验、存在的问题、今后的发展方向。

（2）"问"。主要是指通过询问、提问，对以项目经理为首的现场管理人员和操作工人进行"应知应会"安全知识抽查，以便了解现场管理人员和操作工人的安全意识和安全素质。

（3）"看"。主要是指查看施工现场安全管理资料和对施工现场进行巡视。例如：查看项目负责人、专职安全管理人员、特种作业人员等的持证上岗情况；现场安全标志设置情况；劳动防护用品使用情况；现场安全防护情况；现场安全设施及机械设备安全装置配置情况等。现场查看时，下述四句话往往能解决较多安全问题。

① 有洞必有盖。有孔洞的地方必须设有安全盖板或其他防护设施，以保护作业人员安全。

② 有轴必有套。有轴承处必须按要求装设轴套，以保护机械的运行安全。

③ 有轮必有罩。转动轮必须设有防护罩进行隔离，以保护人员的安全。

④ 有台必有栏。工地的施工操作平台，只要与坠落基准面高差在 2 m 及 2 m 以上，就必须安装防护栏杆，以免发生高处坠落伤害事故。

（4）"量"。主要是指使用测量工具对施工现场的一些设施、装置进行实测实量。例如:对脚手架各种杆件间距的测量;对现场安全防护栏杆高度的测量;对电气开关箱安装高度的测量;对在建工程与外电边线安全距离的测量等。

(5)"测"。主要是指使用专用仪器、仪表等监测器具对特定对象关键特性技术参数的测试。例如:使用漏电保护器测试仪对漏电保护器漏电动作电流、漏电动作时间的测试;使用地阻仪对现场各种接地装置接地电阻的测试;使用兆欧表对电机绝缘电阻的测试;使用经纬仪对塔吊、外用电梯安装垂直度的测试等。

(6)"运转试验"。主要是指由具有专业资格的人员对机械设备进行实际操作、试验,检验其运转的可靠性或安全限位装置的灵敏性。例如:对塔吊力矩限制器、变幅限位器、起重限位器等安全装置的试验;对施工电梯制动器、限速器、上下极限限位器、门连锁装置等安全装置的试验;对龙门架超高限位器、断绳保护器等安全装置的试验等。

8. 安全检查的标准

房屋建筑工程施工现场安全生产的检查评定标准,应采用住房和城乡建设部发布的《建筑施工安全检查标准》(JGJ 59-2011)。

(1)《建筑施工安全检查标准》中各检查表的项目构成。《建筑施工安全检查标准》包括 1 张建筑施工安全检查评分汇总表,19 张建筑施工安全分项检查评分表,190 项安全检查内容(其中保证项目 96 项、一般项目 94 项)。分项检查评分表和检查评分汇总表中的分项内容相对应,但由于检查评分汇总表中的一些分项内容对应的分项检查评分表不止一张,所以有 19 张分项检查评分表。

① 建筑施工安全检查评分汇总表,满分为 100 分,主要内容包括:安全管理(10 分)、文明施工(15 分)、脚手架(10 分)、基坑工程(10 分)、模板支架(10 分)、高处作业(10 分)、施工用电(10 分)、物料提升机与施工升降机(10 分)、塔式起重机与起重吊装(10 分)、施工机具(5 分)10 项。

② 安全管理检查评分表,满分为 100 分,主要内容包括:安全生产责任制、施工组织设计及专项施工方案、安全技术交底、安全检查、安全教育、应急预案、分包单位安全管理、持证上岗、生产安全事故处理、安全标志 10 项内容,其中前 6 项为保证项目(各 10 分),后 4 项为一般项目(各 10 分)。

③ 文明施工检查评分表,满分为 100 分,主要内容包括:现场围挡、封闭管理、施工场地、材料管理、现场办公与住宿、现场防火、综合治理、公示标牌、生活设施、社区服务 10 项内容,其中前 6 项为保证项目(各 10 分),后 4 项为一般项目(各 10 分)。

拓展学习

④ 扣件式钢管脚手架检查评分表,满分为 100 分,主要内容包括:施工方案(10 分)、立杆基础(10 分)、架体与建筑结构拉结(10 分)、杆件间距与剪刀撑(10 分)、脚手板与防护栏杆(10 分)、交底与验收(10 分)、横向水平杆设置(10 分)、杆件连接(10 分)、层间防护(10 分)、构配件材质(5 分)、通道(5 分)11 项内容,其中前 6 项为保证项目,后 5 项为一般项目。

安全检查评分表

⑤ 门式钢管脚手架检查评分表,满分为 100 分,主要内容包括:施工方案、架体基础、架体稳定、杆件锁件、脚手板、交底与验收、架体防护、构配件材质、荷载、通道 10 项内容,

其中前 6 项为保证项目(各 10 分),后 4 项为一般项目(各 10 分)。

⑥碗扣式钢管脚手架检查评分表,满分为 100 分,主要内容包括:施工方案、架体基础、架体稳定、杆件锁件、脚手板、交底与验收、架体防护、杆件连接、构配件材质、通道 10 项内容,其中前 6 项为保证项目(各 10 分),后 4 项为一般项目(各 10 分)。

⑦承插型盘扣式钢管支架检查评分表,满分为 100 分,主要内容包括:施工方案、架体基础、架体稳定、杆件锁件、脚手板、交底与验收、架体防护、杆件连接、构配件材质、通道 10 项内容,其中前 6 项为保证项目(各 10 分),后 4 项为一般项目(各 10 分)。

⑧满堂脚手架检查评分表,满分为 100 分,主要内容包括:施工方案、架体基础、架体稳定、杆件锁件、脚手板、交底与验收、架体防护、构配件材质、荷载、通道 10 项内容,其中前 6 项为保证项目(各 10 分),后 4 项为一般项目(各 10 分)。

⑨悬挑式脚手架检查评分表,满分为 100 分,主要内容包括:施工方案、悬挑钢梁、架体稳定、脚手板、荷载、交底与验收、杆件间距、架体防护、层间防护、构配件材质 10 项内容,其中前 6 项为保证项目(各 10 分),后 4 项为一般项目(各 10 分)。

⑩附着式升降脚手架检查评分表,满分为 100 分,主要内容包括:施工方案、安全装置、架体构造、附着支座、架体安装、架体升降、检查验收、脚手板、架体防护、安全作业 10 项内容,其中前 6 项为保证项目(各 10 分),后 4 项为一般项目(各 10 分)。

⑪高处作业吊篮检查评分表,满分为 100 分,主要内容包括:施工方案、安全装置、悬挂机构、钢丝绳、安装作业、升降操作、交底与验收、防护、吊篮稳定、荷载 10 项内容,其中前 6 项为保证项目(各 10 分),后 4 项为一般项目(各 10 分)。

⑫基坑工程作业检查评分表,满分为 100 分,主要内容包括:施工方案、基坑支护、降排水、基坑开挖、坑边荷载、安全防护、基坑监测、支撑拆除、作业环境应急预案 10 项内容,其中前 6 项为保证项目(各 10 分),后 4 项为一般项目(各 10 分)。

⑬模板支架检查评分表,满分为 100 分,主要内容包括:施工方案、支架基础、支架构造、支架稳定、施工荷载、交底与验收、杆件连接、底座与托撑、构配件材质、支架拆除 10 项内容,其中前 6 项为保证项目(各 10 分),后 4 项为一般项目(各 10 分)。

⑭高处作业检查评分表,满分为 100 分,主要内容包括:安全帽、安全网、安全带、临边防护、洞口防护、通道口防护、攀登作业、悬空作业、移动式操作平台、悬挑式物料钢平台 10 项内容(各 10 分),该检查表中没有保证项目。

⑮施工用电检查评分表,满分为 100 分,主要内容包括:外电防护(10 分)、接地与接零保护系统(20 分)、配电线路(10 分)、配电箱与开关箱(10 分)、配电室与配电装置(15 分)、现场照明(15 分)、用电档案(10 分)7 项内容,其中前 4 项为保证项目,后 3 项为一般项目。

⑯物料提升机检查评分表,满分为 100 分,主要内容包括:安全装置(15 分)、防护设施(15 分)、附墙架与缆风绳、钢丝绳、安装与验收、导轨架、动力与传动、通信装置(5 分)、卷扬机操作棚、避雷装置(5 分)10 项内容,其中前 5 项为保证项目,后 5 项为一般项目。

⑰施工升降机检查评分表,满分为 100 分,主要内容包括:安全装置、限位装置、防护

设施、附着、钢丝绳、滑轮与对重、安装、拆卸与验收、导轨架、基础、电气安全、通信装置 10 项内容,其中前 6 项为保证项目(各 10 分),后 4 项为一般项目(10 分)。

⑱ 塔式起重机检查评分表,满分为 100 分,主要内容包括:载荷限制装置、行程限位装置、保护装置、吊钩、滑轮、卷筒与钢丝绳、多塔作业、安装、拆卸与验收、附着、基础与轨道、结构设施、电气安全 10 项内容,其中前 6 项为保证项目(各 10 分),后 4 项为一般项目(各 10 分)。

⑲ 起重吊装检查评分表,满分为 100 分,主要内容包括:施工方案、起重机械、钢丝绳与地锚、索具、作业环境、作业人员、起重吊装、高处作业、构件码放、警戒监护 9 项内容,其中前 6 项为保证项目(各 10 分),后 4 项为一般项目(各 10 分)。

⑳ 施工机具检查评分表,满分为 100 分,主要内容包括:平刨(10 分)、圆盘锯(10 分)、手持电动工具(8 分)、钢筋机械(10 分)、电焊机(10 分)、搅拌机(10 分)、气瓶(8 分)、翻斗车(8 分)、潜水泵(6 分)、振捣器(8 分)、桩工机械(12 分)12 项内容,该检查表中没有保证项目。

(2) 检查评分方法

① 建筑施工安全检查评定中,保证项目应全数检查。建筑施工安全检查评定应符合《建筑施工安全检查标准》第 3 章中各检查评定项目的有关规定,并应按该标准附录 A、B 的评分表进行评分。检查评分表应分为安全管理、文明施工、脚手架、基坑工程、模板支架、高处作业、施工用电、物料提升机与施工升降机、塔式起重机与起重吊装、施工机具分项检查评分表和检查评分汇总表。

② 各评分表的评分应符合下列规定。

a) 分项检查评分表和检查评分汇总表的满分分值均应为 100 分,评分表的实得分值应为各检查项目所得分值之和;

b) 评分应采用扣减分值的方法,扣减分值总和不得超过该检查项目的应得分值;

c) 当按分项检查评分表评分时,保证项目中有一项未得分或保证项目小计得分不足 40 分,此分项检查评分表不应得分;

d) 检查评分汇总表中各分项项目实得分值应按公式(1-1)计算:

$$A_1 = \frac{B \times C}{100} \tag{1-1}$$

式中:A_1——汇总表各分项项目实得分值;
　　　B——汇总表中该项应得满分值;
　　　C——该项检查评分表实得分值。

【例 2-1】 "安全管理检查评分表"实得 85 分,换算在汇总表中"安全管理"分项实得分为多少?

【解】 分项实得分=(10×85)/100=8.5(分)

e) 当评分遇有缺项时,分项检查评分表或检查评分汇总表的总得分值应按公式(1-2)计算:

$$A_2 = \frac{D}{E} \times 100 \qquad\qquad (1-2)$$

式中：A_2——遇有缺项时总得分值；

   D——实查项目在该表的实得分值之和；

   E——实查项目在该表的应得满分值之和。

【例 2-2】 如工地没有塔吊，则塔吊在汇总表中有缺项。其他各分项检查在汇总表实得分 82 分，计算该工地汇总表实得分为多少？

【解】 该工地汇总表实得分＝(82/90)×100＝91.1(分)

【例 2-3】 "施工用电检查评分表"中，"外电防护"缺项(该项应得分值为 20 分)，其他各项检查实得分为 60 分，计算该分表实得多少分？换算到汇总表中应为多少分？

【解】 该分表实得分 60/(100−20)×100＝75(分)

汇总表中施工用电分项实得分 10×75/100＝7.5(分)

f) 脚手架、物料提升机与施工升降机、塔式起重机与起重吊装项目的实得分值，应为所对应专业的分项检查评分表实得分值的算术平均值。

【例 2-4】 某工地多种脚手架和多台塔吊，落地式脚手架实得分为 86 分、悬挑脚手架实得分为 80 分；甲塔吊实得分为 90 分、乙塔吊实得分为 85 分。计算汇总表中脚手架、塔吊实得分值为多少？

【解】 脚手架实得分＝(86+80)/2＝83(分)

换算到汇总表中分值＝10×83/100＝8.3(分)

塔吊实得分＝(90+85)/2＝87.5(分)

换算到汇总表中分值 10×87.5/100＝8.75(分)

(3) 检查评定等级

① 应按汇总表的总得分和分项检查评分表的得分，对建筑施工安全检查评定划分为优良、合格、不合格三个等级。

② 建筑施工安全检查评定的等级划分应符合下列规定。

a) 优良：分项检查评分表无零分，汇总表得分值应在 80 分及以上。

b) 合格：分项检查评分表无零分，汇总表得分值应在 80 分以下，70 分及以上。

c) 不合格：当汇总表得分值不足 70 分时，或者当有一分项检查评分表得零分时。

③ 当建筑施工安全检查评定的等级为不合格时，必须限期整改达到合格。

2.6.2 隐患整改复查与奖惩

1. 隐患整改与复查

(1) 隐患登记。对检查出来的隐患和问题，检查组应分门别类地逐项进行登记。登记的目的是积累信息资料，并作为整改的备查依据，以便对施工安全进行动态管理。

(2) 隐患分析。将隐患信息进行分级，然后从管理上、安全防护技术措施上进行动态分析，对各个项目工程施工存在的问题进行横向和纵向的比较，找出"通病"和个例，发现

"顽固症",具体问题具体对待,查清产生安全隐患的原因,并分析原因,制订对策。

(3) 隐患整改。

① 针对安全检查过程发现的安全隐患,检查组应签发安全检查隐患整改通知单(见表 1-2),由受检单位及时组织整改。

表 1-2　安全检查隐患整改通知单

项目名称			检查时间	年　月　日	
序号	查出的隐患	整改措施	整改人	整改日期	复查人	复查结果及时间
签发部门及签发人: 　　年　月　日			整改单位及签认人: 　　年　月　日		

② 整改时,要做到"四定",即定整改责任人、定整改措施、定整改完成时间、定整改验收人。

③ 对检查中发现的违章指挥、违章作业行为,应立即制止,并报告有关人员予以纠正。

④ 对有即发性事故危险的隐患,检查组、检查人员应责令停工,立即整改。

⑤ 对客观条件限制暂时不能整改的隐患,应采取相应的临时防护措施,并报公司安全部门备案,制订整改计划或列入公司隐患治理整改项目,按照相应的规定进行治理。

(4) 复查。受检单位收到隐患整改通知书或停工指令书应立即进行整改,隐患进行整改后,受检单位应填写隐患整改回执单,按规定的期限上报隐患整改结果,由检查负责人派专人进行隐患整改情况的验收。

(5) 销案。检查单位针对相关复查部位确认合格后,在原隐患整改通知书及停工指令书上签署复查意见,复查人签名,即行销案。

2. 奖励与处罚

(1) 依据检查结果,对安全生产取得良好成绩和避免重大事故的有关人员给予表扬和奖励。

(2) 对安全体系不能正常运行,存在诸多事故隐患,危及安全生产的单位和个人按规定予以批评和处罚;对违章指挥、违章作业、违反劳动纪律的单位和个人按照公司奖惩规定予以处罚。

在线题库

2.6 节

▶ 2.7　生产安全事故管理与应急救援 ◀

2.7.1　生产安全事故管理

1. 生产安全事故的概念、等级和类型

1) 生产安全事故的概念。生产安全事故(以下简称事故)是指生产经营单位在生产经营活动中突然发生的,伤害人身安全和健康或者损坏设备设施或者造成经济损失的,导致原生产经营活动暂时中止或永远终止的意外事件,也就是生产经营单位在生产经营活动中发生的造成人身伤亡或者直接经济损失的事故。

2) 事故的等级。根据生产安全事故造成的人员伤亡或者直接经济损失,事故一般分为以下等级。

(1) 特别重大事故,是指造成 30 人以上死亡,或者 100 人以上重伤(包括急性工业中毒,下同),或者 1 亿元以上直接经济损失的事故;

(2) 重大事故,是指造成 10 人以上 30 人以下死亡,或者 50 人以上 100 人以下重伤,或者 5 000 万元以上、1 亿元以下直接经济损失的事故;

(3) 较大事故,是指造成 3 人以上 10 人以下死亡,或者 10 人以上 50 人以下重伤,或者 1 000 万元以上 5 000 万元以下直接经济损失的事故;

(4) 一般事故,是指造成 3 人以下死亡,或者 10 人以下重伤,或者 1 000 万元以下直接经济损失的事故。

上述所称的"以上"包括本数,所称的"以下"不包括本数;所称的"死亡"是指事故发生后当即死亡或负伤后在 30 天以内死亡的事故;所称的"重伤"是指造成职工肢体残缺或视觉、听觉等器官受到严重损伤,一般能引起人体长期存在功能障碍,劳动能力有重大损失;所称的"轻伤"是指造成职工肢体伤残,或某器官功能性或器质性轻度损伤,表现为劳动能力轻度或暂时丧失的伤害;所称的"直接经济损失"是指因事故造成人身伤亡及善后处理支出的费用和毁坏财产的价值。

3) 事故的类型

按照事故原因划分,事故分为物体打击事故、车辆伤害事故、机械伤害事故、起重伤害事故、触电事故、火灾事故、灼烫事故、淹溺事故、高处坠落事故、坍塌事故、冒顶片帮事故、透水事故、放炮事故、火药爆炸事故、瓦斯爆炸事故、锅炉爆炸事故、容器爆炸事故、其他爆炸事故、中毒和窒息事故、其他伤害事故 20 种。

微课视频

建筑施工现场
安全事故管理

常见的建筑生产安全事故,有物体打击事故、高处坠落事故、触电事故、机械伤害事故、坍塌事故 5 种。

(1) 物体打击事故。物体打击事故是指失控物体的惯性力造成的人身伤害事故。如施工人员在操作过程中受到各种工具、材料、机械零部件等从高空下落造成的伤害,以及各种崩块、碎片、锤击、滚石等对人体造成的伤害,器具飞击、料具反弹等对人体造成的伤害等。物体打击事故不包括因爆炸引起的物体打击。

常见的物体打击事故形式有以下几种。

① 由于空中落物对人体造成的砸伤。

② 反弹物体对人体造成的撞击。

③ 材料、器具等硬物对人体造成的碰撞。

④ 各种碎屑、碎片飞溅对人体造成的伤害。

⑤ 各种崩块和滚动物体对人体造成的砸伤。

⑥ 器具部件飞出对人体造成的伤害。

(2) 高处坠落事故。高处坠落事故是指操作人员在高处作业中临边、洞口、攀登、悬空、操作平台及交叉作业区的坠落事故。既包括脚手架、平台、陡壁施工等高于地面的坠落,也包括由地面踏空失足坠入洞、坑、沟等情况,但排除以其他类别为诱发条件的坠落。如高处作业时,因触电失足坠落应定为触电事故,不能定为高处坠落事故。

常见的高处坠落事故形式有以下几种。

① 从脚手架及操作平台上坠落。

② 从平地坠落入沟槽、基坑、井孔。

③ 从机械设备上坠落。

④ 从楼面、屋顶、高台等临边坠落。

⑤ 滑跌、踩空、拖带、碰撞等引起坠落。

⑥ 从"四口"坠落。

(3) 触电事故。触电事故指电流流经人体,造成生理伤害的事故。触电事故分电击和电伤两种。电击是指直接接触带电部分,使人体通过一定的电流,是有致命危险的触电伤害;电伤是指皮肤局部的创伤,如灼伤、烙印等。触电事故,包括人体接触带电的设备金属外壳或裸露的临时线,漏电的手持电动手工工具;起重设备误触高压线或感应带电;雷击伤害;触电坠落等事故。

常见的触电事故形式有以下几种。

微课视频

① 带电电线、电缆破口、断头。

② 电动设备漏电。

③ 起重机部件等触碰高压线。

④ 挖掘机损坏地下电缆。

⑤ 移动电线、机具,电线被拉断、破皮。

⑥ 电闸箱、控制箱漏电或误触碰。

施工工程安全
事故分级

⑦ 强力自然因素导致电线断裂。

⑧ 雷击。

(4) 机械伤害事故。机械伤害是指机械设备与机具对操作人员砸、撞、绞、碾、碰、割、戳等造成的伤害。如手或身体被卷入,手或其他部位被刀具碰伤、被转动的机构缠压住等,但属于车辆、起重设备造成伤害的情况除外。

常见的机械伤害事故形式有以下几种。

① 机械转动部分的绞、碾和拖带造成的伤害。

② 机械部件飞出造成的伤害。

③ 机械工作部分的钻、刨、削、砸、割、扎、撞、锯、戳、绞、碾造成的伤害。

④ 进入机械容器或运转部分导致受伤。

⑤ 机械失稳、倾覆造成的伤害。

（5）坍塌事故。坍塌事故是指建筑物、构筑物、堆置物等的倒塌以及土石塌方引起的事故。坍塌事故与高处坠落事故、触电事故、物体打击事故、机械伤害事故被列为"五大伤害"。如建筑物倒塌,脚手架倒塌,挖掘沟、坑、洞时土石的塌方等情况。不适用于因爆炸、爆破引起的坍塌事故。

常见的坍塌事故形式有以下几种。

① 基槽或基坑壁、边坡、洞室等土石方坍塌。

② 地基基础悬空、失稳、滑移等导致上部结构坍塌。

③ 工程施工质量极度低劣造成建筑物倒塌。

④ 塔吊、脚手架、井架等设施倒塌。

⑤ 施工现场临时建筑物倒塌。

⑥ 现场材料等堆置物倒塌。

⑦ 大风等强力自然因素造成的倒塌。

2. 事故的预防

1）事故的预防原则

（1）灾害预防的原则

① 消除潜在危险的原则。这项原则在本质上是积极的、进步的,它是以新的方式、新的成果或改良的措施,消除操作对象和作业环境的危险因素,从而最大可能地保证安全。

② 控制潜在危险数值的原则。比如采用双层绝缘工具、安全阀、泄压阀、控制安全指标等,均属此类。这些方法只能保证提高安全水平,但不能达到最大限度地防止危险和有害因素。在这项原则下,一般只能得到折中的解决方案。

③ 坚固原则。以安全为目的,采取提高安全系数、增加安全余量等措施,如提高钢丝绳的安全系数等。

④ 自动防止故障的互锁原则。在不可消除或控制有害因素的条件下,以机器、机械手、自动控制器或机器人等,代替人或人体的某些操作,摆脱危险和有害因素对人体的危害。

（2）控制受害程度的原则

① 屏障原则。在危险和有害因素的作用范围内,设置障碍,以保证对人体的防护。

② 距离防护原则。当危险和有害因素的作用随着距离增加而减弱时,可采用这个原则,达到控制伤害程度的目的。

③ 时间防护原则。将受害因素或危险时间缩短至安全限度之内。

④ 薄弱环节原则(亦称损失最小原则)。设置薄弱环节,使之在危险和有毒因素还未达到危险值之前发生损坏,以最小损失换取整个系统的安全。如电路中的熔丝、锅炉上的安全阀、压力容器用的防爆片等。

⑤ 警告和禁止的信息原则。以光、声、色或标志等,传递技术信息,以保证安全。

⑥ 个人防护原则。根据不同作业性质和使用条件(如经常使用或急救使用),配备相应的防护用品和器具。

⑦ 避难、生存和救护原则。离开危险场所,或发生伤害时组织积极抢救,这也是控制受害程度的一项重要内容,不可忽视。

2) 事故的预防措施

(1) 消除人的不安全行为,实现作业行为安全化。

① 开展安全思想教育和安全规章制度教育,提高职工的安全意识。

② 进行安全知识岗位培训,提高职工的安全技术素质。

③ 推广安全标准操作和安全确认制活动,严格按照安全操作规程和程序进行作业。

④ 搞好均衡生产,注意劳逸结合,使作业人员保持充沛的精力。

(2) 消除物的不安全状态,实现作业条件安全化。

① 采用新工艺、新技术、新设备,改善劳动条件。如实现机械化、自动化操作,建立流水作业线,使用机械手和机器人等。

② 加强安全技术的研究,采用安全防护装置,隔离危险部分。采用安全适用的个人防护用具。

③ 开展安全检查,及时发现和整改安全隐患。对于较大的安全隐患,要列入企业的安全技术措施计划,限期予以排除。

④ 定期对作业条件(环境)进行安全评价,以便采取安全措施,保证符合作业的安全要求。

加强安全管理是实现上述安全措施的重要保证。建立健全和严格执行安全生产规章制度,开展经常性的安全教育、岗位培训和安全竞赛活动。通过安全检查、落实预防措施等安全管理工作,是消除事故隐患、搞好事故预防的基础工作,因此,企业应采取有力措施,加强安全施工管理,保障安全生产。

3. 事故报告

(1) 施工单位事故报告的时限

① 事故发生后,事故现场有关人员应当立即向施工单位负责人报告。施工单位负责人接到报告后,应当于 1 小时内向事故发生地县级以上人民政府建设主管部门和有关部门报告。

② 情况紧急时,事故现场有关人员可以直接向事故发生地县级以上人民政府建设主管部门和有关部门报告。

③ 实行施工总承包的建设工程,由总承包单位负责上报事故。

④ 事故报告应当及时、准确、完整,不得迟报、漏报、谎报或者瞒报。

⑤ 事故报告后出现新情况，以及事故发生之日起 30 日内伤亡人数发生变化的，应当及时补报。

（2）事故报告的内容

① 事故发生的时间、地点和工程项目、有关单位名称。

② 事故的简要经过。

③ 事故已经造成或者可能造成的伤亡人数（包括下落不明的人数）和初步估计的直接经济损失。

④ 事故的初步原因。

⑤ 事故发生后采取的措施及事故控制情况。

⑥ 事故报告单位或报告人员。

⑦ 其他应当报告的情况。

微课视频

施工事故现场处理
及报告程序

（3）事故发生后采取的措施

① 事故发生单位负责人接到事故报告后，应当立即启动事故相应应急预案，或者采取有效措施，组织抢救，排除险情，防止事故蔓延扩大，减少人员伤亡和财产损失。

② 应当妥善保护事故现场以及相关证据，任何单位和个人不得破坏事故现场、毁灭相关证据。

③ 因抢救人员，防止事故扩大以及疏通交通等原因，需要移动事故现场物件的，应当做出标志，绘制现场简图并做出书面记录，妥善保存现场重要痕迹、物证，有条件的可以拍照或录像。

4. 事故的调查、分析与处理

1）组建事故调查组

特别重大事故由国务院或者国务院授权有关部门组织事故调查组进行调查。

重大事故、较大事故、一般事故分别由事故发生地省级人民政府、设区的市级人民政府、县级人民政府负责调查。省级人民政府、设区的市级人民政府、县级人民政府可以直接组织事故调查组进行调查，也可以授权或者委托有关部门组织事故调查组进行调查。

未造成人员伤亡的一般事故，县级人民政府也可以委托事故发生单位组织事故调查组进行调查。

2）现场勘查

事故发生后，调查组必须尽早到现场进行勘察。现场勘察是技术性很强的工作，涉及广泛的科技知识和实践经验，对事故现场的勘察应该做到及时、全面、细致、客观。现场勘察的主要内容有：做出笔录、现场拍照或摄像、绘制事故图、搜集事故事实材料和证人材料。

发生事故的项目部应积极配合事故调查组调查、取证，为调查组提供一切便利，不得拒绝调查、不得拒绝提供有关情况和资料。若发现有上述违规现象，除对责任者视其情节给予通报批评和罚款外，责任者还必须承担由此产生的一切后果。

3）事故分析

事故分析的主要任务是：查清事故发生经过；找出事故原因；分清事故责任；吸取事故教训，提出预防措施。

事故分析的流程是：通过整理和仔细阅读调查材料，按事故分析流程图（图 2-7-1）中所列的七项内容进行分析，确定事故的直接原因、间接原因和事故责任者。

（1）事故原因分析

① 直接原因。根据《企业职工伤亡事故分类标准》（GB 6441-1986）附录 A，直接导致伤亡事故发生的机械、物质和环境的不安全状态，以及人的不安全行为，是事故的直接原因。

② 间接原因。事故中属于技术和设计上的缺陷，教育培训不够、未经培训、缺乏或不懂安全操作技术知识，劳动组织不合理，对现场工作缺乏检查或指导错误，没有安全操作规程或不健全，没有或不认真实施事故防范措施，对事故隐患整改不力等原因，是事故的间接原因。

③ 主要原因。导致事故发生的主要因素，是事故的主要原因。

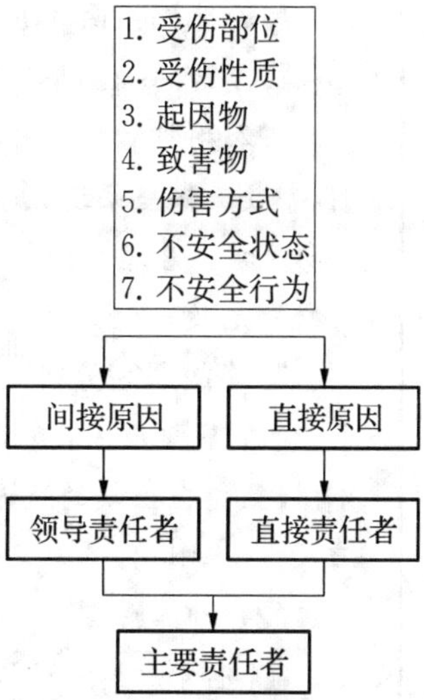

（2）事故责任认定

① 事故性质通常分为以下三类。

a）责任事故，即由于人的过失造成的事故。

b）非责任事故，即由于人们不能预见或不可抗力的自然条件变化所造成的事故，或是在技术改造、发明创造、科学试验活动中，由于科学技术条件的限制而发生的无法预料的事故。但是，对于能够预见并可以采取措施加以避免的伤亡事故，或没有经过认真研究解决技术问题而造成的事故，不能包括在内。

c）破坏性事故，是指为达到既定目的而故意制造的事故。对已确定为破坏性事故的，由公安机关认真追查破案，依法处理。

② 根据对事故应负责任的程度不同，事故责任者分为直接责任者和领导责任者。

因为违章操作，违章指挥，违反劳动纪律；发现事故危险征兆，不立即报告，不采取措施；私自拆除、毁坏、挪用安全设施；设计、施工、安装、检修、检验、试验错误等造成事故者为直接责任者。

因为指令错误；规章制度错误、没有或不健全；承包、租赁合同中无安全卫生内容和措施；不进行安全教育、安全资格认证；机械设备超负荷、带病运转；劳动条件、作业环境不良；新、改、扩建项目不执行"三同时"制度；发现隐患不治理；发生事故不积极抢救；发生事故后不及时报告或故意隐瞒；发生事故后不采取防范措施，致使一年内重复发生同类事故；违章指挥等造成事故者为领导责任者。

图 2-7-1　事故分析流程图

[事故分析案例]

1. 事故概况

2003年1月20日下午,上海某建筑安装工程有限公司分包的某汽修车间工程,钢结构屋架地面拼装基本结束。13时20分左右,专业吊装负责人曹某酒后来到车间西北侧东西向并排停放的三榀长21 m,高0.9 m,重约1.5 t的钢屋架前,弯腰在最南边的一榀屋架下查看拼装质量,发现北边第三榀屋架略向北倾斜,即指挥两名工人用钢管撬平并加固。由于两工人用力不匀,使得该榀屋架反过来向南倾倒,导致三榀屋架连锁一起向南倒下。当时曹某还蹲在构件下,没来得及反应,整个身子被压在构件下,待现场人员搬开三榀屋架,曹某已七孔出血,经医护人员现场抢救无效而死亡。

2. 事故原因分析

(1) 直接原因:屋架固定不符合要求,南边只用三根直径4.5 cm的短铜管作为支撑,且支在松软的地面上,而且三榀屋架并排放在一起;曹某指挥站立位置不当;工人撬动时用力不匀,导致屋架倾倒,是造成本次事故的直接原因。

(2) 间接原因:

① 死者曹某酒后指挥,为事故发生埋下了极大的隐患。

② 土建施工单位工程项目部在未完成吊装分包合同的情况下,盲目同意吊装队进场施工,违反施工程序。

③ 施工前无书面安全技术交底,违反操作程序。

④ 施工场地未经硬化处理,给构件固定支撑带来松动余地。

⑤ 施工人员自我安全保护意识差,没有切实有效的安全防护措施。

(3) 主要原因:钢构件固定不规范,曹某指挥站立位置不当,工人撬动时用力不匀,导致屋架倾倒,是造成本次事故的主要原因。

3. 事故责任认定

(1) 公司法定代表严某,对项目部安全生产工作管理不严,对本次事故负有领导责任。

(2) 现场管理经理朱某,在未完成吊装分包合同的情况下,盲目同意吊装队进场施工,对专业分包单位安全技术、操作规程交底不够,对本次事故负有主要责任。

(3) 项目部安全员虞某、技术员李某、施工员叶某,对分包队伍的安全检查、监督、安全技术措施的落实等工作管理力度不够,对本次事故均负有一定的责任。

(4) 吊装单位负责人曹某酒后指挥,对本次事故负有重要责任。

4) 撰写事故调查报告

事故调查组应当自事故发生之日起60日内提交事故调查报告;特殊情况下,经负责事故调查的人民政府批准,提交事故调查报告的期限可以适当延长,但延长的期限最长不超过 60 日。事故调查报告应当包括下列内容。

(1) 事故发生单位概况。

(2) 事故发生经过和事故救援情况。

(3) 事故造成的人员伤亡和直接经济损失。

(4) 事故发生的原因和事故性质。

(5) 事故责任的认定以及对事故责任者的处理建议。

(6) 事故防范和整改措施。

5) 事故处理

(1) 重大事故、较大事故、一般事故,负责事故调查的人民政府应当自收到事故调查报告之日起 15 日内做出批复;特别重大事故,30 日内做出批复,特殊情况下,批复时间可以适当延长,但延长的时间最长不超过 30 日。

有关机关应当按照人民政府的批复,依照法律、行政法规规定的权限和程序,对事故发生单位和有关人员进行行政处罚,对负有事故责任的国家工作人员进行处分。

事故发生单位应当按照负责事故调查的人民政府的批复,对本单位负有事故责任的人员进行处理。负有事故责任的人员涉嫌犯罪的,依法追究刑事责任。

(2) 事故处理要坚持"四不放过"的原则。即事故原因没有查清不放过,事故责任者没有严肃处理不放过,广大员工没有受教育不放过,防范措施没有落实不放过。

(3) 在进行事故调查分析的基础上,事故责任项目部应根据事故调查报告中提出的事故纠正与预防措施建议,编制详细的纠正与预防措施,经公司安全部门审批后,严格组织实施。事故纠正与预防措施实施后,由公司安全部门负责实施验证。

(4) 对事故造成的伤亡人员工伤认定、劳动鉴定、工伤评残和工伤保险待遇处理,由公司工会和安全部门按照国务院《工伤保险条例》和所在省市综合保险有关规定进行处置。

(5) 事故发生单位应当认真吸取事故教训,落实防范和整改措施,防止事故再次发生。防范和整改措施的落实情况应当接受工会和职工的监督。事故处理的情况由负责事故调查的人民政府或者其授权的有关部门、机构向社会公布,依法应当保密的除外。

(6) 事故调查处理结束后,公司或项目部(分公司)安全部门应负责将事故详情、原因及责任人处理等编印成事故通报,组织全体职工进行学习,从中吸取教训,防止事故的再次发生。每起事故处理结案后,公司安全部门应负责将事故调查处理资料收集整理后实施归档管理。

2.7.2　应急救援

1. 应急救援的目标、任务和内容

应急救援是指有害环境因素和危险源控制失效的情况下,为预防和减少可能随之引发的伤害和其他影响,所采取的补救措施和抢救行动。

（1）应急救援的总目标。施工现场各类事故应急救援的总目标是通过有效的应急救援行动，尽可能地降低事故的后果，包括人员伤亡、财产损失和环境破坏等。

（2）安全事故应急救援的基本任务

① 抢救受害人员。抢救受害人员是施工现场事故应急救援的首要任务。紧急事故发生后，应立即组织营救受害人员，组织撤离或者采取其他措施保护危害区域内的其他人员。为降低伤亡率，减少事故损失，在应急救援行动中，必须做到快速、有序、有效地实施现场急救工作和安全转送伤员。及时组织危险区或可能受到危害的区域内人员采取各种措施进行自身防护，必要时迅速撤离出危险区或可能受到危害的区域。在撤离过程中，应积极组织人们开展自救和互救工作。

② 控制事故危险源。施工现场应急救援工作的另一重要任务，就是必须及时地控制住危险源，迅速控制事态，防止事故扩大蔓延，并对事故造成的危害进行检测、监测，测定事故的危害区域、危害性质及危害程度，防止事故的继续扩展，及时有效地进行救援。

③ 做好现场恢复消除危害后果。组织相关人员及时清理事故造成的各类废墟和恢复基本设施，将事故现场恢复至相对稳定的状态。针对事故对人体、土壤、动植物、空气等造成的现实危害和可能的危害，迅速采取封闭、隔离、洗消、监测等措施，防止对人的继续危害和对环境的污染。

④ 评估危害程度，查清事故原因。事故发生后应及时调查事故的发生原因和事故性质，评估出事故的危害范围和危险程度，查明人员伤亡情况，做好事故原因调查，并总结救援工作中的经验和教训，评价施工现场应急预案，以便改进预案，确保预案最关键部分的有效性和应急救援过程的完整性。

（3）应急救援的内容

① 事故的预防。包括避免事故发生的预防工作和防止事故扩大蔓延的预防工作。通过安全管理和安全技术手段，尽可能地防止事故的发生。如加大建筑物的安全距离、施工现场平面布置的安全规划、减少危险物品的存量、设置防护墙以及开展安全教育等，在假定事故必然发生的前提下，通过预先采取的预防措施，达到防止事故扩大蔓延，降低或减缓事故的影响或后果的严重程度。从长远看，低成本、高效率的预防措施是减少事故损失的关键。

② 事故应急准备。施工现场安全事故应急准备是针对可能发生的各类安全事故，为迅速有效地开展应急行动而预先所做的各种准备，包括应急体系的建立、有关部门和人员职责的落实、预案的编制、应急队伍的建设、应急设备（施）与物资的准备和维护、预案的演练、与外部应急力量的衔接等，其目标是保持重大事故应急救援所需的各种应急能力。应急准备是应急管理过程中一个极其关键的过程。

③ 事故应急响应。应急响应的主要目标是尽可能地抢救受害人员，保护可能受威胁的人群，尽可能控制并消除事故危害。现场各类事故应急响应的任务是当各类事故发生后立即采取报警与通报，组织人员紧急疏散，现场急救与医疗，消防和工程抢险措施，信息收集与应急决策和外部求援等应急与救援相关的行动。

④ 现场恢复。在事故发生并经相关部门的相应处理之后，应立即进行恢复工作，进

行事故损失评估、原因调查、清理废墟等,使事故影响区域恢复到相对安全的基本状态,然后逐步恢复到正常状态。恢复工作中,应注意避免出现新的紧急情况,应汲取事故和应急救援的经验教训,开展进一步的预防工作和减灾行动。

2. 应急救援预案的编制

(1) 应急救援预案的含义。应急救援组织是施工单位内部专门从事应急救援工作的独立机构。

应急救援预案是指事先制定的关于生产安全事故发生时进行紧急救援的组织、程序、措施、责任以及协调等方面的方案和计划,涵盖事故应急救援工作的全过程。应急救援体系综合了保证应急救援预案的具体落实所需要的组织、人力、物力等各种要素及其调配关系,是应急救援预案能够落实的保证。

事故应急救援预案有三个方面的含义:一是事故预防,通过危险辨识、事故后果分析,采用技术和管理手段降低事故发生的可能性,且将可能发生的事故控制在局部,防止事故蔓延。二是应急处理,当事故(或故障)一旦发生,有应急处理程序和方法,能快速反应处理故障或将事故消除在萌芽状态。三是抢险救援,采用预定的现场抢险和抢救的方式,控制或减少事故造成的损失。

(2) 应急救援预案的编制要求。应急救援预案的编制应根据对危险源与环境因素的识别结果,确定可能发生的事故或紧急情况的控制措施失效时所应采取的补充措施和抢救行动,以及针对可能随之引发的伤害和其他影响所采取的措施。应急救援预案的编制应与安全生产保证计划同步编写。

应急救援预案涵盖事故应急救援工作的全过程,适用于项目施工现场范围内可能出现的事故或紧急情况的救援和处理。

工程总承包单位应当负责统一编制应急救援预案,工程总承包单位和分包单位按照应急救援预案,各自建立应急救援组织或者配备应急救援人员,配备救援器材、设备,并定期组织演练。

(3) 应急救援预案的编制原则

① 重点突出,针对性强。应结合本单位安全方面的实际情况,分析可能导致事故发生的原因,有针对性地制定预案。

② 统一指挥,责任明确。预案实施的负责人以及施工单位各有关部门和人员如何分工、配合、协调,应在应急救援预案中加以明确。

③ 程序简明,步骤明确。应急救援预案程序要简明,步骤要明确,具有高度可操作性,保证发生事故时能及时启动、有序实施。

(4) 应急救援预案的编制程序

① 成立应急救援预案编制组,并进行分工,拟订编制方案,明确职责。

② 根据需要收集相关资料,包括施工区域的地理、气象、水文、环境、人口、危险源分布情况、社会公用设施和应急救援力量现状等。

③ 进行危险辨识与风险评价。

④ 对应急资源(包括软件、硬件)进行评估。

⑤ 确定指挥机构、人员及其职责。

⑥ 编制应急救援计划。

⑦ 对预案进行评估。

⑧ 修订完善,形成应急救援预案的文件体系。

⑨ 按规定将预案上报有关部门和相关单位。

⑩ 对应急救援预案进行修订和维护。

(5)应急救援预案的主要内容

① 制定应急救援预案,明确目的和适用范围。

② 组织机构及其职责。明确应急救援组织机构、参加部门、负责人和人员及其职责、作用和联系方式。

③ 危害辨识与风险评价。确定可能发生的事故类型、地点、影响范围及可能影响的人数。

④ 通告程序和报警系统,包括确定报警系统及程序、报警方式、通信联络方式,向公众报警的标准、方式、信号等。

⑤ 应急设备与设施。明确可用于应急救援的设施和维护保养制度,明确有关部门可利用的应急设备和危险监测设备。

⑥ 求援程序。明确应急反应人员向外求援的方式,包括与消防机构、医院、急救中心的联系方式。

⑦ 保护措施程序。确定保护事故现场的方式方法,明确可授权发布疏散作业人员及施工现场周边居民指令的机构及负责人,明确疏散人员的接收中心或避难场所。

⑧ 事故后的恢复程序。明确决定终止应急、恢复正常秩序的负责人,宣布应急取消和恢复正常状态的程序。

⑨ 培训与演练,包括定期培训、演练计划及定期检查制度,对应急人员进行培训,并确保合格者上岗。

⑩ 应急预案的维护。更新和修订应急预案的方法,根据演练、检测结果完善应急预案。

3. 应急救援组织与器材

为真正将应急救援预案落到实处,使应急救援预案真正能够发挥作用,施工单位应当按照有关规定,建立应急救援组织,配备必要的应急救援器材、设备。

(1)应急救援组织与应急救援人员配备。施工单位应当根据企业和工程项目的具体情况,建立应急救援组织,配备应急救援人员。应急救援组织一般包括应急救援领导小组、现场抢救组、医疗救治组、后勤服务组和保安组。应急救援人员应经过培训和演练,从而了解建筑业事故的特点,熟悉本单位安全生产情况,掌握应急救援器材、设备的性能、使用方法以及救援、救护的方法、技能。施工现场应当配备专职或兼职急救员。急救员应经考核合格,取得省建筑行政主管部门颁发的施工现场急救员岗位证书。

(2) 应急救援器材、设备的配备。施工单位和工程项目部应当根据生产经营活动的性质和规模、工程项目的特点,有针对性地配备应急救援器材、设备,如:灭火器、消防桶等消防器材,担架、氧气袋、消毒和解毒药品等医疗急救器材,电话、移动电话、对讲机等通信器材,应急灯、手电筒等照明器材,可以随时调用的汽车、吊车、挖掘机、推土机等机械设备等。

4. 应急救援的演练

应急救援演练是指施工单位为了保证发生生产安全事故时,能够按救援预案有针对性地实施救援而进行的实战演习。

(1) 演练的目的。通过演练,一是检验预案的实用性、可用性、可靠性;二是检验救援人员是否明确自己的职责和应急行动程序,以及队伍的协同反应水平和实战能力;三是提高人们避免事故、防止事故、抵抗事故的能力,提高对事故的警惕性;四是取得经验以改进应急救援预案。

(2) 演练的方式

演练的形式可采用桌面演练和现场演练。依据应急预案的不同可分为现场处置预案、专项应急预案演练、综合应急预案演练。应急救援演练应定期举行,其间隔时间根据相关规定。事故应急救援的演练依托于应急救援预案,是对预案的熟悉与验证。依据《生产安全事故应急预案管理办法》(安监总局第 17 号)预案分为:综合应急预案、专项应急预案和现场处置预案,故依据预案的不同可以分为综合应急预案演练、专项应急预案演练和现场处置预案演练。

(3) 演练的注意事项

① 做好应急救援演练的前期准备工作。制定演练计划,组织好参加演练的各类人员,备齐应急救援器材、设备。

② 严格按照应急救援预案实施救援。演练人员要各负其责,相互配合,要严格执行安全操作规程,正确使用救援设备和器材。

③ 演练人员要注意自我保护。在演练前,要设置安全设施,配齐防护用具,加强自我保护,确保演练过程中的人身安全和财产安全。

④ 及时进行总结。每一次演练后,应核对预案是否被全面执行,如发现不足和缺陷,应及时对事故应急救援预案进行补充、调整和改进,以确保一旦发生事故,能够按照预案的要求,有条不紊地开展事故应急救援工作。

拓展学习	在线题库
施工现场应急 预案案例	2.7 节

模块 3
分部分项工程安全技术

【模块概述】

本模块重点讲述主要分部分项工程的安全技术,其中包括土方工程安全技术、地基处理工程安全技术、桩基工程安全技术、基坑支护工程安全技术、模板工程安全技术、钢筋工程安全技术、混凝土工程安全技术、砌体工程安全技术、钢结构工程安全技术、起重吊装工程安全技术、屋面及装饰装修工程安全技术等内容。

【教学目标】

知识目标:

熟悉并掌握土方工程、基坑支护和降水工程以及桩基工程的施工安全技术要求;

熟悉并掌握模板工程、钢筋工程、混凝土工程、砌体工程、钢结构工程和起重吊装工程的安全技术要求;

熟悉并掌握屋面工程、抹灰饰面工程、油漆涂料工程、门窗及吊顶工程和玻璃幕墙工程的安全技术要求。

技能目标:

能够参与指导土方工程、基坑支护和降水工程以及桩基工程的现场安全施工;

能够参与指导模板工程、钢筋工程、混凝土工程、砌体工程、钢结构工程和起重吊装工程的现场安全施工;

能够参与指导屋面工程、抹灰饰面工程、油漆涂料工程、门窗及吊顶工程和玻璃幕墙工程的现场安全施工。

素质目标:

使学生学会理论与实践相结合,增强安全意识、责任意识、规范意识。培养学生的工程思维方式、对工程隐患的排查方式,启发学生对工作方法、工程技术方案进行不断创新。

案例引入：

【背景资料】2021年6月15日16时48分左右，位于南京高新区的南京银行科教创新园二期项目北侧基坑发生局部坍塌事故，事故造成2人死亡，2人轻伤，1人轻微伤，1辆渣土车和5台挖掘机被埋，共造成直接经济损失989.73万元。

【事故原因】

1. 直接原因

场地工程地质条件复杂，岩面倾向坑内且倾角较大，对基坑临空面的稳定性产生不利影响。基坑开挖面积较大，北侧基坑较深，时空效应影响明显。基坑支护体系的实际承载能力不能满足基坑安全性要求，事故部位桩锚体系失效而导致的坍塌。

2. 间接原因

(1) 岩土勘察不够全面、准确。地质勘察单位南京苏杰岩土勘察设计有限公司出具的地质勘察报告未能准确反映出岩层的产状、岩面的形态和坡度；未对基础埋置深度和岩层的产状、软弱结构层进行核实；勘察报告结论与现场坍塌区域验证性勘察及实际情况不相符。

(2) 没有采用动态设计法。基坑支护设计单位江苏省建苑岩土工程勘测有限公司针对该项目勘察报告与设计文件不一致之处和土方开挖揭露出的复杂岩土的实际情况，未进一步核实勘察报告数据的准确性、未进一步核算边坡支护的可靠性；未对设计方案进行必要的修改、完善，未满足动态设计要求。

(3) 信息法施工没有落实。基坑开挖过程中，施工单位上海建工四建集团有限公司未严格按设计文件和相关规范组织施工；未能及时发现实际地质情况与原勘察资料的差异，并停止施工，会同勘察、设计单位采取相应补救措施；当支护结构出现较大变形和监测值达到报警值等不利于边坡稳定情况时，未及时向勘察、设计、监理、业主通报并及时调整施工方法、制定预防风险措施；未采用信息法施工配合设计单位采用动态设计法。

(4) 对工程风险管控意识不强。施工总包单位上海建工四建集团有限公司和专业分包单位江苏铮悦建筑工程有限公司土方开挖和锚索施工未严格按设计文件和相关规范施工，针对施工单位预应力锚索施作和下层土方开挖未按设计文件和相关技术规范施工的现象，监理单位南京苏宁工程咨询有限公司和代建单位南京金融城建设发展股份有限公司均没有令其停工、整改，或采取其他有效管控措施。有关各方对日常检查发现的基坑北侧BC段冠梁与排水沟之间出现裂缝、监测数据显示预应力锚索轴力持续报警且数据逐次加大等风险隐患未引起足够重视，对险情分析、研判不当，没有立即停工并采取有效应急处置措施。

(5) 项目管理混乱，质量控制和安全管理工作缺失。代建单位南京金融城建设发展股份有限公司在批准后的设计方案与岩土勘察报告中基坑开挖深度不一致时，未向设计、勘察单位进行核实；未按勘察报告的建议要求开展边坡勘察。基坑开挖后，参建各方在基坑边坡工程建设中对岩体地质异常认知不足，未考虑边坡岩层存在外倾的软弱结构层。

3.1 土方及基础工程安全技术

3.1.1 土方工程

1.土方工程的危险性及土方坍塌的迹象

在土方工程施工过程中,首先遇到的就是场地平整和基坑开挖。一切土的开挖、运输、填筑等称为土方工程。土方工程的危险主要是坍塌,此外还有高处坠落、触电、物体打击、车辆伤害等。土方发生坍塌前的主要迹象有以下几个方面。

(1)周围地面出现裂缝,并不断扩展。

(2)支撑系统发出挤压等异常响声。

(3)环梁或排桩、挡墙的水平位移较大,并持续发展。

(4)支护系统出现局部失稳。

(5)大量水土不断涌入基坑。

(6)相当数量的锚杆螺母松动,甚至部分槽钢松脱等。

2.土方工程的事故隐患

土方施工的事故隐患主要包括以下内容。

(1)开挖前,未摸清地下管线、未制定应急方案。

(2)土方施工时,放坡和支护不符合规定。

(3)机械设备施工与槽边安全距离不符合规定,又无措施。

(4)开挖深度超过2 m的沟槽,未按标准设围栏防护和密目安全网封挡。

(5)地下管线和地下障碍物未明或管线1 m内机械挖土。

(6)超过2 m的沟槽,未搭设上下通道,危险处未设红色标志灯。

(7)未设置有效的排水挡水措施。

(8)配合作业人员和机械之间未有一定的距离。

(9)挖土过程中土体产生裂缝未采取措施而继续作业。

(10)挖土机械碰到支护、桩头,挖土时动作过大。

(11)在沟、坑、槽边沿1 m内堆土、堆料、停置机具。

(12)雨后作业前,未检查土体和支护的情况。

3.土方工程安全技术措施

(1)挖土的安全技术一般规定

① 人工开挖时,两个人操作间距应保持2～3 m,并应自上而下逐层挖掘,严禁采用掏洞的挖掘方法。

② 挖土时要随时注意土壁变动情况,如发现有裂纹或部分塌落现象,要及时进行支撑或改缓放坡,并注意支撑的稳固和边坡的变化。

③ 上下坑沟应先挖好阶梯或设木梯,不应踩踏土壁及其支撑上下。

④ 用挖土机施工时,挖土机的工作范围内,不进行其他工作,且应至少留 0.3 m 深最后由工人修挖至设计标高。

⑤ 在坑边堆放弃土、材料和移动施工机械,应与坑边保持一定距离。

(2)基坑挖土操作的安全重点

① 人员上下基坑应设坡道或爬梯。

② 基坑边缘堆置土方或建筑材料或沿挖方边缘移动运输工具和机械,应按施工组织设计要求进行。

③ 基坑开挖时,如发现边坡裂缝或不断掉土块时,施工人员应立即撤离操作地点,并应及时分析原因,采取有效措施处理。

④ 深基坑上下应先挖好阶梯或支撑靠梯,或开斜坡道,采取防滑措施,禁止踩踏支撑上下,坑边四周应设安全栏杆。

⑤ 人工吊运土方时,应检查起吊工具、绳索是否牢靠。吊斗下面不得站人,卸土堆应离开坑边一定距离,以防造成坑壁塌方。

⑥ 用胶轮车运土,应先平整好道路,并尽量采取单行道,以免来回碰撞;用翻斗车运土时,两车前后间距不得小于 10 m;装土和卸土时,两车间距不得小于 1.0 m。

⑦ 已挖完或部分挖完的基坑,在雨后或冬期解冻前,应仔细观察边坡情况,如发现异常情况,应及时处理或排除险情后方可继续施工。

⑧ 基坑开挖后应对围护排桩的桩间土体,根据不同情况,采用砌砖、插板、挂网喷(或抹)细石混凝土等处理方法进行保护,防止桩间土方坍塌伤人。

⑨ 支撑拆除前,应先安装好替代支撑系统。替代支撑的截面和布置应由设计计算确定。采用爆破法拆除混凝土支撑结构前,必须对周围环境和主体结构采取有效的安全防护措施。

⑩ 围护墙利用主体结构换撑时,主体结构的底板或楼板混凝土强度应达到设计强度的 80%;在主体结构与围护墙之间应设置好可靠的换撑传力构造;在主体结构楼盖局部缺少部位,应在主体结构内的适当部位设置临时的支撑系统,支撑截面积应由计算确定;当主体结构的底板和楼板采取分块施工或设置后浇带时,应在分块或后浇带的适当部位设置传力构件。

(3)机械挖土的安全措施

① 大型土方工程施工前,应编制土方开挖方案,绘制土方开挖图,确定开挖方式、路线、顺序、范围、边坡坡度、土方运输路线、堆放地点以及安全技术措施等以保证挖掘、运输机械设备安全作业。

② 机械挖方前,应对现场周围环境进行普查,对临近设施在施工中要加强沉降和位移观测。

③ 机械行驶道路应平整、坚实;必要时,底部应铺设枕、钢板或路基箱垫道,防止作业时下陷;在饱和软土地段开挖土方应先降低地下水位,防止设备下陷或基土产生侧移。

④ 开挖边坡土方,严禁切割坡脚,以防导致边坡失稳;当山坡坡度陡于 1:5,或在软土地段,不得在挖方上侧堆土。

⑤ 机械挖土应分层进行，合理放坡，防止塌方、溜坡等造成机械倾翻、淹埋等事故。

⑥ 多台挖掘机在同一作业面同时开挖，其间距应大于 10 m 多台挖掘机械在不同台阶同时开挖，应验算边坡稳定，上下台阶挖掘机前后应相距 30 m 以上，挖掘机离下部边坡应有一定的安全距离，以防造成翻车事故。

⑦ 对边坡上的孤石、孤立土柱、易滑动危险土石体，在挖坡前必须清除，以防开挖时滑塌；施工中应经常检查挖方边坡的稳定性，及时清除悬置的土包和孤石；削坡施工时，坡底不得有人员或机械停留。

⑧ 挖掘机工作前，应检查油路和传动系统是否良好，操纵杆应置于空挡位置；工作时应处于水平位置，并将行走机械制动，工作范围内不得有人行走。挖掘机回转及行走时，应待铲斗离开地面，并使用慢速运转。往汽车上装土时，应待汽车停稳，驾驶员离开驾驶室，并应先鸣号，后卸土。铲斗应尽量放低，不得碰撞汽车。挖掘机停止作业，应放在稳固地点，铲斗应落地，放尽贮水，将操纵杆置于空挡位置，锁好车门。挖掘机转移工作地时，应使用平板拖车。

⑨ 推土机启动前，应先检查油路及运转机构是否正常，操纵杆是否置于空挡位置。作业时，应将工作范围内的障碍物先予清除，非工作人员应远离作业区，先鸣号，后作业。推土机上下坡应用低速行驶，上坡不得换挡，坡度不应超过 25°；下坡不得脱挡滑行，坡度不应超过 35°；在横坡上行驶时，横坡坡度不得超过 10°，并不得在陡坡上转弯。填沟渠或驶近边坡时，推铲不得超出边坡边缘，并换好倒车挡后方可提升推铲进行倒车。推土机应停放在平坦稳固的安全地方，放净贮水，将操纵杆置于空挡位置，锁好车门。推土机转移时，应使用平板拖车。

⑩ 铲运机启动前应先检查油路和传动系统是否良好，操纵杆置于空挡位置。铲运机的开行道路应平坦，其宽度应人于机身 2 m 以上。在坡地行走，上下坡度不得超过 25°，横坡不得超过 10°。铲斗与机身不正时，不得铲土。多台机在一个作业区作业时，前后距离不得小于 10 m，左右距离不得小于 2 m。铲运机上下坡道时，应低速行驶，不得中途换挡，下坡时严禁脱挡滑行。禁止在斜坡上转弯、倒车或停车。工作结束，应将铲运机停在平坦稳固地点，放净贮水，将操纵杆置于空挡位置，锁好车门。

⑪ 在有支撑的基坑中挖土时，必须防止碰坏支撑，在坑沟边使用机械挖土时，应计算支撑强度，危险地段应加强支撑。

⑫ 机械施工区域禁止无关人员进入场地内。挖掘机工作回转半径范围内不得站人或进行其他作业。土石方爆破时，人员及机械设备应撤离危险区域。挖掘机、装载机卸土时，应待整机停稳后进行，不得将铲斗从运输汽车驾驶室顶部越过；装土时，任何人都不得停留在装土车上。

⑬ 挖掘机操作和汽车装土行驶要听从现场指挥；所有车辆必须严格按规定的开行路线行驶，防止撞车。

⑭ 挖掘机行走和自卸汽车卸土时，必须注意上空电线，不得在架空输电线路下工作；如在架空输电线一侧工作时，在 110～220 kV 电压时，垂直安全距离为 2.5 m，水平安全距离为 4～6 m。

⑮ 夜间作业时,机上及工作地点必须有充足的照明设施,在危险地段应设置明显的警示标志和护栏。

⑯ 冬期、雨期施工,运输机械和行驶道路应采取防滑措施,以保证行车安全。

⑰ 遇 7 级以上大风或雷雨、大雾天气时,各种挖掘机应停止作业,并将臂杆降低至 $30°\sim45°$。

（4）土方回填施工安全技术

① 新工人必须参加入场安全教育,考试合格后方可上岗。

② 使用电夯时,必须由电工接装电源、闸箱,检查线路、接头、零线及绝缘情况,并经试夯确认安全后方可作业。

③ 人工抬、移夯时必须切断电源。

④ 用小车向槽内卸土时,槽边必须设横木挡掩,待槽下人员撤至安全位置后方可倒土。倒土时应稳倾缓倒,严禁撒把倒土。

⑤ 人工打夯时应精神集中。两人打夯时应互相呼应,动作一致,用力均匀。

⑥ 在从事回填土作业前必须熟悉作业内容、作业环境,对使用的工具要进行检修,不牢固者不得使用;作业时必须执行技术交底,服从带班人员指挥。

⑦ 蛙式打夯机应由两人操作,一人扶夯,一人牵线。两人必须穿绝缘鞋、戴绝缘手套。牵线人必须在夯后或侧面随机牵线,不得强力拉扯电线。电线绞缠时必须停止操作。严禁夯机砸线。严禁在夯机运行时隔夯扔线。转向或倒线有困难时,应停机。清除夯盘内的土块、杂物时必须停机,严禁在夯机运转中清掏。

⑧ 作业时必须根据作业要求,佩戴防护用品,施工现场不得穿拖鞋。从事淋灰、筛灰作业时穿好胶靴,戴好手套,戴好口罩,不得赤脚、露体,应站在上风方向操作,4 级以上强风禁止筛灰。

⑨ 配合其他专业工种人员作业时,必须服从该专业工种人员的指挥。

⑩ 取用槽帮土回填时,必须自上而下台阶式取土,严禁掏洞取土。

⑪ 作业后必须拉闸断电,盘好电线,把夯放在无水浸危险的地方,并盖好苫布。

⑫ 作业时必须遵守劳动纪律,不得擅自动用各种机电设备。

⑬ 蛙式打夯机手把上的开关按钮应灵敏可靠,手把应缠裹绝缘胶布或套胶管。

⑭ 回填沟槽(坑)时,应按技术交底要求在构造物胸腔两侧分层对称回填,两侧高差应符合规定要求。

3.1.2 基坑支护与降水工程

1. 基坑支护与降水工程的事故隐患

基坑支护与降水工程的事故隐患主要包括以下几个方面。

（1）未按规定对毗邻管线道路进行沉降检测。

（2）基坑内作业人员无安全立足点。

（3）机器设备在坑边小于安全距离。

（4）人员上下无专用通道或通道不符合要求。

（5）支护设施已有变形但未有措施调整。

（6）回填土方前拆除基坑支护的全部支撑。

（7）在支护和支撑上行走、堆物。

（8）基础施工无排水措施。

（9）未按规定进行支护变形检测。

（10）深基坑施工未有防止邻近建筑物沉降的措施。

（11）基坑边堆物距离小于有关规定。

（12）垂直作业上下无隔离。

（13）井点降水未经处理。

2. 基坑支护与降水工程安全技术

（1）基坑支护工程

① 基坑开挖应严格按支护设计要求进行。应熟悉围护结构撑锚系统的设计图纸，包括围护墙的类型、撑锚位置、标高及设置方法、顺序等设计要求。

② 混凝土灌注桩、水泥土墙等支护应有 28 d 以上龄期，达到设计要求时，方能进行基坑开挖。

③ 围护结构撑锚系统的安装和拆除顺序应与围护结构的设计工况相一致，以免出现变形过大、失稳、倒塌等事故。

④ 围护结构撑锚安装应遵循时空效应原理，根据地质条件采取相应的开挖、支护方式。一般竖向应严格遵守分层开挖，先支撑后开挖、撑锚与挖土密切配合、严禁超挖的原则，使土方挖到设计标高的区段内，能及时安装并发挥支撑作用。

⑤ 撑锚安装应采用开槽架设，在撑锚顶面需要运行施工机械时，撑锚顶面安装标高应低于坑内土面 20～30 cm。钢支撑与基坑土之间的空隙应用粗砂土填实，并在挖土机或土方车辆的通道处铺设道板。钢结构支撑宜采用工具式接头，并配有计量千斤顶装置，并定期校验，使用中有异常现象应随时校验或更换。钢结构支撑安装应施加预应力。预压力控制值一般不应小于支护设计轴向力的 50%，也不宜大于 75%。采用现浇混凝土支撑必须在混凝土强度达到设计的 80% 以上时，才能开挖支撑以下的土方。

⑥ 在基坑开挖时，应限制支护周围振动荷载的作用并做好机械上、下基坑坡道部位的支护。在挖土过程中不得碰撞支护结构、损坏支护背面截水围幕。

在挖土和撑锚过程中，应有专人监察和监测，实行信息化施工，掌握围护结构的变形及变形速率以及其上边坡土体稳定情况，以及邻近建筑物、管线的变形情况。发现异常现象，应查清原因，采取安全技术措施进行认真处理。

（2）降水工程

① 排降水结束后，集水井、管井和井点孔应及时填实，恢复地面原貌或达到设计要求。

② 现场施工排水，宜排入已建排水管道内。排水口宜设在远离建（构）筑物的低洼地

点并应保证排水畅通。

③ 施工期间施工排降水应连续进行,不得间断。构筑物、管道及其附属构筑物未具备抗浮条件时,不得停止排降水。

④ 施工排水不得在沟槽、基坑外漫流回渗,危及边坡稳定。

⑤ 排降水机械设备的电气接线、拆卸、维护必须由电工操作,严禁非电工操作。

⑥ 施工现场应备有充足的排降水设备,并有设备用电源。

⑦ 施工降水期间,应设专人对临近建(构)筑物、道路的沉降与变位进行监测,遇异常征兆,必须立即分析原因,采取防护、控制措施。

⑧ 对临近建(构)筑物的排降水方案必须进行安全论证,确认能保证建(构)筑物、道路和地下设施的正常使用和安全稳定,方可进行排降水施工。

⑨ 采用轻型井点、管井井点降水时,应进行降水检验,确认降水效果符合要求。降水后,通过观测井水位观测,确认水位符合施工设计要求,方可开挖沟槽或基坑。

标准规范

建筑地基基础工程
施工质量验收标准

3.1.3 桩基工程安全技术

1. 桩基工程的事故隐患

桩基工程常见的事故形式有:触电、物体打击、机械伤害、坍塌等。桩基工程的事故隐患主要包括以下内容。

(1) 电气线路老化、破损、漏电、短路。

(2) 在设备运转,起吊重物,设备搬迁、维修、拆卸,钢筋笼制作、焊接、吊放及下钢筋笼过程中,操作不当。

(3) 各种机具在运转和移动工程中,防护措施不当或操作不当。

(4) 孔壁维护不好。

(5) 桩孔处有地下溶洞。

2. 桩基工程安全技术

(1) 打(沉)桩

① 打桩前,应对邻近施工范围内的原有建筑物、地下管线等进行检查,对有影响的工程,应采取有效的加固防护措施或隔震措施,施工时加强观测,以确保施工安全。

② 打桩机行走道路必须平整、坚实,必要时铺设道路经压路机碾压密实。

③ 打(沉)桩前应先全面检查机械各个部件及润滑情况,钢丝绳是否完好,发现问题及时解决。检查后要进行试运转,严禁"带病"工作。

④ 打(沉)桩机架安设应铺垫平稳、牢固。吊桩就位时,桩必须达到100%的强度,起吊点必须符合设计要求。

⑤ 打桩时,桩头垫料严禁用手拨正,不得在桩锤未打到桩顶就起锤或过早刹车,以免损坏桩机设备。

⑥ 在夜间施工时,必须有足够的照明设施。

(2) 灌注桩

① 施工前,应认真查清邻近建筑物情况,采取有效的防震措施。

② 灌注桩成孔机械操作时,应保持垂直平稳,防止成孔时突然倾倒或冲(桩)锤突然下落,造成人员伤亡或设备损坏。

③ 冲击锤(落锤)操作时,距锤 6 m 的范围内不得有人员行走或进行其他作业,非工作人员不得进入施工区域内。

④ 灌注桩在已成孔尚未灌注混凝土前,应用盖板封严或设置护栏,以防掉土或人员坠入孔内,造成重大人身安全事故。

⑤ 进行高空作业时,应系好安全带,混凝土灌注时,装、拆导管人员必须戴安全帽。

(3) 人工挖孔桩

① 井口应有专人操作垂直运输设备,井内照明、通风、通信设施应齐全。

在线题库

3.1 节

② 要随时与井底人员联系,不得任意离开岗位。

③ 挖孔施工人员下入桩孔内须戴安全帽,连续工作不宜超过 4 h。

④ 挖出的弃土应及时运至堆土场堆放。

3.2　结构工程安全技术

3.2.1　模板工程

1. 模板工程的事故隐患

模板工程及支撑体系的危险主要为坍塌。模板工程的事故隐患主要包括以下内容。

(1) 支拆模板在 2 m 以上无可靠立足点。

(2) 模板工程无验收手续。

(3) 大模板场地未平整夯实,未设 1.2 m 高的围栏防护。

(4) 清扫模板和刷隔离剂时,未将模板支撑牢固,两模板中间走道小于 60 cm。

(5) 立杆间距不符合规定。

(6) 模板支撑固定在外脚手架上。

(7) 支拆模板无专人监护。

(8) 在模板上运混凝土无通道板。

(9) 人员站在正在拆除的模板上。

(10) 作业面洞口和临边防护不严。

(11) 拆除底模时下方有人员施工。

(12) 模板物料集中超载堆放。

(13) 拆模留下无撑悬空模板。

（14）支独立梁模不搭设操作平台。

（15）利用拉杆支撑攀登上下。

（16）支模间歇未将模板做临时固定。

（17）不按规定设置纵横向剪刀撑。

（18）3 m 以上的立柱模板未搭设操作平台。

（19）在组合钢模板上使用 220 V 以上的电源。

（20）站在柱模上操作。

（21）支拆模板高处作业无防护或防护不严。

（22）支拆模区域无警戒区域。

（23）排架底部无垫板,排架用砖垫。

（24）各种模板存放不整齐,堆放过高。

（25）交叉作业上下无隔离措施。

（26）拆钢底模时一次性把顶撑全部拆除。

（27）在未固定的梁底模上行走。

（28）现浇混凝土模板支撑系统无验收。

（29）在 6 级以上大风天气高空作业。

（30）支拆模板使用 2×4 板钢模板作立人板。

（31）未设存放工具的口袋或挂钩。

（32）封柱模板时从顶部往下套。

（33）支撑牵扯杆搭设在门窗框上。

（34）模板拆除前无混凝土强度报告或强度未达到规定提前拆模。

（35）拆模前未经拆模申请。

（36）拆下的模板未及时运走而集中堆放。

（37）拆模后未及时封盖预留洞口。

2. 模板工程安全技术

（1）模板安装

① 支模过程中应遵守职业健康安全操作规程,若遇途中停歇,应将就位的支顶、模板联结稳固,不得空架浮搁。

② 模板及其支撑系统在安装过程中,必须设置临时固定设施,严防倾覆。

③ 拼装完毕的大块模板或整体模板,吊装前应确定吊点位置,先进行试吊,确认无误后,方可正式吊运安装。

④ 安装整块柱模板时,不得将其支在柱子钢筋上代替临时支撑。

⑤ 支设高度在 3 m 以上的柱模板,四周应设斜撑,并应设立操作平台,低于 3 m 的可用马凳操作。

⑥ 支设悬挑形式的模板时,应有稳定的立足点。支设临空构筑物模板时,应搭设支架。模板上有预留洞时,应在安装后将洞盖没。

⑦ 在支模时,操作人员不得站在支撑上,而应设置立人板,以便操作人员站立。立人板应用木质 50 mm×200 mm 中板为宜,并适当绑扎固定。不得用钢模板及 50 mm×100 mm 的木板。

⑧ 承重焊接钢筋骨架和模板一起安装时,模板必须固定在承重焊接钢筋骨架的节点上。

⑨ 当层间高度大于 5 m 时,若采用多层支架支模,则应在两层支架立柱间铺设垫板,且应平整,上下层支柱要垂直,并在同一垂直线上。

⑩ 当模板高度大于 5 m 时,应搭脚手架,设防护栏,禁止上下在同一垂直面操作。

⑪ 特殊情况下在临边、洞口作业时,如无可靠的安全设施,必须系好安全带并扣好保险钩,高挂低用。经医生确认不宜高处作业的人员,不得进行高处作业。

⑫ 在模板上施工时,堆物(例如钢筋、模板、木方等)不宜过多,不准集中在一处堆放。

⑬ 模板安装就位后,要采取防止触电的保护措施,施工楼层上的配电箱必须设漏电保护装置,防止漏电伤人。

(2)模板拆除。

① 高处、复杂结构模板的装拆,事先应有可靠的安全措施。

② 拆楼层外边模板时,应有防高空坠落及防止模板向外倒跌的措施。

③ 在模板拆装区域周围,应设置围栏,并挂明显的标志牌,禁止非作业人员入内。

④ 拆模起吊前,应检查对拉螺栓是否拆净,在确定拆净并保证模板与墙体完全脱离后,方准起吊。

⑤ 模板拆除后,在清扫和涂刷隔离剂时,模板要临时固定好,板面相对停放之间,应留出 50~60 mm 宽的人行通道,模板上方要用拉杆固定。

⑥ 拆模后模板或木方上的钉子,应及时拔除或敲平,防止钉子扎脚。

⑦ 模板所用的脱模剂在施工现场不得随意丢弃,以防止影响环境质量。

⑧ 拆模时,临时脚手架必须牢固,不得用拆下的模板作为脚手架。

⑨ 组合钢模板拆除时,上下应有人接应,模板随拆随运走,严禁从高处抛掷下。

⑩ 拆基础及地下工程模板时,应先检查基坑土壁状况。若有不安全因素,必须采取安全措施后,方可作业。拆除的模板和支撑件不得在基坑上口 1 m 以内堆放,应随拆随运走。

⑪ 拆模必须一次性拆净,不得留有无撑模板。混凝土板有预留孔洞时,拆模后,应随时在其周围做好安全护栏,或用板将孔洞盖住,防止作业人员因扶空、踏空而坠落。

⑫ 拆模间歇时,应将已活动的模板、拉杆、支撑等固定牢固,防止其突然掉落伤人。

⑬ 拆模时,应逐块拆卸,不得成片松动、撬落或拉倒,严禁作业人员在同一垂直面上同时操作。

⑭ 拆 4 m 以上模板时,应搭脚手架或工作台,并且设防护栏杆,严禁站在悬臂结构上敲拆底模。

⑮ 两人抬运模板时,应相互配合,协同工作。传递模板、工具,应用运输工具或绳索

系牢后升降，不得乱抛。

3.2.2　钢筋工程

1. 钢筋工程的事故隐患

钢筋工程的危险主要是机械伤害、触电、高处坠落、物体打击等。钢筋工程的事故隐患主要包括以下内容。

(1) 在钢筋骨架上行走。

(2) 绑扎独立柱头时站在钢箍上操作。

(3) 绑扎悬空大梁时站在模板上操作。

(4) 钢筋集中堆放在脚手架和模板上。

(5) 钢筋成品堆放过高。

(6) 模板上堆料处靠近临边洞口。

(7) 钢筋机械无人操作时不切断电源。

(8) 工具、钢箍、短钢筋随意放在脚手板上。

(9) 钢筋工作棚内照明灯无防护。

(10) 钢筋搬运场所附近有障碍。

(11) 操作台上钢筋头不清理。

(12) 钢筋搬运场所附近有架空线路临时用电器。

(13) 用木料、管子、钢模板穿在钢箍内作立人板。

(14) 机械安装不坚实稳固，机械无专用的操作棚。

(15) 起吊钢筋规格长短不一。

(16) 起吊钢筋下方站人。

(17) 起吊钢筋挂钩位置不符合要求，采用"一点吊"的形式。

(18) 钢筋在吊运中未降到 1 m 就靠近。

2. 钢筋工程安全技术

(1) 钢筋调直、切断、弯曲、除锈、冷拉等各道工序的加工机械必须遵守行业现行标准《建筑机械使用安全技术规程》(JGJ 33－2012)的规定，保证安全装置齐全有效，动力线路用钢管从地坪下引入，机壳要有保护零线。

(2) 施工现场用电必须符合行业现行标准《施工现场临时用电安全技术规范》(JGJ 46－2005)的规定。

(3) 制作成型钢筋时，场地要平整，工作台要稳固，照明灯具必须加网罩。

(4) 钢筋加工场地必须设专人看管，非工作人员不得擅自进入钢筋加工场地。

(5) 加工好的钢筋现场堆放应平稳、分散，防止倾倒、塌落伤人。

(6) 各种加工机械在作业人员下班后一定要拉闸断电。

(7) 搬运钢筋时，应防止钢筋碰撞障碍物，防止在搬运中碰撞电线，发生触电事故。

(8) 多人运送钢筋时，起、落、转、停动作要一致，人工上下传递不得在同一垂直线上。

（9）对从事钢筋挤压连接和钢筋直螺纹连接施工的有关人员应培训、考核、持证上岗，并经常进行安全教育，防止发生人身和设备安全事故。

（10）在高处进行挤压操作，必须遵守行业现行标准《建筑施工高处作业安全技术规范》（JGJ 80-2016）的规定。

（11）在建筑物内的钢筋要分散堆放，安装钢筋、高空绑扎时，不得将钢筋集中堆放在模板或脚手架上。

（12）在高空、深坑绑扎钢筋和安装骨架时，必须搭设脚手架和马道。

（13）绑扎圈梁、挑檐、外墙、边柱钢筋时，应搭设外脚手架或悬挑架，并按规定挂好安全网。脚手架的搭设必须由专业架子工搭设，且符合安全技术操作规程。

（14）绑扎3m以上的柱钢筋必须搭设操作平台，不得站在钢箍上绑扎。已绑扎的柱骨架应用临时支撑拉牢，以防倾倒。

（15）绑扎筒式结构（例如烟囱、水池等），不得站在钢筋骨架上操作或上下。

（16）雨、雪、风力6级以上（含6级）天气不得露天作业。雨雪后，应清除积水、积雪后方可作业。

3.2.3 混凝土工程

1. 混凝土工程的事故隐患

混凝土工程的危险主要是触电、高处坠落、物体打击等。混凝土工程的事故隐患主要包括以下内容。

（1）泵送混凝土架子搭设不牢靠。

（2）混凝土施工高处作业缺少防护、无安全带。

（3）2m以上小面积混凝土施工无牢靠立足点。

（4）运送混凝土的车道板搭设两头没有搁置平稳。

（5）用电缆线拖拉或吊挂插入式振动器。

（6）2m以上的高空悬挑未设置防护栏杆。

（7）板墙独立梁柱混凝土施工站在模板或支撑上。

（8）运送混凝土的车子向料斗倒料无挡车措施。

（9）清理地面时向下乱抛杂物。

（10）运送混凝土的车道板宽度过小（单向小于1.4m，双向小于2.8m）。

（11）料斗在临边时人员站在临边一侧。

（12）井架运输小车把伸出笼外。

（13）插入式振动器电缆线不满足所需的长度。

（14）运送混凝土的车道板下横楞顶撑没有按规定设置。

（15）使用滑槽操作部位无护身栏杆。

（16）插入式振动器在检修作业间未切断电源。

（17）插入式振动器电缆线被挤压。

（18）运料中相互追逐超车,卸料时双手脱把。

（19）运送混凝土的车道板上有杂物并有砂等。

（20）混凝土滑槽没有固定牢靠。

（21）插入式振动器的软管出现断裂。

（22）站在滑槽上操作。

2. 混凝土工程安全技术

（1）施工安全技术

① 采用手推车运输混凝土时,不得争先抢道,装车不应过满,装运混凝土量应低于车厢 5～10 cm;卸车时应有挡车措施,不得用力过猛或撒把,以防车把伤人。

② 使用井架提升混凝土时,应设制动装置,升降应有明确信号,操作人员未离开提升台时,不得发升降信号。提升台内停放手推车要平衡,车把不得伸出台外,车轮前后应挡牢。

③ 混凝土浇筑前,应对振动器进行试运转。振动器操作人员应穿绝缘靴、戴绝缘手套。振动器不能挂在钢筋上。湿手不能接触电源开关。

④ 混凝土运输、浇筑部位应有安全防护栏杆和操作平台。

⑤ 现场施工负责人应为机械作业提供道路、水电、机棚或停机场地等必备的条件,并消除对机械作业有妨碍或不安全的因素。夜间作业应设置充足的照明。

⑥ 机械进入作业地点后,施工技术人员应向操作人员进行施工任务和安全技术措施交底。操作人员应熟悉作业环境和施工条件,听从指挥,遵守现场安全规则。

（2）操作人员要求

① 操作人员在作业过程中,应集中精力正确操作,注意机械工况,不得擅自离开工作岗位或将机械交给其他无证人员操作。严禁无关人员进入作业区或操作室内。

② 使用机械与安全生产发生矛盾时,必须首先服从安全要求。

3.2.4　砌体工程

1. 砌体工程的事故隐患

砌体工程的危险性主要是墙体或房屋倒塌。砌体工程的事故隐患主要包括以下内容。

（1）基础墙砌筑前未对土体的情况检查。

（2）操作人员踩踏砌体和支撑上下基坑。

（3）同一块脚手板上操作人员大于 2 人。

（4）在无防护的墙顶上作业。

（5）砌筑工具放在临边等易坠落的地方。

（6）砍砖时碎砖跳出伤人。

（7）操作人员无可靠的安全通道上下。

（8）砌筑楼房边沿墙体时未安设安全网。

（9）脚手架上堆砖高度超过 3 皮侧砖。

（10）砌好的山墙未做任何加固措施。

（11）吊重物时用砌体做支撑点。

（12）在砌体上拉缆风绳。

（13）收工时未做落手清工作。

（14）雨天未对刚砌好的砌体做防雨措施。

（15）砌块未就位放稳就松开夹具。

2. 砌体工程安全技术

（1）砌筑砂浆工程

① 砂浆搅拌机械必须符合《建筑机械使用安全技术规程》及《施工现场临时用电安全技术规范》的有关规定，施工中应定期对其进行检查、维修，保证机械使用安全。

② 落地砂浆应及时回收，回收时不得夹有杂物，并应及时运至拌和地点，掺入新砂浆中拌和使用。

③ 现场建立健全安全环保责任制度、技术交底制度、检查制度等各项管理制度。

④ 现场各施工面安全防护设施齐全有效，个人防护用品使用正确。

（2）砌块砌体工程

① 吊放砌块前应检查吊索及钢丝绳的安全可靠程度，不灵活或性能不符合要求的严禁使用。

② 堆放在楼层上的砌块重量，不得超过楼板允许承载力。

③ 所使用的机械设备必须安全可靠、性能良好，同时设有限位保险装置。

④ 机械设备用电必须符合三相五线制及三级保护的规定。

⑤ 操作人员必须戴好安全帽，穿带劳动保护用品等。

⑥ 作业层的周围必须进行封闭围护，同时设置防护栏及张挂安全网。

⑦ 楼层内的预留孔洞、电梯口、楼梯口等，必须进行防护，采取栏杆搭设的方法进行围护，预留洞口采取加盖的方法进行围护。

⑧ 砌体中的落地灰及碎砌块应及时清理成堆，装车或装袋运输，严禁从楼上或架子上抛下。

⑨ 吊装砌块和构件时应注意重心位置，禁止用起重拔杆拖运砌块，不得起吊有破裂、脱落危险的砌块。

⑩ 起重拔杆回转时，严禁将砌块停留在操作人员上空或在空中整修、加工砌块。

⑪ 安装砌块时，不准站在墙上操作和在墙上设置受力支撑、缆绳等。在施工过程中，对稳定性较差的窗间墙，独立柱应加稳定支撑。

⑫ 因刮风使砌块和构件在空中摆动不能停稳时，应停止吊装工作。

（3）石砌体工程

① 操作人员应戴安全帽和帆布手套。

② 搬运石块应检查搬运工具及绳索是否牢固，抬石应用双绳。

③ 在架子上凿石应注意打凿方向,避免飞石伤人。

④ 砌筑时,脚手架上堆石不宜过多,应随砌随运。

⑤ 用锤打石时,应先检查铁锤有无破裂,锤柄是否牢固。打锤要按照石纹走向落锤,锤口要平,落锤要准,同时要看清附近情况有无危险,然后落锤,以免伤人。

⑥ 不准在墙顶或脚手架上修改石材,以免振动墙体,影响施工质量或石片掉下伤人。

⑦ 石块不得往下掷。上下运石时,脚手板要钉装牢固,并钉装防滑条及扶手栏杆。

⑧ 堆放材料必须离开槽、坑、沟边沿 1 m 以外,堆放高度不得高于 0.5 m。往槽、坑、沟内运石料及其他物质时,应用溜槽或吊运,下方严禁有人停留。

⑨ 墙身砌体高度超过地坪 1.2 m 以上时,应搭设脚手架。

⑩ 砌石用的脚手架和防护栏板应经检查验收合格后,方可使用,施工中不得随意拆除或改动。

(4)填充墙砌体工程

① 砌体施工脚手架要搭设牢固。

② 外墙施工时,必须有外墙防护及施工脚手架,墙与脚手架间的间隙应封闭,以防高空坠物伤人。

③ 严禁站在墙上做画线、吊线、清扫墙面、支设模板等施工作业。

④ 在脚手架上,堆放普通砖不得超过 2 层。

⑤ 操作时精神要集中,不得嬉笑打闹,以防意外事故发生。

⑥ 现场实行封闭化施工,有效控制噪声、扬尘以及废物和废水的排放。

3.2.5 钢结构工程

钢结构工程的危险性主要有高处坠落、物体打击、起重机倾覆、吊装结构失稳等。

1. 钢零件及钢部件加工安全技术

(1)一切材料、构件的堆放必须平整稳固,应放在不妨碍交通和吊装安全的地方,边角等余料及时清除。

(2)机械和工作台等设备的布置应便于安全操作,通道宽度不得小于 1 m。

(3)一切机械、砂轮、电动工具、气电焊等设备都必须设有安全防护装置。

(4)电气设备和电动工具,必须绝缘良好,露天电气开关要设防雨箱并加锁。

(5)凡是受力构件用电焊点固后,在焊接时不准在点焊处起弧,以防熔化塌落。

(6)焊接、切割锚钢、合金钢、非铁金属部件时,应采取防毒措施。接触焊件,必要时应用橡胶绝缘板或干燥的木板隔离,并隔离容器内的照明灯具。

(7)焊接、切割、气刨前,应清除现场的易燃易爆物品。离开操作现场前,应切断电源,锁好闸箱。

(8)在现场进行射线探伤时,周围应设警戒区,并挂"危险"标志牌,现场操作人员应背离射线 10 m 以外。在 30° 投射角范围内,一切人员要远离 50 m 以上。

(9)构件就位时应用撬棍拨正,不得用手扳或站在不稳固的构件上操作。严禁在构件下面操作。

（10）用撬杠拨正物件时，必须手压撬杠，禁止骑在撬杠上，不得将撬杠放在臂下，以免回弹伤人。在高空使用撬杠时不能向下使劲过猛。

（11）用尖头扳子拨正配合螺栓孔时，必须插入一定深度方能撬动构件，当发现螺栓孔不符合要求时，不得用手指塞入检查。

（12）保证电气设备绝缘良好。在使用电气设备时，首先应该检查是否有保护接地，接好保护接地后再进行操作。另外，电线的外皮，电焊钳的手柄，以及一些电动工具都要保证有良好的绝缘。

（13）带电体与地面、带电体之间、带电体与其他设备和设施之间，均需要保持一定的安全距离。常用的开关设备的安装高度应为 1.3～1.5 m。起重吊装的索具、重物等与导线的距离不得小于 1.5 m（电压在 4 kV 及其以下）。

（14）工地或车间的用电设备，一定要按要求设置熔断器、断路器、漏电开关等器件。如熔断器的熔丝熔断后，必须查明原因，由电工更换，不得随意加大熔丝断面或用铜丝代替。

（15）手持电动工具，必须加装漏电开关，在金属容器内施工时，必须采用安全低电压。

（16）推拉闸刀开关时，一般应戴好干燥的胶皮手套，头部要偏斜，以防推拉开关时被电火花灼伤。

（17）使用电气设备时操作人员必须穿胶底鞋和戴胶皮手套，以防触电。

（18）工作中，当有人触电时，不要赤手接触触电者，应该迅速切断电源，然后立即组织抢救。

2. 钢结构焊接工程安全技术

（1）电焊机要设单独的开关，开关应放在防雨的闸箱内，拉合闸时应戴手套侧向操作。

（2）焊钳与把线必须绝缘良好，连接牢固，更换焊条应戴手套。在潮湿地点工作时，应站在绝缘胶板或木板上。

（3）焊接预热工件时，应有石棉布或挡板等隔热措施。

（4）把线、地线禁止与钢丝绳接触，更不得用钢丝绳或机电设备代替零线。所有地线接头，必须连接牢固。

（5）更换场地移动把线时，应切断电源，并不得手持把线爬梯登高。

（6）清除焊渣、采用电弧气刨清根时，应戴防护眼镜或面罩，以防止铁渣飞溅伤人。

（7）多台焊机在一起集中施焊时，焊接平台或焊件必须接地，并应有隔光板。

（8）雷雨时，应停止露天焊接工作。

（9）施焊场地周围应清除易燃易爆物品，或进行覆盖、隔离。

（10）必须在易燃易爆气体或液体扩散区施焊时，应经有关部门检试许可后，方可施焊。

（11）工作结束后，应切断焊机电源，并检查操作地点，确认无起火危险后，方可离开。

3. 钢结构安装工程安全技术

（1）一般规定

① 每台提升油缸上装有液压锁，以防油管破裂，重物下坠。

② 液压和电控系统要采用连锁设计，以免提升系统由于误操作造成事故。

③ 控制系统具有异常自动停机、断电保护等功能。

④ 雨天或5级风以上停止提升。

⑤ 钢绞线在安装时，地面应划分安全区，以避免重物坠落，造成人员伤亡。

⑥ 在正式施工时，也应划定安全区，高空要有安全操作通道，并设有扶梯、栏杆。

⑦ 在提升过程中，应指定专人观察地锚、安全锚、油缸、钢绞线等的工作情况；若有异常，直接报告控制中心。

⑧ 施工过程中，要密切观察网架结构的变形情况。

⑨ 提升过程中，未经许可非作业人员不得擅自进入施工现场。

（2）防止高空坠落

① 吊装人员应戴安全帽，高空作业人员应系好安全带，穿防滑鞋，带工具袋。

② 吊装工作区应有明显标志，并设专人警戒，与吊装无关人员严禁入内。起重机工作时，起重臂杆旋转半径范围内，严禁站人。

③ 运输吊装构件时，严禁在被运输、吊装的构件上站人指挥和放置材料、工具。

④ 高空作业施工人员应站在操作平台或轻便梯子上工作。吊装屋架应在上弦设临时安全防护栏杆或采取其他安全措施。

⑤ 登高用梯子、吊篮时，临时操作台应绑扎牢靠，梯子与地面夹角以 60°～70° 为宜，操作台跳板应铺平绑扎，严禁出现挑头板。

（3）防坠物伤人

① 高空往地面运输物件时，应用绳捆好吊下。吊装时，不得在构件上堆放或悬挂零星物件。零星材料和物件必须用吊笼或钢丝绳保险绳捆扎牢固，才能吊运和传递，不得随意抛掷材料物件、工具，防止滑脱伤人或意外事故。

② 构件必须绑牢固，起吊点应通过构件的重心位置，吊升时应平稳，避免振动或摆动。

③ 起吊构件时，速度不应太快，不得在高空停留过久，严禁猛升猛降，以防构件脱落。

④ 构件就位后临时固定前，不得松钩、解开吊装索具。构件固定后，应检查连接牢固和稳定情况，在连接确实安全可靠时，方可拆除临时固定工具和进行下步吊装。

⑤ 风雪天、霜雾天和雨期吊装时，高空作业应采取必要的防滑措施，如在脚手板、走道、屋面铺麻袋或草垫。夜间作业应有充分的照明。

⑥ 设置吊装禁区，禁止与吊装作业无关的人员入内。地面操作人员，应尽量避免在高空作业正下方停留、通过。

（4）防止起重机倾翻

① 起重机行驶的道路，必须平整、坚实、可靠，停放地点必须平坦。

②起重吊装指挥人员和起重机驾驶人员必须经考试合格持证上岗。

③吊装时,指挥人员应位于操作人员视力能及的地点,并能清楚地看到吊装的全过程。起重机驾驶人员必须熟悉信号,并按指挥人员的各种信号进行操作,不得擅自离开工作岗位,要遵守现场秩序,服从命令听指挥。指挥信号应事先统一规定,发出的信号要鲜明、准确。

④在风力等于或大于 6 级时,禁止在露天进行起重机移动和吊装作业。

⑤当所要起吊的重物不在起重机起重臂顶的正下方时,禁止起吊。

⑥起重机停止工作时,应刹住回转和行走机构,关闭和锁好司机室门。吊钩上不得悬挂构件,并升到高处,以免摆动伤人和造成吊车失稳。

(5)防止吊装结构失稳。

①构件吊装应按规定的吊装工艺和程序进行,未经计算和可靠的技术措施,不得随意改变或颠倒工艺程序安装结构构件。

②构件吊装就位,应经初校和临时固定或连接可靠后方可卸钩,最后固定后才可拆除临时固定工具。高宽比很大的单个构件,未经临时或最后固定组成一稳定单元体系前,应设溜绳或斜撑拉(撑)固。

③构件固定后不得随意撬动或移动位置,如需重校时,必须回钩。

④多层结构吊装或分节柱吊装时,应吊装完一层(或一节柱)将下层(下节)灌浆固定后,方可安装上层或上一节柱。

4.压型金属板工程安全技术

(1)压型钢板施工时两端要同时拿起,轻拿轻放,避免滑动或翘头,施工剪切下来的料头要放置稳妥,随时收集,避免坠落。非施工人员禁止进入施工楼层,避免焊接弧光灼伤眼睛或晃眼造成摔伤,焊接辅助施工人员应戴墨镜配合施工。

(2)施工时下一楼层应有专人监控,防止其他人员进入施工区和焊接火花坠落造成失火。

(3)施工中工人不可聚集,以免集中荷载过大,造成板面损坏。

(4)施工的工人不得在屋面奔跑、打闹、抽烟和乱扔垃圾。

(5)当天吊至屋面上的板材应安装完毕。如果有未安装完的板材,则应做临时固定,以免被风刮下,造成事故。

(6)早上屋面易有露水,坡屋面上彩板面滑,应有特别的防护措施。

(7)现场切割过程,切割机械的底面不宜与彩板面直接接触,最好垫上薄三合板材。

(8)吊装中不要将彩板与脚手架、柱子、砖墙等碰撞和摩擦。

(9)在屋面上施工的工人应穿胶底不带钉子的鞋。

(10)操作工人携带的工具等应放在工具袋中,如放在屋面上应放在专用的布或其他片材上。

(11)不得将其他材料散落在屋面上,或污染板材。

(12)板面铁屑要及时清理。板面在切割和钻孔中会产生铁屑,这些铁屑必须及时清除,不可过夜。因为铁屑在潮湿空气条件下或雨天中会立即锈蚀,在彩板面上形成一片片红色锈斑,附着于彩板面上,形成后很难清除。此外,其他切除的彩板头,铝合金铆钉上拉断的铁杆等也应及时清理。

(13)在用密封胶封堵缝时,应将附着面擦干净,以使密封胶在彩板上有良好的结合面。

(14)电动工具的连接插座应加防雨措施,避免造成事故。

5.钢结构涂装工程安全技术

(1)配制使用乙醇、苯、内酮等易燃材料的施工现场,应严禁烟火和使用电炉等明火设备,并应配置消防器材。

(2)配制硫酸溶液时,应将硫酸慢慢注入水中,严禁将水注入酸中;配制硫酸乙酯时,应将硫酸慢慢注入酒精中,并充分搅拌,温度不得超过60℃,以防酸液飞溅伤人。

(3)防腐涂料的溶剂,常易挥发出易燃易爆的蒸气,当达到一定浓度后,遇火易引起燃烧或爆炸,施工时应加强通风,降低积聚浓度。

(4)涂漆施工场地要有良好的通风,如在通风条件不好的环境涂漆时,必须安装通风设备。

(5)因操作不小心,涂料溅到皮肤上时,可用木屑加肥皂水擦洗;最好不用汽油或强溶剂擦洗,以免引起皮肤发炎。

(6)使用机械除锈工具清除锈层、工业粉尘、旧漆膜时,要戴上防护眼镜和防尘口罩,以避免眼睛受伤和粉尘吸入。

(7)在涂装对人体有害的漆料(例如红丹的铅中毒、天然大漆的漆毒、挥发型漆的溶剂中毒等)时,应带上防毒口罩、封闭式眼罩等保护用品。

(8)在喷涂硝基漆或其他挥发型易燃性较大的涂料时,严格遵守防火规则,严禁使用明火,以免失火或引起爆炸。

(9)高空作业和双层作业时,要戴安全帽;要仔细检查跳板、脚手杆、吊篮、云梯、绳索、安全网等施工用具有无损坏、捆扎牢不牢、有无腐蚀或搭接不良等隐患;每次使用之前均应在平地上做起重试验,以防造成事故。

(10)不允许把盛装涂料、溶剂或用剩的漆罐开口放置;浸染涂料或溶剂的破布及废棉纱等物,必须及时清除;涂漆环境或配料房要保持清洁,出入通畅。

(11)施工场所的电线,要按防爆等级的规定安装;电动机的启动装置与配电设备,应该是防爆式的,要防止漆雾飞溅在照明灯泡上。

(12)操作人员涂漆施工时,若感觉头痛、心悸或恶心,应立即离开施工现场,到通风良好、空气新鲜的地方,若仍然感到不适,应速去医院,检查治疗。

3.2.6 起重吊装工程

起重吊装,是指在施工现场对构件进行的拼装、绑扎、吊升、就位、临时固定、校正和永久固定的施工过程。起重吊装是一项危险性较大的建筑施工内容,操作不当会引起坍塌、机械伤害、物体打击和高处坠落等事故的发生,所以,作为建筑施工现场管理人员必须懂得起重吊装的安全技术要求。

1. 施工方案

(1) 施工前必须编制专项施工方案。专项施工方案应包括现场环境、工程概况、施工工艺、起重机械的选型依据。土法吊装,还应有起重拔杆的设计计算、地锚设计、钢丝绳及索具的设计选用、地耐力及道路的要求、构件堆放就位图以及吊装过程中的各种防护措施等。

(2) 施工方案必须针对工程状况和现场实际进行编制,具有指导性,并经过上级技术部门审批确认符合要求。

2. 起重机械安全技术

(1) 起重机

① 起重机运到现场重新安装后,应进行试运转试验和验收,确认符合要求并做好记录,有关人员在验收单上签署意见,签字手续齐全后,方可使用。

② 起重机应具有市级有关部门定期核发的准用证。

③ 经检查确认安全装置(包括起重机超高限位器、力矩限制器、臂杆幅度指示器及吊钩保险装置)均应符合要求。当该机说明书中尚有其他安全装置时,应按说明书规定进行检查。

(2) 起重拔杆

① 起重拔杆的选用应符合作业工艺要求,拔杆的规格尺寸应有设计计算书和设计图纸,其设计计算应按照有关规范标准进行,并应经上级技术部门审批。

② 拔杆选用的材料、截面以及组装形式,必须严格按设计图纸要求进行,组装后应经有关部门检验确认符合要求。

③ 拔杆组装后,应先进行检查和试吊,确认符合设计要求,并做好试吊记录。

3. 钢丝绳与地锚安全技术

(1) 起重机使用的钢丝绳,其结构形式、规格、强度要符合该机型的要求,钢丝绳在卷筒上要连接牢固,按顺序整齐排列,当钢丝绳全部放出时,卷筒上至少要留3圈以上。

(2) 起重钢丝绳磨损、断丝、变形、锈蚀应在规范允许范围内。如果超标,应按《起重机械安全规程》(GB 6067-2010)的要求报废。断丝或磨损小于报废标准的应按比例折减承载能力。

(3) 滑轮槽应光洁平滑,不得有损伤钢丝绳的缺陷。吊钩、卷筒、滑轮磨损应在规范允许范围内。

(4) 吊钩、卷筒、滑轮应安装钢丝绳防脱装置。滑轮直径与钢丝绳直径的比值,不应小于15,各组滑轮必须用钢丝绳牢靠固定。

(5) 缆风绳应使用钢丝绳,其安全系数 $K=3.5$,规格应符合施工方案要求,缆风绳应与地锚牢固连接。

(6) 起重拔杆的缆风绳、地锚设置应符合设计要求。当移动拔杆时,也必须使用经过设计计算的正式地锚,不准随意拴在电杆、树木和构件上。

4. 索具与吊点安全技术

(1)索具

① 当采用编结连接时,编结长度不应小于 15 倍的绳径,且不应小于 300 mm。

② 当采用绳夹连接时,绳夹规格应与钢丝绳相匹配,绳夹数量、间距应符合规范要求。

③ 索具安全系数应符合规范要求。钢丝绳做吊索时,其安全系数 $K = 6.8$。

④ 吊索规格应互相匹配,机械性能应符合设计要求。

(2)吊点

① 吊装构件或设备时的吊点应符合设计规定。根据重物的外形、重心及工艺要求选择吊点,并在方案中进行规定。

② 重物应垂直起吊,禁止斜吊。吊点是在重物起吊、翻转、移位等作业中必须使用的,吊点选择应与重物的重心在同一垂直线上,且吊点应在重心之上(吊点与重物重心的连线和重物的横截面成垂直关系)。

③ 当采用几个吊点起吊时,应使各吊点的合力作用点在重物重心的位置之上。

④ 必须正确计算每根吊索的长度,使重物在吊装过程中始终保持稳定位置。

5. 作业环境与作业人员安全技术

(1)作业环境

① 作业道路应平整坚实,一般情况纵向坡度不大于 3‰,横向坡度不大于 1‰。行驶或停放时,应与沟渠、基坑保持 5 m 以上距离,且不得停放在斜坡上。

② 起重机作业现场地面承载能力应符合起重机说明书规定。当现场地面承载能力不满足规定时,可采用铺设路基箱等方式提高承载力。

③ 起重机与架空线路的安全距离应符合国家现行标准《起重机械安全规程 第 1 部分:总则》(GB 6067.1 - 2010)的规定。

(2)作业人员

① 起重机司机属特种作业人员,必须经过专门培训,取得特种作业资格,持证上岗。作业人员的操作证应与操作机型相符。

② 作业前,应按规定对所有作业人员进行安全技术交底,并应有交底记录。

③ 司机应遵照制造商说明书和安全工作制度负责起重机的安全操作。除接到停止信号之外,在任何时候都只应服从指挥人员发出的可明显识别的信号。

④ 起重机作业应设专职信号指挥和司索人员,一人不得同时兼顾信号指挥和司索作业。

⑤ 起重机的信号指挥人员应经正式培训考核并取得合格证书,其信号操作应符合现行国家标准《起重机 手势信号》(GB 5082 - 2019)的规定。

⑥ 在起重机械工作中,如果把指挥起重机械安全运行和载荷搬运的工作职责移交给其他有关人员,指挥人员应向司机说明情况。而且,司机和被移交者应明确其应负的

责任。

6. 起重吊装与高处作业安全技术

（1）当多台起重机同时起吊一个构件时，单台起重机所承受的荷载应符合专项施工方案要求。

（2）吊索系挂点应符合专项施工方案要求。

（3）严格遵守起重吊装"十不吊"规定。

① 物件吊运时，严禁从人员上方通过。起重臂和吊起的重物下面有人停留或行走不准吊。

② 起重指挥应由技术培训合格的专职人员担任，无指挥或信号不清不准吊。

③ 钢筋、型钢、管材等细长和多根物件应捆扎牢靠，支点起吊，不得在吊物上堆放或悬挂其他物件；零星材料起吊时，必须用吊笼或钢丝绳绑扎牢固。单头"千斤"或捆扎不牢不准吊。

④ 多孔板、积灰斗、手推翻斗车不用四点吊或大模板外挂板不用卸甲不准吊。预制钢筋混凝土楼板不准双拼吊。

⑤ 吊砌块应使用安全可靠的砌块夹具，吊砖应使用砖笼，并堆放整齐。木砖、预埋件等零星物件要用盛器堆放稳妥，叠放不齐不准吊。

⑥ 严禁用塔式起重机载运人员。楼板、大梁等吊物上站人不准吊。

⑦ 埋入地下的板桩、井点管等以及粘连、附着的物件不准吊。

⑧ 多机作业，应保证所吊重物距离不小于 3 m。在同一轨道上多机作业，无安全措施不准吊。

⑨ 6 级以上强风不准吊。

⑩ 斜拉重物或超过机械允许荷载不准吊。

（4）高处作业必须按规定设置作业平台。

（5）作业平台防护栏杆不应少于两道，其高度和强度应符合规范要求。

（6）攀登用爬梯的构造、强度应符合规范要求。

（7）安全带应悬挂在牢固的结构或专用固定构件上，并应高挂低用。

7. 构件码放与警戒监护安全技术

（1）构件码放

① 构件码放场地应平整压实，周围必须设排水沟。构件码放荷载应在作业面承载能力允许范围内。

② 构件应根据制作、吊装平面规划位置，按类型、编号、吊装顺序、方向依次配套码放，避免二次倒运。

③ 构件应按设计支承位置堆放平稳，底部应设置垫木。对不规则的柱、梁、板应专门分析确定支承和加垫方法。

④ 重叠码放的构件应采用垫木隔开，上、下垫木应在同一垂线上，物件码放高度应在

规定允许范围内：柱不宜超过2层，梁不宜超过3层，大型屋面板不宜超过6层，圆孔板不宜超过8层。其他物件临时堆放处离楼层边缘不应小于1m，堆放高度不得超过1m。堆垛间应留2m宽的通道。

⑤ 大型物件码放应有保证稳定的措施。屋架、薄腹梁等重心较高的构件，应直立放置，除设支承垫木外，应于其两侧设置支撑使其稳定，支撑不得少于2道。装配式大板应采用插放法或背靠堆放，堆放架应经设计计算确定。

（2）警戒监护

① 起重吊装作业前，应根据施工组织设计要求划定危险作业警戒区域，划定警戒线，悬挂或张贴明显的警戒标志，防止无关人员进入。

② 除设置标志外，还应视现场作业环境，专门设置监护人员进行专人警戒，防止高处作业或交叉作业时造成落物伤人事故。

在线题库

3.2节

▶ 3.3 屋面及装饰装修工程安全技术 ◀

3.3.1 屋面工程

屋面工程的危险主要有高处坠落、物体打击、火灾、中毒等。

1. 屋面工程安全技术的一般规定

（1）屋面施工作业前，无女儿墙的屋面的周围边沿和预留孔洞处，必须按"洞口、临边"防护规定进行安全防护。施工中由临边向内施工，严禁由内向外施工。

（2）施工现场操作人员必须戴好安全帽，防水层和保温层施工人员禁止穿硬底和带钉子的鞋。

（3）易燃材料必须贮存在专用仓库或专用场地，应设专人进行管理。

（4）库房及现场施工隔汽层、保温层时，严禁吸烟和使用明火，并配备消防器材和灭火设施。

（5）屋面材料垂直运输或吊运中应严格遵守相应的安全操作规程。

（6）屋面没有女儿墙时，在屋面上施工作业时，作业人员应面对檐口，由檐口往里施工，以防不慎坠落。

（7）清扫垃圾及砂浆拌和物过程中，避免灰尘飞扬。建筑垃圾，特别是有毒有害物质，应按时定期地清理并运送到指定地点。

（8）屋面施工作业时，绝对禁止从高处向下乱扔杂物，以防砸伤他人。

（9）雨雪、大风天气应停止作业，待屋面干燥和风停后，方可继续工。

2. 柔性防水屋面施工安全技术

（1）溶剂型防水涂料易燃有毒，应存放于阴凉、通风、无强烈日光直晒、无火源的库房内，并备有消防器材。

（2）使用溶剂型防火涂料时，施工人员应穿工作服、工作鞋、戴手套。操作时若皮肤上沾上涂料,应及时用沾有相应溶剂的棉纱擦除,再用肥皂和清水洗净。

(3)卷材作业时,作业人员操作应注意风向,防止下风方向作业人员中毒或烫伤。

(4)屋面防水层作业过程中,操作人员若发生恶心、头晕、过敏等情况时,应立即停止操作。

(5)屋面铺贴卷材时,四周应设置1.2 m高的围栏,靠近屋面四周沿边应侧身操作。

3.刚性防水屋面施工安全技术

(1)浇筑混凝土时,混凝土不得集中堆放。

(2)水泥、砂、石、混凝土等材料运输过程中,不得随处溢洒,及时清扫撒落的材料,保持现场环境整洁。

(3)混凝土振捣器使用前,必须经电工检验确认合格后,方可使用。开关箱必须装设漏电保护器,插头应完好无损,电源线不得破皮漏电,操作者必须穿绝缘鞋(胶鞋),戴绝缘手套。

标准规范

屋面工程
质量验收规范

3.3.2 抹灰饰面工程

1.抹灰饰面工程的事故隐患

抹灰饰面工程较易发生高处坠落、物体打击等事故。抹灰饰面工程的事故隐患主要包括以下内容。

(1)往窗口下随意乱抛杂物。

(2)活动架子移动时架上有人员作业。

(3)喷浆设备使用前未按要求使用防护用品。

(4)顶板批嵌时不戴防护眼镜。

(5)喷射砂浆设备的喷头疏通时不关机,喷头疏通时对人。

(6)在架子上乱扔粉刷工具和材料。

(7)梯子有缺档。

(8)利用梯子行走。

(9)人站在人字梯最上一层施工。

(10)人字扶梯无连接绳索、下部无防滑措施。

(11)二人在梯子上同时施工。

(12)单面梯子使用时与地面夹角不符合要求。

(13)梯子下脚垫高使用。

(14)室内粉刷使用的登高搭设不平稳。

(15)室内的登高搭设脚手板高度大于2 m。

(16)搭设的活动架子不牢固不平稳。

(17)登高脚手板搁置在门窗管道上。

(18)外墙面粉刷施工前未对外脚手架进行检查。

(19)喷射砂浆设备使用前未进行检查。

（20）料斗上料时无专人指挥专人接料。

（21）随意拆除脚手架上的安全设施。

（22）脚手板搭设的单跨跨度大于 2 m。

（23）人字梯未用橡胶包脚使用。

2. 抹灰饰面工程安全技术

（1）墙面抹灰的高度超过 1.5 m 时，要搭设脚手架或操作平台，大面积墙面抹灰时，要搭设脚手架。

（2）搭设抹灰用高大架子必须有设计和施工方案，参加搭架子的人员，必须经培训合格，持证上岗。

（3）高大架子必须经相关安全部门检验合格后，方可开始使用。

（4）施工操作人员严禁在架子上打闹、嬉戏，使用的灰铲、刮杠等不要乱丢、乱扔。

（5）遇有恶劣气候（例如风力在 6 级以上），影响安全施工时，禁止高空作业。

（6）提拉灰斗的绳索要结实牢固，防止绳索断裂，灰斗坠落伤人。

（7）施工作业中尽可能避免交叉作业，抹灰人员不要在同一垂直面上工作。

（8）施工现场的脚手架、防护设施、安全标志和警告牌，不得擅自拆动，需拆动时，应经施工负责人同意，并由专业人员加固后拆动。

（9）乘人的外用电梯、吊笼应有可靠的安全装置，禁止人员随同运料吊篮、吊盘上下。

（10）对安全帽、安全网、安全带要定期检查，不符合要求的严禁使用。

（11）外墙贴面砖施工前先要由专业架子工搭设装修用外脚手架，经验收合格后才能使用。

（12）操作人员进入施工现场必须戴好安全帽，系好风紧扣。

（13）高空作业必须佩戴安全带，上架子作业前必须检查脚手板搭放是否安全可靠，确认无误后方可上架进行作业。

（14）上架工作衣着要轻便，禁止穿硬底鞋、拖鞋、高跟鞋，并且架子上的人不得集中在一块，严禁从上往下抛掷杂物。

（15）脚手架的操作面上不可堆积过量的面砖和砂浆。

（16）施工现场临时用电线路必须按用电规范布设，严禁乱接乱拉，远距离电缆线不得随地乱拉，必须架空固定。

（17）小型电动工具，必须安装漏电保护装置，使用时，应经试运转合格后方可操作。

（18）电器设备应有接地、接零保护。现场维护电工应持证上岗。非维护电工不得乱接电源。

（19）电源、电压须与电动机具的铭牌电压相符。电动机具移动时，应先断电后移动。下班或使用完毕必须拉闸断电。

（20）施工时必须按施工现场安全技术交底施工。

（21）施工现场严禁扬尘作业，清理打扫时，必须洒少量水湿润后方可打扫，并注意对成品的保护，废料及垃圾必须及时清理干净，装袋运至指定堆放地点，堆放垃圾处必须进行围挡。

（22）切割石材的临时用水，必须有完善的污水排放措施。

（23）用滑轮和绳索提拉水泥砂浆时，滑轮一定要固定好，绳索要结实可靠，防止绳索断裂，坠物伤人。

（24）对施工中噪声大的机具，尽量安排在白天及夜晚 10 点前操作，严禁噪声扰民，

（25）雨后、春暖解冻时，应及时检查外架子，防止沉陷，出现险情。

3.3.3　油漆涂料工程

1. 油漆涂料工程的事故隐患

油漆涂料工程的危险主要是火灾、中毒、高处坠落、物体打击等。油漆涂料工程的事故隐患主要包括以下内容。

（1）高处作业无安全防护。

（2）室内照明和电器设备无防火措施。

（3）搭设的活动架子不牢固、不平稳。

（4）油漆仓库内使用"小太阳"高压灯。

（5）乱扔沾有易燃物的物件。

（6）脚手板搭设的单跨跨度大于 2 m。

（7）人站在人字梯最上一层施工。

（8）梯子使用上部不扎牢、下部无防滑措施。

（9）二人在梯子上同时施工。

（10）梯子有缺档。

（11）单面梯子使用时与地面夹角不符合要求。

（12）梯子下脚垫高使用。

（13）利用梯子行走。

（14）除锈喷涂时无安全防护措施。

（15）施工现场有人员动用明火。

（16）往窗口下随意乱抛杂物。

（17）导电体油漆施工未有接地措施。

（18）油漆仓库未配备灭火器材。

（19）施工场地无通风设备。

2. 油漆涂料工程安全技术

（1）高度作业超过 2 m，应按规定搭设脚手架。施工前要检查是否牢固。

（2）涂装施工前，应集中工人进行安全教育，并进行书面交底。

（3）施工现场严禁设涂装材料仓库。场外的涂装仓库应有足够的消防设施，并且设有严禁烟火安全标语。

（4）墙面涂料高度超过 1.5 m 时，要搭设马凳或操作平台。

（5）涂刷作业时操作工人应佩戴相应的保护用品，例如防毒面具、口罩、手套等，以免危害工人的健康。

（6）严禁在民用建筑工程室内，用有机溶剂清洗施工用具。

（7）涂料使用后，应及时封闭存放，废料应及时清出室内。施工时，室内应保持良好通风，但是不宜有过堂风。

（8）民用建筑工程室内装修中，进行饰面人造木板拼接施工时，除芯板为 A 类外，应对其断面及无饰面部位进行密封处理（例如采用环保胶类腻子等）。

（9）遇有上下立体交叉作业时，作业人员不得在同一垂直方向上操作。

（10）涂装窗子时，严禁站在或骑在窗槛上操作，以防槛断人落。刷外开窗扇漆时，应将安全带挂在牢靠的地方。刷封檐板时，应利用外装修架或搭设挑架进行。

（11）现场清扫应设专人洒水，不得有扬尘污染。打磨粉尘应用湿布擦净。

（12）涂刷作业过程中，操作人员如感头痛、恶心、胸闷或心悸时，应立即停止作业，到户外呼吸新鲜空气。

（13）每天收工后，应尽量不剩涂装材料，剩余涂装材料不准乱倒，应收集后集中处理。废弃物（例如废油桶、油刷、棉纱等）按环保要求分类销毁。

3.3.4　门窗及吊顶工程

1. 门窗工程安全技术

（1）安装门窗框、扇作业时，操作人员不得站在窗台和阳台栏板上作业。当门窗临时固定，封填材料尚未达到其应有强度时，不准手拉门、窗进行攀登。

（2）安装二层楼以上外墙窗扇，应设置脚手架和安全网，如外墙无脚手架和安全网时，必须挂好安全带。安装窗扇的固定扇，必须钉牢固。

（3）使用手提电钻操作，必须佩戴绝缘胶手套。机械生产和圆锯锯木，一律不得戴手套操作，并必须遵守用电和有关机械安全操作规程。

（4）操作过程中如遇停电、抢修或因事离开岗位时，除对本机关掣外，并应将闸掣拉开，切断电源。

（5）使用电动螺丝刀、手电钻、冲击钻、曲线锯等必须选用 Ⅱ 类手持式电动工具，每季度至少全面检查一次，确保使用安全。

（6）凡使用机械操作，在开机时，必须挥手扬声示意，方可接通电源，并不准使用金属物体合闸。

（7）使用射钉枪必须符合下列要求。

① 射钉弹要按有关爆炸和危险物品的规定进行搬运、储存和使用，存放环境要整洁、干燥、通风良好、温度不高于 40℃，不得碰撞、用火烘烤或高温加热射钉弹，哑弹不得随地乱丢。

② 操作人员要经过培训，严格按规定程序操作，作业时要戴防护眼镜，严禁枪口对人。

③ 墙体必须稳固、坚实并具承受射击冲击的刚度。在薄墙、轻质墙上射钉时,墙的另一面不得有人,以防射穿伤人。

(8) 使用特种钢钉应选用重量大的锤头,操作人员应戴防护眼镜。为防止钢钉飞跳伤人,可用钳子夹住再行敲击。

2. 吊顶工程安全技术

(1) 无论是高大工业厂房的吊顶还是普通住宅房间的吊顶均属于高处作业,因此作业人员要严格遵守高处作业的有关规定,严防发生高处坠落事故。

(2) 吊顶的房间或部位要由专业架子工搭设满堂红脚手架,脚架的临边处设两道防护栏杆和一道挡脚板,吊顶人员站在脚手架操作面上作业,操作面必须满铺脚手板。

(3) 吊顶的主、副龙骨与结构面要连接牢固,防止吊顶脱落伤人。

(4) 吊顶下方不得有其他人员来回行走,以防掉物伤人。

(5) 作业人员要穿防滑鞋,行走及材料的运输要走马道,严禁从架管爬上、爬下。

(6) 作业人员使用的工具要放在工具袋内,不要乱丢、乱扔。同时高空作业人员禁止从上向下投掷物体,以防砸伤他人。

(7) 作业人员使用的电动工具要符合安全用电要求,如需用电焊的地方必须由专业电焊工施工。

3.3.5　玻璃幕墙工程

1. 玻璃幕墙工程的事故隐患

玻璃幕墙工程的事故隐患主要包括以下内容。

(1) 密封材料施工中没有严禁烟火。

(2) 幕墙施工未在作业下方设置竖向安全平网。

(3) 手持电动工具未在使用前检验绝缘性能的可靠性。

(4) 玻璃吸盘安装机和手持式吸盘未检验吸附性能的可靠性。

(5) 强风大雨时不及时停止幕墙安装作业。

(6) 可能停电的情况下未及时停止幕墙的安装作业。

(7) 施工人员未佩戴合乎要求的防护用品。

(8) 使用的吊篮未经劳动部门安全认证。

(9) 各种工具没有高空的存放袋。

(10) 与其他安装施工交叉作业时未在作业面间设置防护棚。

(11) 暴风时没有做好吊篮脚手架的加固工作。

(12) 现场焊接作业未在焊件下方设接火装置,没有专人监护。

2. 铝合金玻璃幕墙工程安全技术

(1) 安装时使用的焊接机械及电动螺丝刀、手电钻、冲击电钻、曲线锯等手持式电动工具,应按照相应的安全交底操作。

(2) 铝合金幕墙安装人员应经专门安全技术培训,考核合格后方能上岗操作。施工前要详细进行安全技术交底。

（3）幕墙安装时操作人员应在脚手架上进行，作业前必须检查脚手架是否牢靠，脚手板有无空洞或探头等，确认安全可靠后方可作业。高处作业时，应按照相关的高处作业安全交底要求进行操作。

（4）使用天那水清洁幕墙时，室内要通风良好，戴好口罩，严禁吸烟，周围不准有火种。沾有天那水的棉纱、布应收集在金属容器内，并及时处理。

（5）玻璃搬运应遵守下列要求。

① 风力在 5 级或以上难以控制玻璃时，应停止搬运和安装玻璃。

② 搬运玻璃必须戴手套或用布、纸垫住玻璃边口部分与手及身体裸露部分分隔，如数量较大应装箱搬运，玻璃片直立于箱内，箱底和四周要用稻草或其他软性物品垫稳。两人以上共同搬抬较大较重的玻璃时，要互相配合，呼应一致。

③ 若幕墙玻璃尺寸过大，则要用专门的吊装机具搬运。

④ 对于隐框幕墙，若玻璃与铝框是在车间黏结的，要待结构胶固化后才能搬运。

⑤ 搬运玻璃前应先检查玻璃是否有裂纹，特别要注意暗裂，确认完好后方可搬运。

标准规范　　　　　　　在线题库

建筑装饰装修　　　　　3.3 节
工程质量验收标准

模块 4
建筑施工专项安全技术

【模块概述】

本模块重点讲述建筑施工专项安全技术。主要包括高处作业、季节施工、脚手架工程、施工用电、施工机械以及职业卫生工程安全技术等相关内容。

【教学目标】

知识目标：

掌握高处作业的定义和分级；

熟悉安全设施、安全防护用品；

掌握"四口""五临边"防护要求；

掌握季节性施工的安全技术要求；

掌握各类脚手架的安全技术要求；

掌握临时用电的安全技术要求；

掌握施工机械的安全技术要求；

熟悉劳动保护管理制度；

了解职业卫生安全技术要求和相关的伤害急救方法。

技能目标：

能够参与编制高处作业安全技术措施；

能够参与编制季节施工的安全技术措施；

能够参与编制各类脚手架工程的安全技术措施；

能够参与编制施工用电的安全技术措施；

能够参与编制施工机械相关的安全技术措施；

能够参与编制施工现场职业卫生工程的安全技术措施。

素质目标：

使学生在日后的工作和生活中提高自我保护能力、增强珍爱生命意识；努力践行习近平总书记"以人民为中心"的安全观，以人为本，增强法律意识、责任意识、规范意识。让学生从心底建立起对自己、对家庭、对社会的责任心与担当感，真正做到对"工程"的敬畏，对职业的热爱，不断磨砺自己的业务能力，以大国工匠精神时刻鞭策自己。

案例引入：

【背景资料】

(1) 2021 年 7 月 23 日 17 时左右，深圳市某建筑工地，一工人在工地内铁皮房房顶拆除铁皮时不慎踩破采光瓦坠落至地面受伤，经抢救无效死亡。

(2) 2021 年 7 月 17 日 23 时 20 分左右，深圳市某建筑主体工程 5 楼，一工人连同电动手推车从施工升降机层门坠落至负一楼施工升降机吊笼顶部，经抢救无效死亡（直接原因分析结论以事故调查报告为准）。

(3) 2021 年 7 月 11 日 14 时 15 分，深圳市某建筑工地，一附着式升降脚手架辅助工，在作业时不慎踩穿脚手架密封翻板坠落，经 120 到场确认死亡。

【事故原因】

(1) 屋顶铁皮拆除作业前，工人使用剪叉式升降平台到达屋顶，未按规定将安全带系挂在生命线上，站在屋顶对顶棚进行查看时，不慎踩破采光瓦坠落至地面，导致事故发生。

(2) 施工升降机设有吊笼门和层门（层站上通往吊笼可封闭的门）两道门确保人员和货物的安全。事发前，停在负一楼施工升降机左吊笼上方的 5 楼层门处于失效状态（初步判断系施工升降机司机未及时关闭、锁止）。在该区域作业的砌筑抹灰工操作电动手推车时疑似加速过快失控，电动手推车推动工人一起从 5 楼层门处坠落至施工升降机左吊笼上方顶部，导致事故发生（直接原因分析结论以事故调查报告为准）。

(3) 涉事附着式升降脚手架底部未安装安全网兜底，未按安全技术规范搭设脚手架与主体结构之间的密封翻板，工人作业时不慎踩穿密封翻板，从脚手架密封翻板与大楼 16 层主体结构之间的间隙坠落，导致事故发生（直接原因分析结论以事故调查报告为准）。

▶ 4.1 高处作业安全技术 ◀

4.1.1 高处作业的定义、分级与基本规定

1.高处作业的定义

《高处作业分级》(GB/T 3608－2008)规定："在坠落高度基准面 2 m 或 2 m 以上,有可能坠落的高处进行的作业称为高处作业。"

坠落高度基准面是指从作业位置到最低坠落着落点的水平面。最低的坠落着落点,则是指当在该作业位置上坠落时,有可能坠落到的最低点,也就是最大的坠落高度。坠落高度,也称为作业高度 h_w,是从作业位置到坠落基准面的垂直距离。

并非所有的坠落都是沿着垂直方向笔直地坠落,因此就有一个可能的坠落范围的半径问题。在考虑最低坠落着落点时,应同时确定一个坠落的范围作为依据。

作业基础高度 h_b 为以作业位置为中心,6 m 为半径,划出的垂直于水平面的柱形空间内的最低处与作业位置间的高度差,是作业位置至其底部的垂直距离;h_b 高度不同,可能坠落范围半径 R 不同。根据国家标准《高处作业分级》规定,确定作业基础高度 h_b 后,对照下表 4-1-1,可以确定可能坠落范围半径 R。

表 4-1-1 高处作业基础高度与坠落半径

作业基础高度 h_b	可能坠落半径 R
2～5 m	3 m
5～15 m	4 m
15～30 m	5 m
30 m 以上	6 m

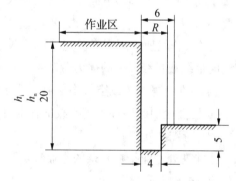

图 4-1-1 高处作业示例

如图 4-1-1,作业基础高度 h_b 为 20 m,查表 4-1-1,确定可能坠落半径 R＝5 m,作业高度 h_w 为 20 m。

2.高处作业的分类

1) 按性质和环境不同分类

高处作业按性质和环境的不同,又可分为一般高处作业和特殊高处作业两类。

(1) 一般高处作业

一般高处作业为正常作业环境下的各项高处作业,不存在以下 11 种直接引起坠落的客观危险因素中的任一因素的高处作业,又称为 A 类高处作业。

① 阵风风力五级(风速 8.0 m/s)以上;

② 《工作场所职业病危害作业分级 第 3 部分：高温》(GBZ/T 229.3 - 2010)规定的 Ⅱ
级或Ⅱ级以上的高温作业；

标准规范

③ 平均气温等于或低于 5℃的作业环境；

④ 接触冷水温度等于或低于 12℃的作业；

⑤ 作业场地有冰、雪、霜、水、油等易滑物；

⑥ 作业场所光线不足或能见度差；

建筑施工高处作业
安全技术规范

⑦ 作业活动范围与危险电压带电体距离小于表 4 - 1 - 2 的规定；

表 4 - 1 - 2　作业活动范围与危险电压带电体的距离

危险电压带电体的电压等级/kV	距离/m
≤10	≤10
35	2.0
63～110	2.5
220	4.0
330	5.0
500	6.0

⑧ 摆动，立足处不是平面或只有很小的平面，即任一边小于 500 mm 的矩形平面、直
径小于 500 mm 的圆形平面或具有类似尺寸的其他形状的平面，致使作业者无法维持正
常姿势；

⑨ 《工作场所物理因素测量 第 10 部分：体力劳动强度分级》(GBZ/T 189.10 - 2007)
规定的Ⅲ级或Ⅲ级以上的体力劳动强度；

⑩ 存在有毒气体或空气中含氧量低于 19.5%的作业环境；

⑪ 可能会引起各种灾害事故的作业环境和抢救突然发生的各种灾害事故。

（2）特殊高处作业

特殊高处作业指在复杂的作业环境下对操作人员具有危险性的作业，又称为 B 类高
处作业，包含以下八类：

① 强风高处作业：在阵风风力六级，风速 10.8 m/s 以上的情况下进行的高处作业；

② 异温高处作业：在高温或者低温环境下进行的高处作业；

③ 雪天高处作业：在降雪时进行的高处作业；

④ 雨天高处作业：在降雨时进行的高处作业；

⑤ 夜间高处作业：在室外完全采用人工照明时的高处作业；

⑥ 带电高处作业：在接近或者接触带电体条件下进行的高处作业；

⑦ 悬空高处作业：在无立足点或者无牢靠立足点条件下进行的高处作业；

⑧ 抢救高处作业：对突然发生的各种灾害事故时抢救作业。

2）按作业类型分类

建筑施工领域的高处作业主要包括临边、洞口、攀登、悬空、交叉作业 5 种基本类型。

（1）临边作业

临边作业即工作面边沿缺少围护设施或围护设施的高度低于 80 厘米时的高处作业，包括在基坑周边无防护的阳台、料台与悬挑平台上，在无防护的楼层、楼面作业；在无防护的楼梯口和梯段口，在井架、施工电梯和脚手架等通道两侧，在各种垂直运输卸料平台的周边作业。

（2）洞口作业

洞口作业即孔、洞口旁的高处作业，包括在 2 米及 2 米以上的桩孔、沟槽与管道孔洞、在建筑物楼梯口、电梯口及设备安装预留洞口（未安装正式栏杆）、在预留的上料口、通道口、施工口等边沿作业。

（3）攀登作业

攀登作业即借助建筑结构、脚手架、梯子或其他登高设施，在攀登条件下进行的高处作业，包括在建筑物周围搭拆脚手架、张挂安全网；装拆塔机、龙门架、井字架、施工电梯、桩架，登高安装钢结构构件等作业。由于没有作业平台，作业人员只能在可借助物上作业，作业难度大，危险性大。

（4）悬空作业

悬空作业即在周边临空状态下进行的高处作业，包括建筑施工中的构件吊装，利用吊篮进行外墙装修；进行悬挑平台或悬空梁板、雨棚等特殊部位的支拆模板、扎筋、浇砼等作业。悬空作业时操作人员在无立足点或无牢靠立足点的条件下进行作业，危险性很大。

（5）交叉作业

交叉作业即在施工现场的上下不同层次，于空间贯通状态下同时进行的高处作业，包括施工人员在高处搭设脚手架、吊运物料时，地面上的人员在搬运材料；外墙装修时，下方打底抹灰、上方进行装饰等。

3. 高处作业的分级

根据作业高度及其他作业危害的因素，将高处作业分成若干等级，表示其风险大小，作为作业许可管理的依据。

坠落高度是高处作业危害的主要因素，坠落高度越高，危险性就越大。将高处作业高度分为 2 m 至 5 m、5 m 至 15 m、15 m 至 30 m 及 30 m 以上四个区段，根据一般高处作业和特殊高处作业的坠落高度确定分级，如下表 4-1-3 所示。

表 4-1-3　高处作业分级

分类法	高处作业高度/m			
	2~5 m	5~15 m	15~30 m	30 m 以上
A	Ⅰ	Ⅱ	Ⅲ	Ⅳ
B	Ⅱ	Ⅲ	Ⅳ	Ⅳ

高处作业可以按照以下五步确定分级：

（1）确定作业基础高度 h_b；

（2）确定可能坠落范围半径 R ；

（3）确定高处作业高度 h_w ；

（4）判别高处作业环境；

（5）确定高处作业分级。

微课视频

高处作业
安全要点

4. 高处作业的基本规定

根据《建筑施工高处作业安全技术规范》(JGJ 80－2016)，高处作业基本安全规定如下：

（1）建筑施工中凡涉及临边与洞口作业、攀登与悬空作业、操作平台、交叉作业及安全网搭设的，应在施工组织设计或施工方案中制定高处作业安全技术措施。

（2）高处作业施工前，应按类别对安全防护设施进行检查、验收，验收合格后方可进行作业、并应做验收记录。验收可分层或分阶段进行。

（3）高处作业施工前，应对作业人员进行安全技术交底，并应记录。应对初次作业人员进行培训。

（4）应根据要求将各类安全警示标志悬挂于施工现场各相应部位，夜间应设红灯警示。高处作业施工前，应检查高处作业的安全标志、工具、仪表、电气设施和设备确认其完好后，方可进行施工。

（5）高处作业人员应根据作业的实际情况配备相应的高处作业安全防护用品，并应按规定正确佩戴和使用相应的安全防护用品、用具。

（6）对施工作业现场可能坠落的物料，应及时拆除或采取固定措施。高处作业所用的物料应堆放平稳，不得妨碍通行和装卸。工具应随手放入工具袋；作业中的走道、通道板和登高用具，应随时清理干净；拆卸下的物料及余料和废料应及时清理运走，不得随意放置或向下丢弃。传递物料时不得抛掷。

（7）高处作业应按现行国家标准《建设工程施工现场消防安全技术规范》(GB 50720－2011)的规定，采取防火措施。

（8）在雨、霜、雾、雪等天气进行高处作业时，应采取防滑、防冻和防雷措施，并应及时清除作业面上的水、冰、雪、霜。

当遇有 6 级及以上强风、浓雾、沙尘暴等恶劣气候，不得进行露天攀登与悬空高处作业。雨雪天气后，应对高处作业安全设施进行检查，当发现有松动、变形、损坏或脱落等现象时，应立即修理完善，维修合格后方可使用。

（9）对需临时拆除或变动的安全防护设施，应采取可靠措施，作业后应立即恢复。

（10）安全防护设施验收应包括下列主要内容：

① 防护栏杆的设置与搭设；

② 攀登与悬空作业的用具与设施搭设；

③ 操作平台及平台防护设施的搭设；

④ 防护棚的搭设；

⑤ 安全网的设置；

⑥ 安全防护设施、设备的性能与质量、所用的材料、配件的规格;

⑦ 设施的节点构造,材料配件的规格、材质及其与建筑物的固定、连接状况。

(11) 安全防护设施验收资料应包括下列主要内容:

① 施工组织设计中的安全技术措施或施工方案;

② 安全防护用品用具、材料和设备产品合格证明;

③ 安全防护设施验收记录;

④ 预埋件隐蔽验收记录;

⑤ 安全防护设施变更记录。

(12) 应有专人对各类安全防护设施进行检查和维修保养,发现隐患应及时采取整改措施。

(13) 安全防护设施宜采用定型化、工具化设施,防护栏应为黑黄或红白相间的条纹标示,盖件应为黄或红色标示。

4.1.2　安全帽、安全带、安全网

> **事故案例:**2020 年 11 月 30 日,常熟巴德富科技有限公司(位于经开区)发生一起高处坠落事故,致一人死亡。2020 年 11 月 30 日晚 23 时 30 分左右,常熟巴德富科技有限公司生产部操作工向某(男,45 岁,湖南省桑植县人)接到中控室操作工徐某的作业通知后,前往 1♯乳液胶黏剂车间三楼对 22♯反应釜进行洗釜作业。清洗方式为操作工站在反应釜作业平台,使用气泵连接高压水管从人孔处对反应釜内壁进行冲洗。至 23 时 50 分左右,生产部操作工王某在车间巡检过程中发现向某倒在 22♯反应釜底部,头部有伤口在流血。于次日身亡。
>
> **事故直接原因:**工人向某未正确佩戴安全帽。

1. 安全帽

1) 安全帽的组成

安全帽是指对人头部受坠落物及其他特定因素引起的伤害起防护作用的帽子,可防止或减轻人的头部受到的外力伤害,因此,对于建筑、矿山、隧道等危险作业场所施工的作业人员必须佩戴安全帽。

安全帽由帽壳、帽衬、下颏带及附件等组成,如图 4-1-2。

微课视频

三宝:安全帽、安全带、安全网

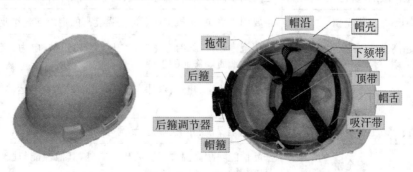

图 4-1-2　安全帽组成

（1）帽壳

帽壳是安全帽的主要部件，一般采用椭圆形或半球形薄壳结构。这种结构可以避免冲击应力集中，减少了单位面积受力。

帽壳内部尺寸一般为长 195 mm～250 mm；宽 170 mm～220 mm；高 120 mm～150 mm；帽舌 10 mm～70 mm；帽檐不大于 70 mm。

（2）帽衬

帽衬是帽壳内直接与佩戴者头顶部接触部件的总称，其由帽箍环带、顶带、护带、托带、吸汗带、衬垫拴拴绳等组成。

帽衬的材料可用棉织带、合成纤维带和塑料衬带制成，帽箍为环状带，在佩戴时紧紧围绕人的头部，帽带的前额部分衬有吸汗带，具有一定的吸汗作用。帽壳与帽衬之间有 25～50 mm 的间隙，可以缓冲减震，减少物体重击时对头顶部的影响。顶带是与人头顶部相接触的衬带，帽箍环形带可分成固定带和可调节带两种，帽箍有加后颈箍和无后颈箍两种，后箍是帽箍的锁紧装置。

（3）下颏带

下颏带是系在下颏上的带子，辅助保持安全帽的状态和位置，系带采用宽度不小于 10 mm 的带或直径不小于 5 mm 的绳。

当作业人员头部受到坠落物的冲击时，利用安全帽帽壳、帽衬在瞬间先将冲击力分解到头盖骨的整个面积上，然后利用安全帽各部位缓冲结构的弹性变形、塑性变形和允许的结构破坏将大部分冲击力吸收，使最后作用到人员头部的冲击力降低到 4 900 N 以下，从而起到保护作业人员头部的作用。

2）安全帽的分类及颜色

（1）材质

当前国内安全帽中种类繁多，根据应用环境不同，安全帽材质不同。

表 4-1-4　安全帽材质及应用领域

序号	材质	应用领域
1	玻璃钢安全帽	主要用于冶金高温作业场所、油田钻井森林采伐、供电线路、高层建筑施工以及寒冷地区施工场景。
2	聚碳酸酯塑料安全帽	主要用于油田钻井、森林采伐、供电线路、建筑施工等作业。
3	ABS 塑料安全帽	主要用于采矿、机械工业等冲击强度高的室内常温作业场所。
4	超高分子聚乙烯塑料安全帽	适用范围较广，如冶金化工、矿山、建筑、机械、电力、交通运输、林业和地质等作业的工种。
5	改性聚丙烯塑料安全帽	主要用于冶金、建筑、森林、电力、矿山、井上、交通运输等作业的工种。
6	胶布矿工安全帽	主要用于煤矿、井下、隧道、涵洞等场所的作业。
7	塑料矿工安全帽	产品性能除耐高温大于胶质矿工帽外，其他性能与胶质矿工帽基本相同。

（续表）

序号	材质	应用领域
8	防寒安全帽	适用于我国寒冷地区冬季野外和露天场所的作业，如矿山开采、地质钻探、林业采伐、建筑施工和港口装卸搬运等作业。
9	纸胶安全帽	适用于户外作业，作用为防太阳辐射、风沙和雨淋。
10	竹编安全帽	主要用于冶金、建筑、林业、矿山、码头、交通运输等作业。
11	其他编织安全帽	适用于南方炎热地区而无明火的作业场所。

（2）专业用途

安全帽产品按用途分有一般作业类（Y 类）安全帽和特殊作业类（T 类）安全帽两大类，其中 T 类中又分成五类，如表 4-1-5 所示。

表 4-1-5 安全帽专业用途

序号	类别	适用范围
1	T1 类	适用于有火源的作业场所
2	T2 类	适用于井下、隧道、地下工程、采伐等作业场所
3	T3 类	适用于易燃易爆作业场所
4	T4（绝缘）类	适用于带电作业场所
5	T5（低温）类	适用于低温作业场所

每种安全帽都具有一定的技术性能指标和适用范围，要根据所使用的行业和作业环境选购相应的产品，如建筑行业一般就选用 Y 类安全帽；在电力行业，因接触电网和电器设备，应选用 T4（绝缘）类安全帽；在易燃易爆的环境中作业，应选择 T3 类安全帽。

（3）颜色

白色安全帽一般为管理人员佩戴，如现场监理、单位中层及以上管理人员等。

红色安全帽（或蓝色安全帽）一般为技术人员佩戴，如现场技术人员、中低层管理人员等。

黄色安全帽最为普遍，黄色安全帽一般是普通作业人员，我国大部分工地的普通工人佩戴的都是黄色安全帽。

图 4-1-3 安全帽颜色

3）安全帽使用注意事项

（1）使用之前的检查

① 检查是否破损

购买安全帽，必须检查是否备有产品检验合格证，要选用符合《头部防护 安全帽》（GB 2811-2019）的规定。

在使用之前应检查安全帽的外观是否有裂纹、碰伤痕及、凹凸不平等破损，帽衬是否完整,帽衬的结构是否合格,帽带是否齐全,安全帽上如存在影响其性能的缺陷应及时更换,以免影响防护作用。

② 检查是否在使用有效期内

佩戴前确认安全帽是否合格,检查其安全标识,是否在使用有效期内。

安全标识是刻印、缝制、铆固标牌、模压或注塑在帽壳上的永久性标志。必须包括:

a) 本标准编号;

b) 制造厂名;

c) 生产日期(年、月);

d) 产品名称(由生产厂命名);

e) 产品的特殊技术性能。

a~d 项为必须包含的内容,e 项如果有,需要在安全标识上体现。

安全帽必须在有效期内才能使用,塑料安全帽的有效期限是两年半;玻璃钢(包括维纶钢)和胶质安全帽的有效期是三年半。

注意:安全帽的使用期限是从产品制造完成之日开始算起的,安全帽超过了有效期,必须进行抽样检验,检验合格的安全帽才能继续使用,不合格则需进行报废。

使用者不能随意在安全帽上拆卸或添加附件,不能随意调节帽衬的尺寸,以免影响其原有的防护性能。

(2) 安全帽的佩戴

凡进入施工现场的所有人员,都必须正确佩戴安全帽,作业中不得将安全帽脱下。

① 帽衬和帽壳调整好间距

安全帽帽衬和帽壳不能紧贴,应有一定的间隙,一般为 4~5 cm。

② 必须系紧下颚带

《头部防护 安全帽》规定,产品说明必须声明"为充分发挥保护力,且安全帽佩戴时必须按头围的大小调整帽箍并系紧下颚带"。佩戴者在使用时一定要将安全帽戴正、戴牢,不能晃动,要系紧下颚带,调节好后箍以防安全帽脱落。

(3) 安全帽的使用

安全帽体顶部除了在帽体内部安装了帽衬外,有的还开了小孔通风,但在使用时不能为了透气而随便再开孔。

由于安全帽在使用过程中,会逐渐损坏,所以要定期检查,检查有没有龟裂、下凹、裂痕和磨损等情况,发现异常现象要立即更换,不准继续使用。

严禁使用只有下颌带与帽壳连接的安全帽,也就是帽内无缓冲层的安全帽。

由于安全帽大部分是使用高密度低压聚乙烯塑料制成,具有硬化和变脆的性质。所以不易长时间地在阳光下曝晒。

新领的安全帽,首先检查是否有劳动部门允许生产的证明及产品合格证,再看是否有破损、薄厚不均,缓冲层及调整带和弹性带是否齐全有效。不符合规定要求的立即调换。

在现场室内作业也要戴安全帽,特别是在室内带电作业,更要认真戴好安全帽,因为安全帽不但可以防碰撞,且还能起到绝缘作用。

平时使用安全帽时应保持整洁,不能接触火源,不要任意涂刷油漆,不准当凳子坐,避免丢失,如果丢失或损坏,必须立即补发或更换,无安全帽一律不准进入施工现场。

2.安全带

安全带作为安全三宝之一,可预防高处作业人员坠落,减少意外发生时坠落对人体带来的巨大伤害,是高处作业最重要的生命线。

1) 安全带的分类

(1) 按种类分类

按照其种类及使用条件不同,安全带可以分为围杆作业安全带、区域限制安全带、坠落悬挂式安全带。

① 围杆作业安全带

围杆作业安全带是通过围绕在固定构造物上的绳或带将人体绑定在固定构造物附近,使作业人员的双手可以进行其他操作的安全带,适合于需要工作定位的各高处作业工种,如电线杆作业工、建筑工等。作业类别标记为W。

标准规范

安全带

图 4-1-4　围杆作业安全带示意图

② 区域限制安全带

区域限制安全带是用以限制作业人员的活动范围,避免其到达可能发生坠落区域的安全带。此种类型的安全带是在没有坠落风险的前提下使用的,可以是定位腰带,也可以是其他类型的安全带。作业类别标记为Q。

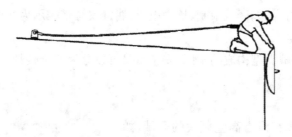

图 4-1-5　区域限制安全带示意图

③ 坠落悬挂安全带

坠落悬挂安全带是高处作业或登高人员发生坠落时,将作业人员安全悬挂的安全带。

作业类别标记为 Z。

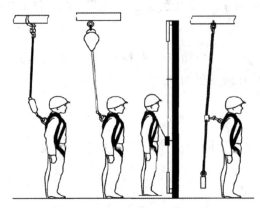

图 4-1-6 坠落悬挂安全带示意图

围杆作业安全带和区域限制安全带不应用于悬吊作业、救援、非自主升降。

安全带的标记由作业类别、产品性能两部分组成,采用汉语拼音字母依前、后顺序分别表示,符号含义如下表。

表 4-1-6 安全带标记含义

项目	字母	含义
作业类别	W	围杆作业安全带
	Q	区域限制安全带
	Z	坠落悬挂安全带
产品性能	Y	一般性能
	J	抗静电性能
	R	抗阻燃性能
	F	抗腐蚀性能
	T	适合特殊环境

示例:围杆作业、一般安全带表示为"W-Y"。

产品性能可以组合,如区域限制、抗静电、抗腐蚀安全带表示为"Q-JF"。

(2)按构成分类

根据其操作、穿戴类型构成的不同,安全带又可以分为安全腰带、半身式安全带、全身式安全带。

① 安全腰带

安全腰带只可用在没有高坠风险的区域,如进行区域限制,适合变电站检修试验、110 kV 及以下变电站构架作业、35 kV 及以下配电线路高空作业。

图 4-1-7 安全腰带示意图

② 半身式安全带

半身式安全带也称为三点式安全带,只紧固上半身的一种安全带,但当发生高坠时,冲击力全部集中在人体的上半身,不能有效的缓冲,会导致人体内脏受到伤害致使人体腰部受伤,不建议作为高坠使用,可作为区域限制使用,适用于 220 kV 变电站构架作业和 110 kV 线路高空作业以及其他必须使用区域限制安全带的工作。

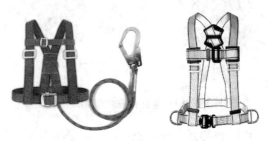

图 4－1－8　半身式安全带示意图

③ 全身式安全带

此类型安全带也被称之为五点式安全带,比半身式安全带多了两个腿部的套索,可有效地将冲击力分散至全身,减少上半身的负担,适用于 220 kV 及以上输电线路或工作高度在 30 米以上的高空作业、500 kV 及以上的变电站构架作业以及其他必须使用坠落悬挂安全带的工作。

图 4－1－9　全身式安全带示意图

2)安全带的组成

不同类型安全带组成具体如下表。

表 4－1－7　安全带组成

分类	部件组成	挂点装置
围杆作业安全带	系带、连接器、调节器(调节扣)、围杆带(围杆绳)	杆(柱)
区域限制安全带	系带、连接器(可选)、安全绳、调节器、连接器	挂点
	系带、连接器(可选)、安全绳、调节器、连接器、滑车	导轨
坠落悬挂安全带	系带、连接器(可选)、缓冲器(可选)、安全绳、连接器、自锁器	挂点
	系带、连接器(可选)、缓冲器(可选)、速差自控器、连接器	导轨

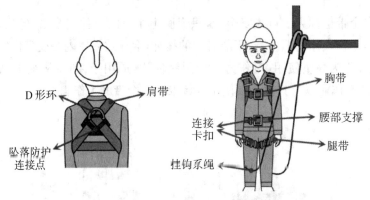

图 4-1-10 全身式安全带构成示意图

（1）安全绳，是安全带中连接系带与挂点的绳（带、钢丝绳）。安全绳一般起扩大或限制佩戴者活动范围、吸收冲击能量的作用。

（2）缓冲器，串联在系带和挂点之间，发生坠落时吸收部分冲击能量、降低冲击力。

（3）速差自控器是收放式防坠器，安装在挂点上，装有可伸缩长度的绳（带、钢丝绳），串联在系带和挂点之间，在坠落发生时因速度变化引发制动作用。

（4）自锁器是导向式防坠器，附着在导轨上、由坠落动作引发制动作用。

（5）系带，坠落时支撑和控制人体、分散冲击力，避免人体受到伤害。系带由织带、带扣及其他金属部件组成。

（6）连接器是具有常闭活门的连接部件。该部件用于将系带和绳或绳和挂点连接在一起。

（7）护腰带是同单腰带一起使用的宽带。该部件起分散压力、提高舒适程度的作用。

（8）调节器，用于调整安全绳长短。

（9）挂点装置是连接安全带与固定构造物的装置。挂点装置不是安全带的组成部分，但同安全带的使用密切相关。挂点是连接安全带与固定构造物的固定点，导轨是附着自锁器的具有固定方向的柔性绳索或刚性滑道，自锁器在导轨上可滑动。发生坠落时自锁器可锁定在导轨上。

安全带的腰带和保险带、绳应有足够的机械强度，材质应有耐磨性，卡环（钩）应具有保险装置。

3）安全带的使用与维护

（1）使用前检查安全带

在使用安全带之前必须要对安全带进行全面的检查，必须符合《坠落防护 安全带》（GB 6095-2021）规范要求。

① 外观检查

组件完整、无短缺、无伤残破损；

绳索、编带无脆裂、断股或扭结；

金属配件无裂纹、焊接无缺陷、无严重锈蚀；

挂钩的钩舌咬口平整不错位,保险装置完整可靠;

铆钉无明显偏位,表面平整等。

如果安全带出现破烂或磨损,则不能使用。

② 安全标识检查

安全带的标识由永久标识和产品说明组成。

安全带标识应固定于系带,加护套或以其他方式进行必要保护。安全带标识应至少包括以下内容:

a) 产品名称;

b) 执行标准《坠落防护 安全带》(GB 6095 - 2021);

c) 分类标记(围杆作业、区域限制或坠落悬挂);

d) 制造商名称或标记及产地;

e) 合格品标记;

f) 生产日期(年、月);

g) 不同类型零部件组合使用时的伸展长度(适用于坠落悬挂);

h) 醒目的标记或文字提醒用户使用前应仔细阅读制造商提供的信息;

i) 国家法律法规要求的其他标识。

安全带的制造商应以产品说明书或其他形式为每套安全带提供必要的信息用于产品的连接组装、使用维护等,应至少包括以下内容:制造商标识;适用和不适用对象、场合的描述;本安全带所连接的各部件种类及执行标准清单;安全带中所使用的字母、符号意义说明;安全带各部件间正确的组合及连接方法;安全带同挂点装置的连接方法;扎紧扣的使用方法及扎紧程度;对可能对安全带产生损害的危险因素描述等等。具体内容详见《坠落防护 安全带》规范要求。

安全带使用前检查有无检验合格标签及合格标签是否在合格有效期内,新使用的安全带必须有产品检验合格证,没有合格证的不允许使用。

(2) 安全带的使用要求

① 正确穿戴安全带,拉平,不能扭曲,束紧腰带,腰扣组件必须系紧系正,确保安全带的尺寸合适。

② 凡坠落高度在基准面 2 m 以上(含 2 m)存在坠落风险的作业均视为高处作业,高处作业人员必须按要求系挂安全带。如在没有防护设施的高处悬崖、陡坡施工时,必须系好安全带。

在攀登和悬空等作业中,必须佩戴安全带并有牢靠的挂钩设施。

③ 安全带使用中,要可靠地挂在牢固的地方,禁止把安全带挂在移动或带尖锐棱角或不牢固的物件上。

如安全带无固定挂处,应采用适当强度的钢丝绳或采取其他方法,把安全带挂在安全绳的挂环上。

⑤ 安全带要高挂低用,高度不得低于腰部,严禁低挂高用。

⑥ 安全带绳保护套要保持完好,以防绳被磨损。若发现保护套损坏或脱落,必须加

上新套后再使用。

⑦ 安全带严禁擅自接长使用。安全绳的长度限制在 1.5～2.0 m,使用 3 m 以上长绳应加缓冲器,各部件不得任意拆除。

⑧ 安全带使用期一般为 3～5 年,发现异常应提前报废。

（3）安全带保管与检验

① 安全带的储存

安全带应储藏在室温 0～30℃、相对湿度 80％以下的干燥、通风的仓库内。不应接触高温、明火、强酸和尖锐的坚硬物体,不应曝晒。

② 安全带定期试验

使用前必须对安全带进行目视检查,不符合要求的不准使用。安全带上的各种部件不得任意拆掉,使用频繁的绳要经常做外观检查,使用两年后要做抽检,抽验过的样带要换新绳。

安全带的检验应按《坠落防护 安全带测试方法》(GB/T 6096－2020)进行,定期或抽样试验用过的安全带,不合格的不准再继续使用。

安全带在使用后,要注意维护和保管。要经常检查安全带缝制部分和挂钩部分,必须详细检查捻线是否断裂和残损等。

3. 安全网

安全网是在进行高空建筑施工、设备安装过程中,在其下设置的起保护作用的网,减少因人或物的坠落而造成的事故伤害。

安全网一般由网体、边绳、系绳等构件组成。网体由单丝、线、绳等编织或采用其他成网工艺制成的,构成安全网主体的网体状物。编结物体相邻两个绳结之间的距离称为网目尺寸。

边绳是沿网体边缘与网体连接的绳,安全网的尺寸(公称尺寸)即由边绳的尺寸而定。

筋绳是为增加安全网强度而有规则地穿在网体上的绳。此外,凡用于增加安全网强度的绳,则统称为筋绳。

图 4－1－11 安全网

安全网的材料,要求其比重小、强度高、耐磨性好、延伸率大和耐久性较强。此外还应有一定的耐气候性能,受潮受湿后其强度下降不太大,目前,安全网以化学纤维为主要材料。

同一张安全网上所有的网绳,都要采用同一材料,所有材料的湿干强度比不得低于

75％。通常,多采用维纶和尼龙等合成化纤作网绳。丙纶由于性能不稳定,被禁止使用。

此外,只要符合国际有关规定的要求,亦可采用棉、麻、棕等植物材料作原料。不论用何种材料,每张安全平网的重量一般不宜超过 15 kg,并要能承受 800 N 的冲击力。

1) 安全网的分类

安全网按照功能可以分为安全平网、安全立网和密目式安全立网。

(1) 安全平网

安装平面不垂直于水平面,用来防止人、物坠落,或用来避免、减轻坠落及物击伤害的安全网,简称为平网。

(2) 安全立网

安全立网安装平面垂直于水平面,用来防止人、物坠落,或用来避免,减轻坠落及物击伤害的安全网,简称为立网。

(3) 密目式安全立网

密目式安全立网,网眼孔径不大于 12 mm,垂直于水平面安装,用于阻挡人员视线、自然风飞溅及失控小物体的网,简称为密目网。密目网一般由网体、开眼环扣、边绳和附加系绳组成。

密目式安全网的规格有两种:ML 1.8 m×6 m 和 ML 1.5 m×6 m。1.8 m×6 m 的密目网重量大于或等于 3 kg。密目式安全网的目数为在网上任意一处的 10 cm×10 cm＝100 cm² 的面积上,大于 2 000 目。

2) 安全网的技术要求

(1) 平(立)网

① 材料

平(立)网可采用锦纶、维纶、涤纶或其他材料制成,其物理性能、耐候性应符合《安全网》(GB 5725 - 2009)标准的相关规定。单张平(立)网质量不宜超过 15 kg。

② 尺寸规格

平(立)网的网目形状应为菱形或方形,其网目边长不应大于 8 cm。

平网宽度不应小于 3 m,立网宽(高)度不应小于 1.2 m,平(立)网的规格尺寸与其标称规格尺寸的允许偏差为±4％。

③ 网绳、边绳、系绳、筋绳要求

平(立)网上所用的网绳,边绳、系绳、筋绳均应由不小于 3 股单绳制成。绳头部分应经过编花、燎烫等处理,不应散开。

平(立)网的系绳与网体应牢固连接,各系绳沿网边均匀分布,相邻两系绳间距不应大于 75 cm,系绳长度不小于 80 cm。当筋绳加长用作系绳时,其系绳部分必须加长,边绳系紧后,再折回边绳系紧,至少形成双根。

平(立)网如有筋绳,筋绳分布应合理,平网上两根相邻筋纯的距离不应小于 30 cm。

(2) 密目式安全网

密目式安全网分为 A 级和 B 级。在有坠落风险的场所使用的密目式安全立网,简称为 A 级密目网;在没有坠落风险或配合安全立网(护栏)完成坠落保护功能的密目式安全立网,简称为 B 级密目网。

① 一般要求

缝线不应有跳针、漏缝、缝边应均匀。

每张密目网允许有一个缝接,缝接部位应端正牢固。

网体上不应有断纱破洞、变形及有碍使用的编织缺陷。

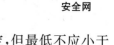

安全网

密目网各边缘部位的开眼环扣应牢固可靠。

密目网的宽度应介于(1.2~2)m。长度由合同双方协议条款指定,但最低不应小于 2 m。

网目、网宽度的允许偏差为±5%。

开眼环扣孔径不应小于 8 mm。

网眼孔径不应大于 12 mm。

② 基本性能

长、宽方向的断裂强力(kN)×断裂伸长(mm):A 级不应小于 65 kN·mm,B 级不应小于 50 kN·mm。

接缝部位抗拉强力不应小于断裂强力。

长、宽方向的梯形法测试的撕裂强力不应小于对应方向断裂强力的 5%。

长、宽方向的开眼环扣强力(N)不应小于 2.45 倍对应方向环扣间距。

系绳断裂强力不应小于 2 000 N。

密目网不应被贯穿或出现明显损伤。

边绳不应破断且网体撕裂形成的孔洞不应大于 200 mm×50 mm。

金属零件应无红锈及明显腐蚀。

纵、横方向的续燃及阴燃时间不应大于 4 s。

3)安全网的分类标记

(1)平(立)网

平(立)网的分类标记由产品材料、产品分类及产品规格尺寸三部分组成:

产品分类以字母 P 代表平网、字母 L 代表立网;

产品规格尺寸以宽度×长度表示,单位为米;

阻燃型网应在分类标记后加注"阻燃"字样。

示例 1:宽度为 3 m,长度为 6 m,材料为锦纶的平网表示为:锦纶 P—3×6;

示例 2:宽度为 1.5 m,长度为 6 m,材料为维纶的阻燃型立网表示为:维纶 L—1.5×6 阻燃。

(2)密目网

密目网的分类标记由产品分类、产品规格尺寸和产品级别三部分组成:

产品分类以字母 ML 代表密目网;

产品规格尺寸以宽度×长度表示,单位为米;

产品级别分为 A 级和 B 级。

示例:宽度为 1.8 m,长度为 10 m 的 A 级密目网表示为"ML—1.8×10 A 级"。

4) 安全网的选用

(1) 建筑施工安全网的选用应符合下列规定：

① 安全网材质、规格、物理性能、耐火性、阻燃性应满足现行国家标准《安全网》(GB 5725—2009)的规定；

② 密目式安全立网的网目密度应为 10 cm×10 cm 面积上大于或等于 2 000 目。

(2) 采用平网防护时，严禁使用密目式安全立网代替平网使用。

(3) 密目式安全立网使用前，应检查产品分类标记、产品合格证、网目数及网体重量，确认合格方可使用。

5) 安全网的搭设

(1) 安全网搭设应绑扎牢固、网间严密安全网的支撑架应具有足够的强度和稳定性。

(2) 密目式安全立网搭设时，每个开眼环扣应穿入系绳，系绳应绑扎在支撑架上，间距不得大于 450 mm。相邻密目网间应紧密结合或重叠。

(3) 当立网用于龙门架、物料提升架及井架的封闭防护时，四周边绳应与支撑架贴紧，边绳的断裂张力不得小于 3 kN，系绳应绑在支撑架上，间距不得大于 750 mm。

(4) 用于电梯井、钢结构和框架结构及构筑物封闭防护的平网，应符合下列规定：

① 平网每个系结点上的边绳应与支撑架靠紧，边绳的断裂张力不得小于 7 kN，系绳沿网边应均匀分布，间距不得大于 750 mm；

② 电梯井内平网网体与井壁的空隙不得大于 25 mm，安全网拉结应牢固。

6) 安全网的检验与管理

(1) 使用前的检查

安全网搭设完毕后，须经安检部门检验，合格后方可使用。

(2) 使用过程中的检查

在施工过程中每两周或一月要做一次检查。当安全网受到较大冲击后也应立即检查。每隔 3 个月按批号对试验网绳进行强力实验一次，并做好试验记录。每年还应做抽样冲击试验一次。

(3) 安全网的保管

安全网就由专人负责购置、保管、发放和收存，网体在入库及库存时，要查验网上在两个不同的位置所附的法定的永久性标牌。严禁采购使用无产品说明书和无质量检验合格证书的安全网。

在使用过程中，要配备专人负责保养安全网，并及时做检查和维修。网内的坠落物经常清理，保持网体干净，还要避免大量焊渣或其他火星落入网内。当网体受到化学品的污染或网绳嵌入粗砂粒或其他可能引起磨损的异物时，必须进行清洗，洗后自然干燥。

使用过后拆下的网，要有安检部门作全面检验并签定合格使用的证明，方可入库存放或重新使用。

安全网在搬运中不可使用带刺的工具，以防损伤安全网。

(4) 安全网的拆除

安全网的拆除应在施工全部完成，作业全部停止之后，经过项目主管安全的经理同意,方可拆除,拆除过程中要有专人监护。

拆除的顺序,应自上而下依次进行,下方应设警戒区,并设"禁止通行"等安全标志。

4.1.3 洞口防护与临边防护

1. 洞口作业

洞口作业时,应采取防坠落措施,并符合以下规定:

1) 竖向洞口

(1) 当竖向洞口短边边长小于 500 mm 时,应采取封堵措施;

(2) 当垂直洞口短边边长大于或等于 500 mm 时,应在临空一侧设置高度不小于 1.2 m 的防护栏杆,并应采用密目式安全立网或工具式栏板封闭,设置挡脚板;

(3) 墙面等处落地的竖向洞口、窗台高度低于 800 mm 的竖向洞口及框架结构在浇筑完混凝土未砌筑墙体时的洞口,应按临边防护要求设置防护栏杆。

2) 非竖向洞口

(1) 短边边长为 25 mm～500 mm

当非竖向洞口短边边长为 25 mm～500 mm 时,应采用承载力满足使用要求的盖板覆盖,盖板四周搁置应均衡,且应防止盖板移位。

① 如边长在 25～200 mm(含 200 mm)的水平洞口防护,一般可采用洞口楔紧 2 根木枋(立放),上盖 18 mm 厚木胶合板用铁钉钉牢,面层刷红白相间的警示油漆,间距 20 cm,角度 45°。

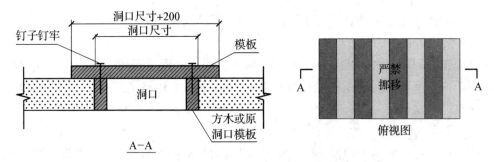

图 4-1-12　非竖向洞口(200～500 mm)防护示意图

② 若边长在 200～500 mm(含 500 mm)的水平洞口防护,一般可采用洞口上部盖 18 mm 厚木胶合板用 $\phi 8$ 膨胀螺栓固定,面层刷斜 45° 红白相间的警示油漆带,间距 20 cm。

(2) 短边边长为 500 mm～1 500 mm

当非竖向洞口短边边长为 500 mm～1 500 mm 时,应采用盖板覆盖或防护栏杆等措施,并应固定牢固。

洞口盖板应能承受不小于 1 kN 的集中荷载和不小于 2 kN/m² 的均布荷载,有特殊要求的盖板应另行设计。

一般可采用洞口上部铺木枋(立放),间隔 400 mm 上盖 18 mm 厚木胶合板用铁钉钉牢,木枋侧面与地面之间的缝隙也用 18 mm 厚木胶合板封严,面层刷斜 45°红白相间的警示油漆带,间距 20 cm。

洞口周边设置交圈的 φ48 钢管防护栏杆,防护栏杆的水平杆、立杆刷间距为 400 mm 红白相间油漆,并在最上一道水平杠处悬挂"当心坠落"警示标志。

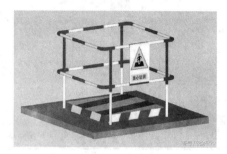

图 4-1-13　非竖向洞口(500 mm~1 500 mm)防护示意图

(3)短边边长大于或等于 1 500 mm

当非竖向洞口短边边长大于或等于 1 500 mm 时,洞口周边设置高度不小于 1.2 m 的钢管防护栏杆,立杆间距不大于 1 800 mm,防护栏杆下部设置不小于 18 mm 厚木胶合板挡脚板,防护栏杆的水平杆、立杆以及挡脚板,刷间距为 400 mm 红白或黄白相间的警示油漆,防护栏杆外立面满挂密目安全网并在最上一道水平杠处悬挂"当心坠落"警示标志。洞口应用安全平网封闭。

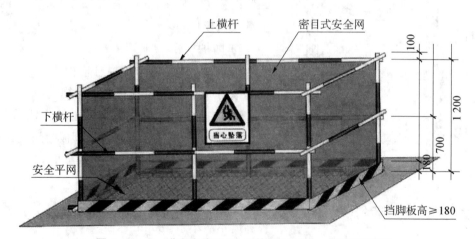

图 4-1-14　非竖向洞口(大于等于 1 500 mm)防护示意图

3)电梯井口

电梯井口应设置定型化防护门,其高度不应小于 1.5 m,防护门底端距地面高度不应大于 50 mm,并应设置挡脚板,挡脚板高度不小于 180 mm。

在电梯施工前,电梯井道内应每隔 2 层且不大于 10 m 加设一道安全平网。电梯井内的施工层上部,应设置隔离防护设施。

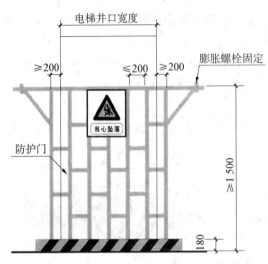

图 4-1-15 电梯井口防护门示意图

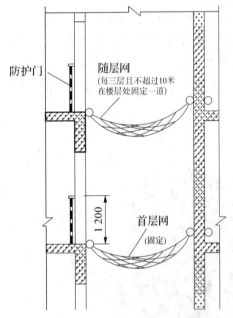

图 4-1-16 电梯井安全平网示意图

2.临边作业

施工现场内的作业区、作业平台、人行通道、施工通道、运输接料平台等施工活动场所,坠落高度基准面 2 m 及以上进行临边作业时,应在临空一侧设置防护栏杆,并应采用密目式安全立网或工具式栏板封闭。

1)防护栏杆

(1)临边作业的防护栏杆应由横杆、立杆及挡脚板组成,防护栏杆应符合下列规定:

① 防护栏杆应为两道横杆,上杆距地面高度应为 11.2 m,下杆应在上杆和挡脚板中间设置;

② 当防护栏杆高度大于 1.2 m 时,应增设横杆,横杆间距不应大于 600 mm;

③ 防护栏杆立杆间距不应大于 2 m;4 挡脚板高度不应小于 180 mm。

(2)防护栏杆立杆底端应固定牢固,并应符合下列规定:

① 当在土体上固定时,应采用预埋或打入方式固定;

② 当在混凝土楼面、地面、屋面或墙面固定时,应将预埋件与立杆连接牢固;

③ 当在砌体上固定时,应预先砌入相应规格含有预埋件的混凝土块,预埋件应与立杆连接牢固。

(3)防护栏杆杆件的规格及连接,应符合下列规定:

① 当采用钢管作为防护栏杆杆件时,横杆及栏杆立杆应采用脚手钢管,并应采用扣件、焊接、定型套管等方式进行连接固定;

② 当采用其他材料作防护栏杆杆件时,应选用与钢管材质强度相当的材料,并应采用螺栓、销轴或焊接等方式进行连接固定。

(4) 防护栏杆的立杆和横杆的设置、固定及连接,应确保防护栏杆在上下横杆和立杆任何部位处,均能承受任何方向1kN的外力作用。当栏杆所处位置有发生人群拥挤、物件碰撞等可能时,应加大横杆截面或加密立杆间距。

(5) 防护栏杆应张挂密目式安全立网或其他材料封闭。

(6) 防护栏杆的设计计算应符合《建筑施工高处作业安全技术规范》(JGJ 80-2016)附录 A 的规定。

微课视频

施工现场
临边防护

2) 楼梯临边

(1) 施工的楼梯口、楼梯平台和梯段边,应安装防护栏杆;

(2) 外设楼梯口、楼梯平台和梯段边还应采用密目式安全立网封闭。

图 4-1-17　楼梯临边防护示例

3) 停层平台

(1) 施工升降机、龙门架和井架物料提升机等在建筑物间设置的停层平台两侧边,应设置防护栏杆、挡脚板并应采用密目式安全立网或工具式栏板封闭。

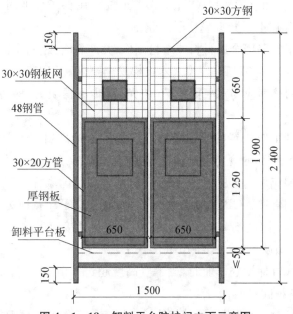

图 4-1-18　卸料平台防护门立面示意图

（2）停层平台口应设置高度不低于 1.80 m 的楼层防护门，并应设置防外开装置。

（3）井架物料提升机通道中间，应分别设置隔离设施。

图 4 - 1 - 19　施工电梯防护门示例

4.1.4　攀登与悬空作业

1. 攀登作业

攀登作业是指在施工现场，凡是借助于登高用具或登高设施，在攀登的条件下进行的高处作业。登高作业应借助施工通道、梯子及其他攀登设施和用具，攀登作业设施和用具应牢固可靠。

（1）当采用梯子攀爬作用时，踏面荷载不应大于 1.1 kN；当梯面有特殊作业时，应按实际情况进行专项设计。

（2）同一梯子上不得两人同时作业。在通道处使用梯子作业时，应有专人监护或设置围栏。脚手架操作层上严禁架设梯子作业。

（3）便携式梯子宜采用金属材料或木材制作，并应符合现行国家标准《便携式金属梯安全要求》（GB 12142 - 2007）和《便携式木折梯安全要求》（GB 7059 - 2007）的规定。

（4）使用单梯时梯面应与水平面成 75°夹角，踏步不得缺失，梯格间距宜为 300 mm，不得垫高使用。

（5）折梯张开到工作位置的倾角应符合现行国家标准《便携式金属梯安全要求》和《便携式木折梯安全要求》的规定，并应有整体的金属撑杆或可靠的锁定装置。

（6）固定式直梯应采用金属材料制成，并应符合现行国家标准《固定式钢梯及平台安全要求 第 1 部分：钢直梯》（GB 4053.1 - 2009）的规定；梯子净宽应为 400 mm～600 mm，固定直梯的支撑应采用不小于∟70×6 的角钢，埋设与焊接应牢固。直梯顶端的踏步应与攀登顶面齐平，并应加设 1.1 m～1.5 m 高的扶手。

（7）使用固定式直梯攀登作业时，当攀登高度超过 3 m 时，宜加设护笼；当攀登高度超过 8 m 时，应设置梯间平台。

（8）钢结构安装时，应使用梯子或其他登高设施攀登作业。坠落高度超过 2 m 时，应设置操作平台。

（9）当安装屋架时，应在屋脊处设置扶梯。扶梯踏步间距不应大于 400 mm。屋架杆件安装时搭设的操作平台，应设置防护栏杆或使用作业人员拴挂安全带的安全绳。

（10）深基坑施工应设置扶梯、入坑踏步及专用载人设备或斜道等设施。采用斜道时，应加设间距不大于 400 mm 的防滑条等防滑措施。作业人员严禁沿坑壁、支撑或乘运土工具上下。

2. 悬空作业

悬空作业是指无立足点或无牢靠立足点的条件下进行的高处作业。建筑施工现场的悬空作业，主要是指从事建筑物或构筑物结构主体和相关装修施工的悬空操作，一般包括构件吊装与管道安装、模板支撑与拆卸、钢筋绑扎和预应力张拉、混凝土浇筑、屋面作业和外墙作业等六类。

悬空作业的立足处的设置应牢固，并应配置登高和防坠落装置和设施。

（1）构件吊装和管道安装

构件吊装和管道安装时的悬空作业应符合下列规定：

① 钢结构吊装，构件宜在地面组装，安全设施应一并设置；

② 吊装钢筋混凝土屋架、梁、柱等大型构件前，应在构件上预先设置登高通道、操作立足点等安全设施；

③ 在高空安装大模板、吊装第一块预制构件或单独的大中型预制构件时，应站在作业平台上操作；

④ 钢结构安装施工宜在施工层搭设水平通道，水平通道两侧应设置防护栏杆；当利用钢梁作为水平通道时，应在钢梁　侧设置连续的安全绳，安全绳宜采用钢丝绳；

⑤ 钢结构、管道等安装施工的安全防护宜采用工具化、定型化设施。

严禁在未固定、无防护设施的构件及管道上进行作业或通行。

当利用吊车梁等构件作为水平通道时，临空面的一侧应设置连续的栏杆等防护措施。当安全绳为钢索时，钢索的一端应采用花篮螺栓收紧；当安全绳为钢丝绳时，钢丝绳的自然下垂度不应大于绳长的 1/20，并不应大于 100 mm。

（2）模板支撑体系搭设和拆卸

模板支撑体系搭设和拆卸的悬空作业，应符合下列规定：

① 模板支撑的搭设和拆卸应按规定程序进行，不得在上下同一垂直面上同时装拆模板；

② 在坠落高度基准面 2 m 及以上高处搭设与拆除柱模板及悬挑结构的模板时，应设置操作平台；

③ 在进行高处拆模作业时应配置登高用具或搭设支架。

（3）绑扎钢筋和预应力张拉

绑扎钢筋和预应力张拉的悬空作业应符合下列规定：

① 绑扎立柱和墙体钢筋，不得沿钢筋骨架攀登或站在骨架上作业；

② 在坠落高度基准面 2 m 及以上高处绑扎柱钢筋和进行预应力张拉时,应搭设操作平台。

(4) 混凝土浇筑与结构施工

混凝土浇筑与结构施工的悬空作业应符合下列规定:

① 浇筑高度 2 m 及以上的混凝土结构构件时,应设置脚手架或操作平台;

② 悬挑的混凝土梁和檐、外墙和边柱等结构施工时,应搭设脚手架或操作平台。

(5) 屋面作业

屋面作业时应符合下列规定:

① 在坡度大于 25°的屋面上作业,当无外脚手架时,应在屋檐边设置不低于 1.5 m 高的防护栏杆,并应采用密目式安全立网全封闭;

② 在轻质型材等屋面上作业应搭设临时走道板,不得在轻质型材上行走;安装轻质型材板前,应采取在梁下支设安全平网或搭设脚手架等安全防护措施。

(6) 外墙作业

外墙作业时应符合下列规定:

① 门窗作业时,应有防坠落措施,操作人员在无安全防护措施时,不得站立在窗台、阳台栏板上作业;

② 高处作业不得使用座板式单人吊具,不得使用自制吊篮。

4.1.5 操作平台与交叉作业

1. 操作平台作业

操作平台是指在建筑施工现场,用以站人、卸料,并可进行操作的平台。操作平台有移动式操作平台、落地式操作平台、悬挑式操作平台三种。操作平台作业是指供施工操作人员在操作平台上进行砌筑、绑扎、装修以及粉刷等的高处作业。

1) 一般规定

(1) 操作平台应通过设计计算,并应编制专项方案,架体构造与材质应满足国家现行相关标准的规定

(2) 操作平台的架体结构应采用钢管、型钢及其他等效性能材料组装,并应符合现行国家标准《钢结构设计标准》(GB 50017 - 2017)及国家现行有关脚手架标准的规定。平台面铺设的钢、木或竹胶合板等材质的脚手板,应符合材质和承载力要求,并应平整满铺及可靠固定。

(3) 操作平台的临边应设置防护栏杆,单独设置的操作平台应设置供人上下、踏步间距不大于 400 mm 的扶梯。

(4) 应在操作平台明显位置设置标明允许负载值的限载牌及限定允许的作业人数,物料应及时转运,不得超重、超高堆放。

(5) 操作平台使用中应每月不少于 1 次定期检查,应由专人进行日常维护工作,及时消除安全隐患。

2) 移动式操作平台

（1）移动式操作平台面积不宜大于 10 m²，高度不宜大于 5 m，高宽比不应大于 2∶1，施工荷载不应大于 1.5 kN/m²。

（2）移动式操作平台的轮子与平台架体连接应牢固，立柱底端离地面不得大于80 mm，行走轮和导向轮应配有制动器或刹车闸等制动措施。

（3）移动式行走轮承载力不应小于 5 kN，制动力矩不应小于 2.5 N·m，移动式操作平台架体应保持垂直，不得弯曲变形，制动器除在移动情况外，均应保持制动状态。

（4）移动式操作平台移动时，操作平台上不得站人。

（5）移动式升降工作平台应符合现行国家标准《移动式升降工作平台 设计计算、安全要求和测试方法》(GB/T 25849 - 2010)和《移动式升降工作平台 安全规则、检查、维护和操作》(GB/T 27548 - 2011)的要求。

（6）移动式操作平台的结构设计计算应符合《建筑施工高处作业安全技术规范》(JGJ 80 - 2016)规定。

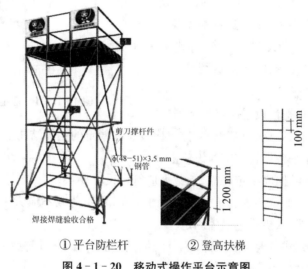

① 平台防栏杆　　② 登高扶梯

图 4 - 1 - 20　移动式操作平台示意图

3) 落地式操作平台

（1）落地式操作平台架体构造应符合下列规定：

① 操作平台高度不应大于 15 m 高宽比不应大于 3∶1；

② 施工平台的施工荷载不应大于 2.0 kN/m²；当接料平台的施工荷载大于2.0 kN/m²时，应进行专项设计；

③ 操作平台应与建筑物进行刚性连接或加设防倾措施，不得与脚手架连接；

④ 用脚手架搭设操作平台时，其立杆间距和步距等结构要求应符合国家现行相关脚手架规范的规定；应在立杆下部设置底座或垫板、纵向与横向扫地杆，并应在外立面设置剪刀撑或斜撑；

⑤ 操作平台应从底层第一步水平杆起逐层设置连墙件，且连墙件间隔不应大于 4 m，

并应设置水平剪刀撑。连墙件应为可承受拉力和压力的构件,并应与建筑结构可靠连接。

（2）落地式操作平台搭设材料及搭设技术要求、允许偏差应符合国家现行相关脚手架标准的规定。

（3）落地式操作平台应按国家现行相关脚手架标准的规定计算受弯构件强度、连接扣件抗滑承载力、立杆稳定性、连墙杆件强度与稳定性及连接强度、立杆地基承载力等。

（4）落地式操作平台一次搭设高度不应超过相邻连墙件以上两步。

（5）落地式操作平台拆除应由上而下逐层进行,严禁上下同时作业,连墙件应随施工进度逐层拆除。

（6）落地式操作平台检查验收应符合下列规定:

① 操作平台的钢管和扣件应有产品合格证;

② 搭设前应对基础进行检查验收,搭设中应随施工进度按结构层对操作平台进行检查验收;

③ 遇 6 级以上大风、雷雨、大雪等恶劣天气及停用超过 1 个月,恢复使用前,应进行检查。

A—顶立柱;B—标准立柱;C—1 m 平台;
D—1.5 m 平台;E—底座;G—驱动器

图 4 - 1 - 21　落地式操作平台示意图

4）悬挑式操作平台

（1）悬挑式操作平台设置应符合下列规定:

① 操作平台的搁置点、拉结点、支撑点应设置在稳定的主体结构上,且应可靠连接;

② 严禁将操作平台设置在临时设施上;

③ 操作平台的结构应稳定可靠,承载力应符合设计要求。

（2）悬挑式操作平台的悬挑长度不宜大于 5 m,均布荷载不应大于 5.5 kN/m^2,集中荷载不应大于 15 kN,悬挑梁应锚固固定。

（3）采用斜拉方式的悬挑式操作平台两侧的连接吊环应与前后两道斜拉钢丝绳连接,每一道钢丝绳应能承载该侧所有荷载。

（4）采用支承方式的悬挑式操作平台,应在钢平台下方设置不少于两道斜撑,斜撑的一端应支承在钢平台主结构钢梁下,另一端应支承在建筑物主体结构。

（5）采用悬臂梁式的操作平台,应采用型钢制作悬挑梁或悬挑析架,不得使用钢管,其节点应采用螺栓或焊接的刚性节点。当平台板上的主梁采用与主体结构预埋件焊接时,预埋件、焊缝均应经设计计算,建筑主体结构应同时满足强度要求。

（6）悬挑式操作平台应设置 4 个吊环,吊运时应使用卡环,不得用吊钩直接钩挂吊环。吊环应按通用吊环或起重吊环设计,并应满足强度要求。

（7）悬挑式操作平台安装时,钢丝绳应采用专用的钢丝绳夹连接,钢丝绳夹数量应与钢丝绳直径相匹配,且不得少于 4 个。建筑物锐角、利口周围系钢丝绳处应加衬软垫物。

（8）悬挑式操作平台的外侧应略高于内侧;外侧应安装防护栏杆并应设置防护挡板全封闭。

（9）人员不得在悬挑式操作平台吊运、安装时上下。

（10）悬挑式操作平台的结构设计计算应符合《建筑施工高处作业安全技术规范》规定。

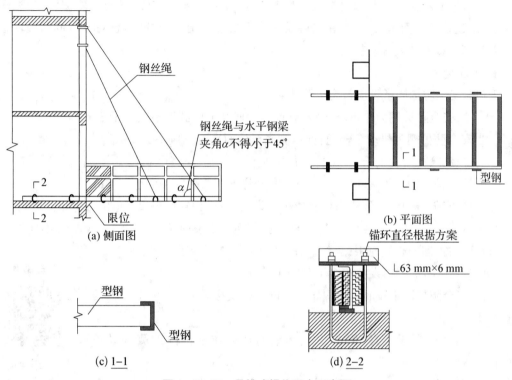

图 4-1-22 悬挑式操作平台示意图

2. 交叉作业

1）一般规定

（1）交叉作业时，下层作业位置应处于上层作业的坠落半径之外，高空作业坠落半径应按表-确定。安全防护棚和警戒隔离区范围的设置应视上层作业高度确定，并应大于坠落半径。

表 4-1-8 坠落半径

序号	上层作业高度 h_b	可能坠落半径 R
1	2～5 m	3 m
2	5～15 m	4 m
3	15～30 m	5 m
4	30 m 以上	6 m

（2）交叉作业时，坠落半径内应设置安全防护棚或安全防护网等安全隔离措施。当尚未设置安全隔离措施时，应设置警戒隔离区，人员严禁进入隔离区。

（3）处于起重机臂架回转范围内的通道，应搭设安全防护棚。

（4）施工现场人员进出的通道口，应搭设安全防护棚。

（5）不得在安全防护棚棚顶堆放物料。

（6）当采用脚手架搭设安全防护棚架构时，应符合国家现行相关脚手架标准的规定。

（7）对不搭设脚手架和设置安全防护棚时的交叉作业，应设置安全防护网，当在多层、高层建筑外立面施工时，应在二层及每隔四层设一道固定的安全防护网，同时设一道随施工高度提升的安全防护网。

2）安全措施

（1）安全防护棚搭设应符合下列规定：

① 当安全防护棚为非机动车辆通行时，棚底至地面高度不应小于 3 m。

当安全防护棚为机动车辆通行时，棚底至地面高度不应小于 4 m。

② 当建筑物高度大于 24 m 并采用木质板搭设时，应搭设双层安全防护棚。

两层防护的间距不应小于 700 mm，安全防护棚的高度不应小于 4 m。

③ 当安全防护棚的顶棚采用竹质板搭设时，应采用双层搭设，间距不应小于 700 mm 当采用木质板或与其等强度的其他材料搭设时，可采用单层搭设，木板厚度不应小于 50 mm。防护棚的长度应根据建筑物高度与可能坠落半径确定。

（2）安全防护网搭设应符合下列规定：

① 安全防护网搭设时，应每隔 3 m 设一根支撑杆，支撑杆水平夹角不宜小于 45；

② 当在楼层设支撑杆时，应预埋钢筋环或在结构内外侧各设一道横杆；

③ 安全防护网应外高里低，网与网之间应拼接严密。

在线题库

4.1 节

▶▶ 4.2 季节性施工安全技术 ◀◀

4.2.1 冬期施工

冬期施工，主要制定防水、防滑、防冻、防煤气中毒、防亚硝酸钠中毒、防风安全措施。

1. 防火要求

（1）加强冬季防火安全教育，提高全体人员的防火意识。普遍教育与特殊防火工种的教育相结合，根据冬期施工防火工作的特点，入冬前对焊工、司炉工、木工、油漆工、电工、炉火安装和管理人员、警卫巡逻人员进行有针对性的教育和考试。

（2）冬期施工中，国家级重点工程、地区级重点工程、高层建筑工程及起火后不易扑救的工程，禁止使用可燃材料作为保温材料，应采用不燃或难燃材料进行保温。

（3）一般工程可采用可燃材料进行保温，但必须严格进行管理。使用可燃材料进行保温的工程，必须设专人进行监护、巡逻检查。人员的数量应根据使用可燃材料量的数量，保温的面积而定。

（4）冬季施工中，保温材料定位以后，禁止一切用火、用电作业，且照明线路、照明灯具应远离可燃保温材料。

（5）冬季施工中，保温材料使用完以后，要随时清理、保温材料集中进行存放保管。

（6）冬季现场供暖锅炉房宜建造在施工现场的下风方向，远离在建工程、易燃、可燃建筑、露天可燃材料堆场、料库等；锅炉房应不低于二级耐火等级。

（7）烧蒸气锅炉的人员必须要经过专门培训取得司炉证后才能独立作业。烧热水锅炉的人员也要经过培训合格后方能上岗。

（8）冬季施工的加热采暖方法，应尽量使用暖气，如果用火炉，必须事先提出方案和防火措施，经消防保卫部门同意后方能开火。但在喷漆或油漆调料间、木工房、料库、使用高分子装修材料的装修间，禁止用火炉采暖。

（9）各种金属与砖砌火炉，必须完整良好，不得有裂缝，各种金属火炉与模板支柱、斜撑、拉杆等可燃物和易燃保温材料的距离不得小于 1 m，已做保护层的火炉距可燃物的距离不得小于有拉杆、斜撑等可燃物，必要时须架设铁板等非燃材料隔热，其隔热板应比炉顶外围的每一边都多出 15 cm 以上。

（10）在木地板上安装火炉，必须设置炉盘，有脚的火炉炉盘厚度不得小于 12 cm，无脚的火炉炉盘厚度不得小于 18 cm。炉盘应伸出炉门前 50 cm，伸出炉后左右各 15 cm。

（11）各种火炉应根据需要设置高出炉身的火挡。各种火炉的炉身、烟囱和烟囱出口等部分与电源线和电气设备应保持 50 cm 以上的距离。

（12）炉火必须由受过安全消防常识教育的专人看守，每人看管火炉的数量不应过多。

（13）火炉看火人严格执行检查值班制度和操作程序。火炉点火后，不准离开工作岗位，值班时间不允许睡觉或做无关的事情。

（14）移动各种加热火炉时，必须先将火熄灭后方移动。掏出的炉灰必须立即用水浇灭后倒在指定地点。禁止用易燃、可燃液体点火。填的煤不应过多，以不超出炉口上沿为宜，防止热煤掉出引起可燃物起火。不准在火炉上熬炼油料、烘烤易燃物品。

（15）工程的每一楼层都应配备灭火器材。

（16）用热电法施工，要加强检查和维修，防止触电和火灾。

2. 防滑要求

（1）冬季施工中，在施工作业前，对斜道、通行道、爬梯等作业面上的霜冻、冰块、积雪要及时清除。

（2）冬季施工中，现场脚手架搭设接高前必须将钢管上的积雪清除，等到霜冻、冰块融化后再施工。

（3）冬季施工中，若通道防滑条有损坏要及时补修。

3. 防冻要求

（1）入冬前，按照冬期施工方案材料要求提前备好保温材料，对施工现场怕受冻材料和施工作业面（如现浇混凝土）按技术要求采用保温措施。

（2）北方的冬期施工工地，应尽量安装地下消火栓，在入冬前应进行一次试水，加少量润滑油。

（3）消火栓用草帘、锯末等覆盖，做好保温工作，以防冻结。

（4）冬天下雪时，应及时扫除消火栓上的积雪，以免雪化后将消火栓井盖冻住。

（5）高层临时消防竖管应进行保温或将水放空，消防水泵内应考虑采暖措施，以免冻结。

（6）入冬前，应做好消防水池的保温工作，随时进行检查，发现冻结时应进行破冻处理。一般方法是在水池上盖上木板，木板上再盖上不小于 40～50 cm 厚的稻草、锯末等。

（7）入冬前应将泡沫灭火器、清水灭火器等放入有采暖的地方，并套上保温套。

4. 防中毒要求

（1）冬季取暖炉的防煤气中毒设施必须齐全、有效，建立验收合格证明制度，经验收合格发证后，方准使用。

（2）冬季施工现场加热采暖和宿舍取暖用火炉时，要注意经常通风换气。

（3）对亚硝酸钠要加强管理，严格发放制度，要按定量改用小包装并掺入水泥、细砂、粉煤灰等，改变其颜色，以防食物中毒。

4.2.2　雨期施工

雨季施工，主要制定防触电、防雷、防坍塌、防火、防台风安全措施。

1. 防触电要求

（1）雨季施工到来之前，应对现场每个配电箱、用电设备、外敷电线、电缆进行一次彻底的检查，采取相应的防雨、防潮保护措施。

（2）配电箱必须防雨、防水，电器布置符合规定，电器元件不应破损，严禁带电明露。机电设备的金属外壳，必须采取可靠的接地或接零保护。

（3）外敷电线、电缆不得有破损，电源线不得使用裸导线和塑料线，也不得沿地面敷设，防止因短路造成起火事故。

（4）雨季到来前，应检查手持电动工具漏电保护装置是否灵敏。工地临时照明灯、标志灯电压不超过 36 V。特别潮湿的场所以及金属管道和容器内的照明灯不超过 12 V。

（5）阴雨天气，电气作业人员应尽量避免露天作业。

2. 防雷要求

（1）雨季到来前，塔机、外用电梯、钢管脚手架、井字架、龙门架等高大设施，以及在施工的高层建筑工程等应安装可靠的避雷设施。

（2）塔式起重机的轨道，一般应设两组接地装置；对较长的轨道应每隔 20 米补做一组接地装置。

（3）高度在 20 米及以上的井字架，门式架等垂直运输的机具金属构架上，应将一侧的中间立杆接高，高出顶端 2 米作为接闪器，在该立杆的下部设置接地线与接地极相连，同时应将卷扬机的金属外壳可靠接地。

(4) 高大建筑工程的脚手架,沿建筑物四角及四边利用钢脚手本身加高 2～3 米做接闪器,下端与接地极相连,接闪器间距不应超过 24 米。如施工的建筑物中都有突出高点,也应作类似避雷针。随着脚手架的升高,接闪器也应及时加高。防雷引下线不应少于两处引下。

(5) 雷雨季节拆除烟囱,水塔等高大建(构)筑物脚手架时,应待正式工程防雷装置安装完毕并已接地,再拆除脚手架。

(6) 塔吊等施工机具的接地电阻应不大于 4 Ω,其他防雷接地电阻一般不大于 10 Ω。

3. 防坍塌要求

(1) 暴雨、台风前后,应检查工地临时设施、脚手架、机电设施有无倾斜,基土有无变形、下沉等现象,发现问题及时修理加固,有严重危险的,应立即排除。

(2) 雨季中,应尽量避免挖土方、管沟等作业,已挖好的基坑和沟边应采取挡水措施和排水措施。

(3) 雨后施工前,应检查沟槽边有无积水,坑槽有无裂纹或土质松动现象,防止积水渗漏,造成塌方。

4. 防火要求

(1) 雨季中,生石灰、石灰粉的堆放应远离可燃材料,防止因受潮或雨淋产生高热引燃附近可燃材料。

(2) 雨季中,稻草、草帘、草袋等堆垛不宜过大,垛中应留通气孔,顶部应防雨、防止发生自燃。

(3) 雨季中,电石、乙炔气瓶、易燃液体等应在库内或棚内存放,禁止露天存放,防止因受雷雨发生起火事故。

4.2.3　暑期施工

夏季气候炎热,高温时间持续较长,制定防火防暑降温安全措施:

(1) 合理调整作息时间,避开中午高温时间工作,严格控制工人加班加点时间,工人的工作时间要适当缩短,保证工人有充足的休息和睡眠时间。

(2) 对容器内和高温条件下的作业场所,要采取措施,搞好通风和降温。

(3) 对露天作业集中和固定场所,应搭设歇凉棚,防止热辐射,并要经常洒水降温。高温、高处作业的工人,需经常参加健康检查。发现有作业禁忌症者应及时调离高温和高处作业岗位。

(4) 及时供应合乎卫生要求的茶水、清凉含盐饮料、绿豆汤等避暑饮品。

(5) 经常组织医护人员深入工地进行巡回医疗和预防工作。重视上年纪的工人、中暑患者和血压较高的工人身体情况的变化。

(6) 及时给职工发放防暑降温的急救药品和劳动保护用品。

在线题库

4.2 节

▶ 4.3 脚手架工程安全技术 ◀

脚手架指施工现场为工人施工操作并解决垂直和水平运输而搭设的各种支架。

脚手架是建筑施工中不可缺少的临时设施,用在外墙、内部装修或层高较高无法直接施工的地方。脚手架既是模板、钢筋和混凝土施工的作业架,也是作业人员的安全防护架。脚手架主要安全事故风险有失稳坍塌、倾覆以及高空坠落和物体打击。

4.3.1 扣件式钢管脚手架

为建筑施工而搭设的、承受荷载的由扣件和钢管等构成的脚手架与支撑架为扣件式钢管脚手架。扣件式钢管脚手架由钢管和扣件组成,存在加工简便、搬运方便、装卸简单、搭设灵活、承载力大、搭设高度高、周转次数多通用性强等优点,已成为当前我国使用量最大、应用最普遍的一种脚手架,但也存在扣件易丢失、螺栓上紧程度差异大、节点在力作用线间有偏心或交汇距离等问题。

1. 组成

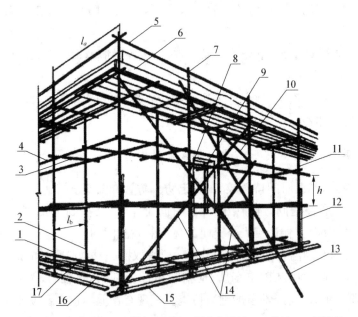

(1—外立杆;2—内立杆;3—横向水平杆4—纵向水平杆;5—栏杆;6—挡脚板;7—直角扣件;8—旋转扣件;9—连墙件;10—横向斜撑;11—主立杆;12—副立杆;13—抛撑;14—剪刀撑;15—热板;16—列向扫地杆;17—横向扫地杆)

图4-3-1 扣件式钢管脚手架组成示意图

扣件式钢管脚手架由钢管、扣件、底座与垫板、脚手板、安全网组成。

1) 构配件

(1) 钢管

钢管用于立杆、水平杆(纵向水平杆、横向水平杆、扫地杆)、栏杆、斜撑、抛撑、剪刀撑、连墙杆。

① 脚手架钢管应采用现行国家标准《直缝电焊钢管》(GB/T 13793 - 2016)或《低压流体输送用焊接钢管》(GB/T 3091 - 2015)中规定的 Q235 普通钢管,并应符合现行国家标准《碳素结构钢》(GB/T 700 - 2006)中 Q235 级钢的规定。

② 脚手架钢管宜采用外径 48.3 mm,壁厚 3.6 mm 钢管。每根钢管的最大质量不应大于25.8 kg。

微课视频

扣件式钢管脚手架
的安全规定

(2)扣件

扣件分为:直角扣件、回转扣件(旋转扣件)、对接扣件。

① 扣件应采用可锻铸铁或铸钢制作,其质量和性能应符合现行国家标准《钢管脚手架扣件》(GB 15831 - 2006)的规定,采用其他材料制作的扣件,应经试验证明其质量符合该标准的规定后方可使用。

② 扣件在螺栓拧紧扭力矩达到 65 N·m 时,不得发生破坏。

(3)脚手板

① 脚手板可采用钢、木、竹材料制作,单块脚手板的质量不宜大于 30 kg。

② 冲压钢脚手板的材质应符合现行国家标准《碳素结构钢》中 Q235 级钢的规定。

③ 木脚手板材质应符合现行国家标准《木结构设计标准》(GB 50005 - 2017)中 Ⅱ 级材质的规定。脚手板厚度不应小于 50 mm,两端宜各设置直径不小于 4 mm 的镀锌钢丝箍两道。

④ 竹脚手板宜采用由毛竹或楠竹制作的竹串片板、竹笆板;竹串片脚手板应符合现行行业标准《建筑施工木脚手架安全技术规范》(JGJ 164 - 2008)的相关规定。

(4)可调托撑

可调托撑是满堂支撑架直接传递荷载的主要构件托撑

① 可调托撑螺杆外径不得小于 36 mm,直径与螺距应符合现行国家标准《梯形螺纹 第2 部分:直径与螺距系列》(GB/T 5796.2 - 2022)和《梯形螺纹 第 3 部分:基本尺寸》(GB/T 5796.3 - 2022)的规定。

② 可调托撑的螺杆与支托板焊接应牢固,焊缝高度不得小于 6 mm;可调托撑螺杆与螺母旋合长度不得少于 5 扣,螺母厚度不得小于 30 mm。

③ 可调托撑受压承载力设计值不应小于 40 kN,支托板厚不应小于 5 mm。

(5)悬挑脚手架用型钢

① 悬挑脚手架用型钢的材质应符合现行国家标准《碳素结构钢》或《低合金高强度结构钢》(GB/T 1591 - 2018)的规定。

② 用于固定型钢悬挑梁的 U 形钢筋拉环或锚固螺栓材质应符合现行国家标准《钢筋混凝土用钢 第 1 部分:热轧光圆钢筋》(GB 1499.1 - 2017)中 HPB 300 级钢筋的规定。

2)分类

扣件式钢管脚手架又可分为单排扣件式钢管脚手架、双排扣件式钢管脚手架、满堂扣件式钢管脚手架、支撑架等。

(1)单排扣件式钢管脚手架

只有一排立杆,横向水平杆的一端搁置固定在墙体上的脚手架,简称单排架。

(2)双排扣件式钢管脚手架

由内外两排立杆和水平杆等构成的脚手架,简称双排架。

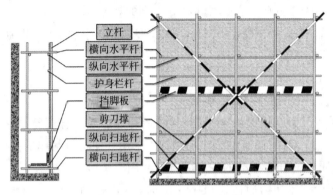

图4-3-2　落地双排扣件式钢管脚手架示意图

(3)满堂扣件式钢管脚手架

在纵、横方向,由不少于三排立杆并与水平杆、水平剪刀撑、竖向剪刀撑、扣件等构成的脚手架。该架体顶部作业层施工荷载通过水平杆传递给立杆,顶部立杆呈偏心受压状态,简称满堂脚手架。

(4)满堂扣件式钢管支撑架

在纵、横方向,由不少于三排立杆并与水平杆、水平剪刀撑、竖向剪刀撑、扣件等构成的承力支架。该架体顶部的钢结构安装等(同类工程)施工荷载通过可调托撑轴心传力给立杆,顶部立杆呈轴心受压状态,简称满堂支撑架。

标准规范

建筑施工扣件式
脚手架安全技术规范

2.构造要求

1)常用单双排脚手架设计尺寸

(1)常用密目式安全立网全封闭式双排脚手架的设计尺寸

密目式安全立网全封闭双排脚手架结构的设计尺寸,如下表。

表4-3-1　常用密目式安全立网全封闭式双排脚手架的设计尺寸(m)

连墙件设置	立杆横距 l_b	布局 h	下列荷载时的立杆纵距 l				脚手架允许搭设高度 H
			2+0.35 (kN/m²)	2+2+2×0.35 (kN/m²)	3+0.35 (kN/m²)	3+2+2×0.35 (kN/m²)	
二步三跨	1.05	1.50	2.0	1.5	1.5	1.5	50
		1.80	1.8	1.5	1.5	1.5	32
	1.30	1.50	1.8	1.5	1.5	1.5	50
		1.80	1.8	1.2	1.5	1.2	30
	1.55	1.50	1.8	1.5	1.5	1.5	38
		1.80	1.8	1.2	1.5	1.2	22

（续表）

连墙件设置	立杆横距 l_b	布局 h	下列荷载时的立杆纵距 l				脚手架允许搭设高度 H
			$2+0.35$ (kN/m²)	$2+2+2\times0.35$ (kN/m²)	$3+0.35$ (kN/m²)	$3+2+2\times0.35$ (kN/m²)	
三步三跨	1.05	1.50	2.0	1.5	1.5	1.5	43
		1.80	1.8	1.2	1.5	1.2	24
	1.30	1.50	1.8	1.5	1.5	1.2	30
		1.80	1.8	1.2	1.5	1.2	17

（注：1. 表中所示 $2+2+2\times0.35$(kN/m²)，包括下列荷载：$2+2$(kN/m²)为二层作业层施工荷载标准值；2×0.35(kN/m²)为二层作业层脚手板自重荷载标准值；2. 作业层横向水平杆间距，应按不大于 $l_a/2$ 设置，l_a 为纵距；地面粗糙度为 B 类，基本风压 $w_0=0.4$ kN/m²）

（2）密目式安全立网全封闭单排脚手架结构的设计尺寸

密目式安全立网全封闭单排脚手架结构的设计尺寸，如下表。

表 4-3-2　常用密目式安全立网全封闭式双排脚手架的设计尺寸（m）

连墙件设置	立杆横距 l_b	布局 h	下列荷载时的立杆纵距 l		脚手架允许搭设高度 H
			$2+0.35$(kN/m²)	$3+0.35$(kN/m²)	
二步三跨	1.20	1.50	2.0	1.8	24
		1.80	1.5	1.2	24
	1.40	1.50	1.8	1.5	24
		1.80	1.5	1.2	24
三步三跨	1.20	1.50	2.0	1.8	24
		1.80	1.2	1.2	24
	1.40	1.50	1.8	1.5	24
		1.80	1.5	1.2	24

（注：同上表）

（3）脚手架搭设高度不应超过 24 m；双排脚手架搭设高度不宜超过 50 m，高度超过 50 m 的双排脚手架，应采用分段搭设等措施。

2）纵向水平杆、横向水平杆、脚手板

（1）纵向水平杆

纵向扫地杆约束立杆底端在纵向发生位移，在立杆内侧，用直角扣件固定立杆上。

纵向水平杆的构造应符合下列规定。

① 纵向水平杆应设置在立杆内侧，单根杆长度不应小于 3 跨；

② 纵向水平杆接长应采用对接扣件连接或搭接，并应符合下列规定：

a）两根相邻纵向水平杆的接头不应设置在同步或同跨内；不同步或不同跨两个相邻接头在水平方向错开的距离不应小于 500 mm；各接头中心至最近主节点的距离不应大于

纵距的 1/3(图 4 - 3 - 3)。

b) 接头长度不应小于 1 m,应等间距设置 3 个旋转扣件固定;端部扣件盖板边缘至搭接纵向水平杆杆端的距离不应小于 100 mm。

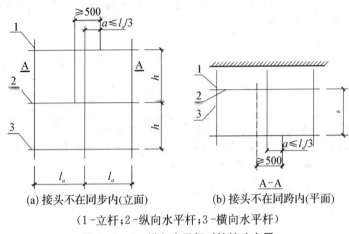

(a) 接头不在同步内(立面)　　　(b) 接头不在同跨内(平面)

(1-立杆;2-纵向水平杆;3-横向水平杆)

图 4 - 3 - 3　纵向水平杆对接接头布置

c) 当使用冲压钢脚手板、木脚手板、竹串片脚手板时,纵向水平杆应作为横向水平杆的支座,用直角扣件固定在立杆上;当使用竹笆脚手板时,纵向水平杆应采用直角扣件固定在横向水平杆上,并应等间距设置,间距不应大于 400 mm,如图 4 - 3 - 4。

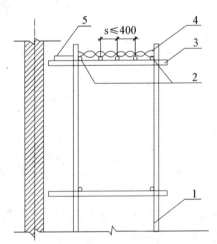

(1-立杆;2-纵向水平杆;3-横向水平杆;4-竹笆脚手板;5-其他脚手板)

图 4 - 3 - 4　铺竹笆脚手板时纵向水平杆的构造

(2) 横向水平杆

横向扫地杆约束立杆底端在横向发生位移,用直角扣件固定在紧靠纵向扫地杆下方的立杆上。

横向水平杆的构造应符合下列规定:

① 作业层上非主节点处的横向水平杆,宜根据支承脚手板的需要等间距设置,最大间距不应大于纵距的 1/2;

② 当使用冲压钢脚手板、木脚手板、竹串片脚手板时,双排脚手架的横向水平杆两端均应采用直角扣件固定在纵向水平杆上;单排脚手架的横向水平杆的一端应用直角扣件固定在纵向水平杆上,另一端应插入墙内,插入长度不应小于 180 mm;

③ 当使用竹笆脚手板时,双排脚手架的横向水平杆的两端,应用直角扣件固定在立杆上;单排脚手架的横向水平杆的一端,应用直角扣件固定在立杆上,另一端插入墙内,插入长度不应小于 180 mm。

主节点处必须设置一根横向水平杆,用直角扣件扣接且严禁拆除。

(3)脚手板

脚手板的设置应符合下列规定:

① 作业层脚手板应铺满、铺稳、铺实。

② 冲压钢脚手板、木脚手板、竹串片脚手板等,应设置在三根横向水平杆上。当脚手板长度小于 2 m 时,可采用两根横向水平杆支承,但应将脚手板两端与横向水平杆可靠固定,严防倾翻。脚手板的铺设应采用对接平铺或搭接铺设。

脚手板对接平铺时,接头处应设两根横向水平杆,脚手板外伸长度应取 130 mm～150 mm,两块脚手板外伸长度的和不应大于 300 mm,如图 4－3－5(a)。

脚手板搭接铺设时,接头应支在横向水平杆上,搭接长度不应小于 200 mm,其伸出横向水平杆的长度不应小于 100 mm 如图 4－3－5(b)。

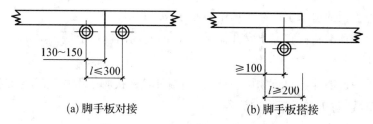

(a)脚手板对接 　　　　(b)脚手板搭接

图 4－3－5　脚手板对接、搭接构造

③ 竹笆脚手板应按其主竹筋垂直于纵向水平杆方向铺设,且应对接平铺,四个角应用直径不小于 1.2 mm 的镀锌钢丝固定在纵向水平杆上。

④ 作业层端部脚手板探头长度应取 150 mm,其板的两端均应固定于支承杆件上。

3)立杆

(1)立杆底部

立杆承受脚手架荷载并传递给基础,应符合以下规定:

① 每根立杆底部宜设置底座或垫板。

② 脚手架必须设置纵、横向扫地杆。

纵向扫地杆应采用直角扣件固定在距钢管底端不大于 200 mm 处的立杆上。

横向扫地杆应采用直角扣件固定在紧靠纵向扫地杆下方的立杆上。

③ 脚手架立杆基础不在同一高度上时,必须将高处的纵向扫地杆向低处延长两跨与立杆固定,高低差不应大于 1 m。靠边坡上方的立杆轴线到边坡的距离不应小于 500 mm 如图 4－3－6。

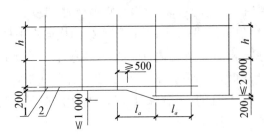

图 4-3-6 纵、横向扫地杆构造
（1-横向扫地杆；2-纵向扫地杆）

④ 单、双排脚手架底层步距均不应大于 2 m。

（2）立杆的对接、搭接

单排、双排与满堂脚手架立杆接长除顶层顶步外，其余各层各步接头必须采用对接扣件连接。

脚手架立杆的对接、搭接应符合下列规定：

① 当立杆采用对接接长时，立杆的对接扣件应交错布置，两根相邻立杆的接头不应设置在同步内，同步内隔一根立杆的两个相隔接头在高度方向错开的距离不宜小于 500 mm；各接头中心至主节点的距离不宜大于步距的 1/3；

② 当立杆采用搭接接长时，搭接长度不应小于 1 m，并应采用不少于 2 个旋转扣件固定。端部扣件盖板的边缘至杆端距离不应小于 100 mm。

脚手架立杆顶端栏杆宜高出女儿墙上端 1 m，宜高出檐口上端 1.5 m。

4）连墙件

立杆必须用连墙件与建筑物可靠连接，连墙件是连接脚手架和建筑物的构件，作用是承受并传递荷载，防止脚手架横向失稳。

（1）连墙件数量

脚手架连墙件设置的位置、数量应按专项施工方案确定。

脚手架连墙件数量的设置除应满足《建筑施工扣件式钢管脚手架安全技术规范》（JGJ 130-2011）规范的计算要求外，还应符合下表的规定。

表 4-3-3 连墙件布置最大间距

搭设方法	高度	竖向间距(h)	水平间距(l_a)	每根连墙件覆盖面积（m^2）
双排落地	≤50 m	$3h$	$3l_a$	≤40
双排悬挑	>50 m	$3h$	$3l_a$	≤27
单排	≤24 m	$3h$	$3l_a$	≤40

（注：h-步距；l_a-纵距）

（2）连墙件的布置

连墙件的布置应符合下列规定：

① 应靠近主节点设置，偏离主节点的距离不应大于 300 mm；

② 应从底层第一步纵向水平杆处开始设置,当该处设置有困难时,应采用其他可靠措施固定;

③ 应优先采用菱形布置,或采用方形、矩形布置。

(3) 注意事项

① 开口型脚手架的两端必须设置连墙件,连墙件的垂直间距不应大于建筑物的层高,并且不应大于 4 m。

② 连墙件中的连墙杆应呈水平设置,当不能水平设置时,应向脚手架一端下斜连接。

③ 连墙件必须采用可承受拉力和压力的构造。对高度 24 m 以上的双排脚手架,应采用刚性连墙件与建筑物连接。

④ 当脚手架下部暂不能设连墙件时应采取防倾覆措施。当搭设抛撑时,抛撑应采用通长杆件,并用旋转扣件固定在脚手架上,与地面的倾角应在 45°～60°之间;连接点中心至主节点的距离不应大于 300 mm。抛撑应在连墙件搭设后方可拆除。

⑤ 架高超过 40 m 且有风涡流作用时,应采取抗上升翻流作用的连墙措施。

5) 门洞

(1) 单、双排脚手架门洞桁架的形式

单、双排脚手架门洞宜采用上升斜杆、平行弦杆桁架结构形式(图 4 - 3 - 7),斜杆与地面的倾角 a 应在 45°～60°之间。门洞桁架的形式宜按下列要求确定:

① 当步距 h 小于纵距 l_a 时,应采用 A 型;

② 当步距 h 大于纵距 l_a 时,应采用 B 型,并应符合下列规定:

a) $h=1.8$ m 时,纵距不应大于 1.5 m;

b) $h=2.0$ m 时,纵距不应大于 1.2 m。

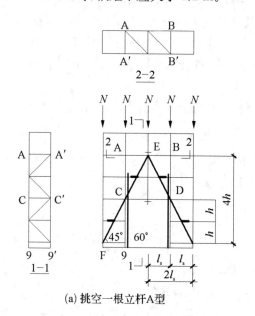

(a) 挑空一根立杆A型

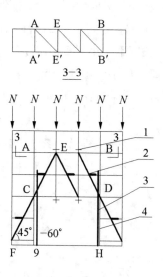

(b) 挑空二根立杆A型

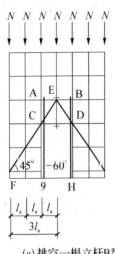
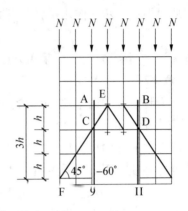

(c) 挑空一根立杆B型　　　　　　　　　　(d) 挑空二根立杆B型

(1-防滑扣件；2-增设的横向水平杆；3-副立杆；4-主立杆)

图4-3-7　门洞处上升斜杆、平行弦杆桁架

（2）单、双排脚手架门洞桁架构造

单、双排脚手架门洞桁架的构造应符合下列规定：

① 单排脚手架门洞处，应在平面桁架（图4-3-7）的每一节间设置一根斜腹杆；双排脚手架门洞处的空间桁架，除下弦平面外，应在其余5个平面内的图示节间设置一根斜腹杆（图4-3-7中1-1、2-2、3-3剖面）。

② 斜腹杆宜采用旋转扣件固定在与之相交的横向水平杆的伸出端上，旋转扣件中心线至主节点的距离不宜大于150 mm。当斜腹杆在1跨内跨越2个步距（图4-3-7a型）时，宜在相交的纵向水平杆处，增设一根横向水平杆，将斜腹杆固定在其伸出端上。

③ 斜腹杆宜采用通长杆件，当必须接长使用时，宜采用对接扣件连接，也可采用搭接，搭接长度不应小于1 m，并应采用不少于2个旋转扣件固定。端部扣件盖板的边缘至杆端距离不应小于100 mm。

单排脚手架过窗洞时应增设立杆或增设一根纵向水平杆（图4-3-8）。

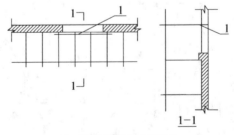

(1-增设的纵向水平杆)

图4-3-8　单排脚手架过窗洞构造

门洞桁架下的两侧立杆应为双管立杆，副立杆高度应高于门洞口1～2步。

门洞桁架中伸出上下弦杆的杆件端头，均应增设一个防滑扣件，该扣件宜紧靠主节点处的扣件。

6）剪刀撑与横向斜撑

双排脚手架应设置剪刀撑与横向斜撑,单排脚手架应设置剪刀撑。

（1）剪刀撑的设置

单、双排脚手架剪刀撑的设置应符合下列规定：

① 每道剪刀撑跨越立杆的根数应按下表的规定确定。每道剪刀撑宽度不应小于 4 跨,且不应小于 6 m,斜杆与地面的倾角应在 45°～60°之间;

表 4-3-4　剪刀撑跨越立杆的最多根数

剪刀撑斜杆与地面的倾角 α	45°	50°	60°
剪刀撑跨越立杆的最多根数 n	7	6	5

② 剪刀撑斜杆的接长应采用搭接或对接,搭接应符合《建筑施工扣件式钢管脚手架安全技术规范》(JGJ 130-2011)第 6.3.6 条第 2 款的规定;

③ 剪刀撑斜杆应用旋转扣件固定在与之相交的横向水平杆的伸出端或立杆上,旋转扣件中心线至主节点的距离不应大于 150 mm。

高度在 24 m 及以上的双排脚手架应在外侧全立面连续设置剪刀撑;高度在 24 m 以下的单、双排脚手架,均必须在外侧两端、转角及中间间隔不超过 15 m 的立面上,各设置一道剪刀撑,并应由底至顶连续设置(图 4-3-9)。

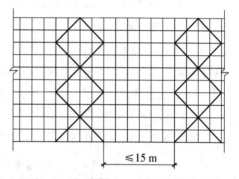

图 4-3-9　高度 24 m 以下剪刀撑布置

（2）横向斜撑

双排脚手架横向斜撑的设置应符合下列规定：

① 横向斜撑应在同一节间,由底至顶层呈之字形连续布置,斜撑的固定应符合《建筑施工扣件式钢管脚手架安全技术规范》(JGJ 130-2011)规定;

② 高度在 24 m 以下的封闭型双排脚手架可不设横向斜撑,高度在 24 m 以上的封闭型脚手架,除拐角应设置横向斜撑外,中间应每隔 6 跨距设置一道。

开口型双排脚手架的两端均必须设置横向斜撑。

7）斜道

（1）斜道的形式

人行并兼作材料运输的斜道的形式宜按下列要求确定：

① 高度不大于 6 m 的脚手架,宜采用一字形斜道;

② 高度大于 6 m 的脚手架,宜采用之字形斜道。

（2）斜道的构造

斜道的构造应符合下列规定：

① 斜道应附着外脚手架或建筑物设置;

② 运料斜道宽度不应小于 1.5 m,坡度不应大于 1∶6;人行斜道宽度不应小于 1 m,坡度不应大于 1∶3;

③ 拐弯处应设置平台,其宽度不应小于斜道宽度;

④ 斜道两侧及平台外围均应设置栏杆及挡脚板;栏杆高度应为 1.2 m,挡脚板高度不应小于 180 mm;

⑤ 运料斜道两端、平台外围和端部均应按连墙件规定设置;每两步应加设水平斜杆;按剪刀撑和横向斜撑的规定设置。

（3）斜道脚手板构造

斜道脚手板构造应符合下列规定:

① 脚手板横铺时,应在横向水平杆下增设纵向支托杆,纵向支托杆间距不应大于 500 mm;

② 脚手板顺铺时,接头应采用搭接,下面的板头应压住上面的板头,板头的凸棱处应采用三角木填顺;

③ 人行斜道和运料斜道的脚手板上应每隔 250 mm～300 mm 设置一根防滑木条,木条厚度应为 20 mm～30 mm。

8）满堂脚手架

（1）常用敞开式满堂脚手架结构的设计尺寸

常用敞开式满堂脚手架结构的设计尺寸,可按下表采用。

表 4-3-5 常用敞开式满堂脚手架结构的设计尺寸

序号	步距(m)	立杆间距(m)	支架高宽比不大于	下列施工荷载时最大允许高度(m)	
				2(kN/m²)	3(kN/m²)
1	1.7～1.8	1.2×1.2	2	17	9
2		1.0×1.0	2	30	24
3		0.9×0.9	2	36	36
4	1.5	1.3×1.3	2	18	9
5		1.2×1.2	2	23	16
6		1.0×1.0	2	36	31
7		0.9×0.9	2	36	36
8	1.2	1.3×1.3	2	20	13
9		1.2×1.2	2	24	19
10		1.0×1.0	2	36	32
11		0.9×0.9	2	36	36
12	0.9	1.0×1.0	2	36	33
13		0.9×0.9	2	36	36

（2）满堂脚手架立杆

满堂脚手架搭设高度不宜超过 36 m；满堂脚手架施工层不得超过 1 层。

满堂脚手架立杆接长接头必须采用对接扣件连接。

① 当立杆采用对接接长时，立杆的对接扣件应交错布置，两根相邻立杆的接头不应设置在同步内，同步内隔一根立杆的两个相隔接头在高度方向错开的距离不宜小于 500 mm；各接头中心至主节点的距离不宜大于步距的 1/3；

② 两根相邻纵向水平杆的接头不应设置在同步或同跨内；不同步或不同跨两个相邻接头在水平方向错开的距离不应小于 500 mm；各接头中心至最近主节点的距离不应大于纵距的 1/3；搭接长度不应小于 1 m，应等间距设置 3 个旋转扣件固定；端部扣件盖板边缘至搭接纵向水平杆杆端的距离不应小于 100 mm，水平杆长度不宜小于 3 跨。

（3）满堂脚手架剪刀撑

满堂脚手架应在架体外侧四周及内部纵、横向每 6 m～8 m 由底至顶设置连续竖向剪刀撑。

当架体搭设高度在 8 m 以下时，应在架顶部设置连续水平剪刀撑；当架体搭设高度在 8 m 及以上时，应在架体底部、顶部及竖向间隔不超过 8 m 分别设置连续水平剪刀撑。

水平剪刀撑宜在竖向剪刀撑斜杆相交平面设置。剪刀撑宽度应为 6 m～8 m。

剪刀撑应用旋转扣件固定在与之相交的水平杆或立杆上，旋转扣件中心线至主节点的距离不宜大于 150 mm。

（4）其他

满堂脚手架的高宽比不宜大于 3，当高宽比大于 2 时，应在架体的外侧四周和内部水平间隔 6 m～9 m、竖向间隔 4 m～6 m 设置连墙件与建筑结构拉结，当无法设置连墙件时，应采取设置钢丝绳张拉固定等措施。

当满堂脚手架局部承受集中荷载时，应按实际荷载计算并应局部加固。

满堂脚手架应设爬梯，爬梯踏步间距不得大于 300 mm。

满堂脚手架操作层支撑脚手板的水平杆间距不应大于 1/2 跨距；脚手板的铺设应铺满、铺稳、铺实，其他同扣件式钢管脚手架脚手板铺设要求。

9）满堂支撑架

（1）满堂支撑架步距与立杆间距

满堂支撑架步距与立杆间距不宜超过表 4-3-6～4-3-9 的上限值，步距两级之间计算长度系数按线性插入值；立杆间距两级之间，纵向间距与横向间距不同时，计算长度系数按较大间距对应的计算长度系数取值。立杆间距两级之间值，计算长度系数取两级对应的较大的 μ 值。

立杆伸出顶层水平杆中心线至支撑点的长度 a 不应超过 0.5 m。满堂支撑架搭设高度不宜超过 30 m。

表 4 - 3 - 6　满堂支撑架（剪刀撑设置普通型）立杆计算长度系数 μ₁

步距(m)	立杆间距(m)											
	1.2×1.2 高宽比不大于2 最少跨数4		1.0×1.0 高宽比不大于2 最少跨数4		0.9×0.9 高宽比不大于2 最少跨数5		0.75×0.75 高宽比不大于2 最少跨数5		0.6×0.6 高宽比不大于2.5 最少跨数5		0.4×0.4 高宽比不大于2.5 最少跨数8	
	$a=0.5$(m)	$a=0.2$(m)	$a=0.5$(m)	$a=0.2$(m)	$a=0.5$(m)	$a=0.2$(m)	$a=0.5$(m)	$a=0.2$(m)	$a=0.5$(m)	$a=0.2$(m)	$a=0.5$(m)	$a=0.2$(m)
1.8	—	—	1.165	1.432	1.131	1.388	—	—	—	—	—	—
1.5	1.298	1.649	1.241	1.574	1.215	1.540	—	—	—	—	—	—
1.2	1.403	1.869	1.352	1.799	1.301	1.719	1.257	1.669	—	—	—	—
0.9	—	—	1.532	2.153	1.473	3.066	1.422	2.005	1.599	2.251	—	—
0.6	—	—	—	—	1.699	3.633	1.629	2.526	1.839	2.846	1.839	2.846

表 4 - 3 - 7　满堂支撑架（剪刀撑设置普通型）立杆计算长度系数 μ₂

步距(m)	立杆间距(m)					
	1.2×1.2 高宽比不大于2 最少跨数4	1.0×1.0 高宽比不大于2 最少跨数4	0.9×0.9 高宽比不大于2 最少跨数5	0.75×0.75 高宽比不大于2 最少跨数5	0.6×0.6 高宽比不大于2.5 最少跨数5	0.4×0.4 高宽比不大于2.5 最少跨数8
1.8	—	1.750	1.697	—	—	—
1.5	2.089	1.993	1.951	—	—	—
1.2	2.492	2.399	2.292	2.225	—	—
0.9	—	3.109	2.985	2.896	3.251	—
0.6	—	—	4.371	4.211	4.744	4.744

表 4-3-8　满堂支撑架（剪刀撑设置加强型）立杆计算长度系数 μ_1

步距(m)	立杆间距(m)											
	1.2×1.2 高宽比不大于2 最少跨数4		1.0×1.0 高宽比不大于2 最少跨数4		0.9×0.9 高宽比不大于2 最少跨数5		0.75×0.75 高宽比不大于2 最少跨数5		0.6×0.6 高宽比不大于2.5 最少跨数5		0.4×0.4 高宽比不大于2.5 最少跨数8	
	$a=0.5$(m)	$a=0.2$(m)	$a=0.5$(m)	$a=0.2$(m)	$a=0.5$(m)	$a=0.2$(m)	$a=0.5$(m)	$a=0.2$(m)	$a=0.5$(m)	$a=0.2$(m)	$a=0.5$(m)	$a=0.2$(m)
1.8	1.099	1.355	1.059	1.305	1.031	1.269	—	—	—	—	—	—
1.5	1.174	1.494	1.123	1.427	1.091	1.386	—	—	—	—	—	—
1.2	1.269	1.685	1.233	1.636	1.204	1.596	1.168	1.546	—	1.818	—	—
0.9	—	—	1.377	1.940	1.352	1.903	1.285	1.806	1.294	2.3	—	—
0.6	—	—	—	—	1.556	2.395	1.477	2.284	1.497	—	1.497	2.300

表 4-3-9　满堂支撑架（剪刀撑设置加强型）立杆计算长度系数 μ_2

步距(m)	立杆间距(m)					
	1.2×1.2 高宽比不大于2 最少跨数4	1.0×1.0 高宽比不大于2 最少跨数4	0.9×0.9 高宽比不大于2 最少跨数5	0.75×0.75 高宽比不大于2 最少跨数5	0.6×0.6 高宽比不大于2.5 最少跨数5	0.4×0.4 高宽比不大于2.5 最少跨数8
1.8	1.656	1.595	1.551	—	—	—
1.5	1.893	1.808	1.755	—	—	—
1.2	2.247	2.181	2.128	2.062	—	—
0.9	—	2.802	2.749	2.608	2.626	—
0.6	—	—	3.991	3.806	3.833	3.833

（2）满堂支撑架立杆、水平杆的构造要求

① 满堂脚手架立杆基础不在同一高度上时，必须将高处的纵向扫地杆向低处延长两跨与立杆固定，高低差不应大于 1 m。靠边坡上方的立杆轴线到边坡的距离不应小于 500 mm。

② 立杆接长接头必须采用对接扣件连接。当立杆采用对接接长时，立杆的对接扣件应交错布置，两根相邻立杆的接头不应设置在同步内，同步内隔一根立杆的两个相隔接头在高度方向错开的距离不宜小于 500 mm；各接头中心至主节点的距离不宜大于步距的 1/3。

③ 两根相邻纵向水平杆的接头不应设置在同步或同跨内；不同步或不同跨两个相邻接头在水平方向错开的距离不应小于 500 mm；各接头中心至最近主节点的距离不应大于纵距的 1/3；

搭接长度不应小于 1 m，应等间距设置 3 个旋转扣件固定；端部扣件盖板边缘至搭接纵向水平杆杆端的距离不应小于 100 mm，水平杆长度不宜小于 3 跨。

（3）满堂支撑架剪刀撑

满堂支撑架应根据架体的类型设置剪刀撑，并应符合下列规定：

① 普通型

a）在架体外侧周边及内部纵、横向每 5 m～8 m，由底至顶设置连续竖向剪刀撑，剪刀撑宽度为 5 m～8 m。

b）在竖向剪刀撑顶部交点平面设置连续水平剪刀撑。当支撑高度超过 8 m，或施工总荷载大于 15 kN/m²，或集中线荷载大于 20 kN/m 的支撑架，扫地杆的设置层应设置水平剪刀撑。水平剪刀撑至架体底平面距离与水平剪刀撑间距不宜超过 8 m。

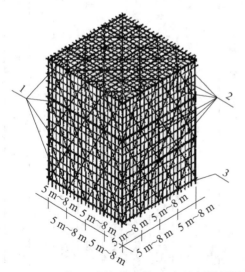

（1-水平剪刀撑；2-竖向剪刀撑；3-扫地杆设置层）

图 4-3-10　普通型水平、竖向剪刀撑布置图

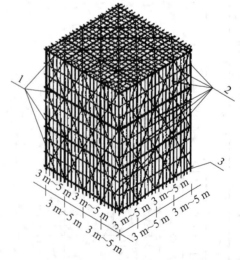

（1-水平剪刀撑；2-竖向剪刀撑；3-扫地杆设置层）

图 4-3-11　加强型水平、竖向剪刀撑布置图

② 加强型

a）当立杆纵、横间距为 0.9 m×0.9 m～1.2 m×1.2 m 时，在架体外侧周边及内部纵、横向每 4 跨(且不大于 5 m),由底至顶设置连续竖向剪刀撑,剪刀撑宽度为 4 跨。

b) 当立杆纵、横间距为 0.6 m×0.6 m～0.9 m×0.9 m(含 0.6 m×0.6 m,0.9 m×0.9 m)时,在架体外侧周边及内部纵、横向每 5 跨(且不小于 3 m),由底至顶设置连续竖向剪刀撑,剪刀撑宽度为 5 跨。

c) 当立杆纵、横间距为 0.4 m×0.4 m～0.6 m×0.6 m(含 0.4 m×0.4 m)时,在架体外侧周边及内部纵、横向每 3 m～3.2 m 由底至顶设置连续竖向剪刀撑,剪刀撑宽度为 3 m～3.2 m。

d) 在竖向剪刀撑顶部交点平面设置水平剪刀撑,扫地杆的设置层水平剪刀撑的设置应符合《建筑施工扣件式钢管脚手架安全技术规范》第 6.9.3 条第一款第二项的规定,水平剪刀撑至架体底平面距离与水平剪刀撑间距不宜超过 6 m,剪刀撑宽度为 3 m～5 m。

③ 竖向剪刀撑斜杆与地面的倾角为 45°～60°,水平剪刀撑与支架纵(或横)向夹角为 45°～60°,剪刀撑斜杆的接长同脚手架立杆的对接、搭接的规定。

④ 剪刀撑应用旋转扣件固定在与之相交的水平杆或立杆上,旋转扣件中心线至主节点的距离不宜大于 150 mm。

(4) 其他

满堂支撑架的可调底座、可调托撑螺杆伸出长度不宜超过 300 mm,插入立杆内的长度不得小于 150 mm。

当满堂支撑架高宽比不满足《建筑施工扣件式钢管脚手架安全技术规范》附录 C 表 C-2～表 C-5 的规定(高宽比大于 2 或 2.5)时,满堂支撑架应在支架的四周和中部与结构柱进行刚性连接,连墙件水平间距应为 6 m～9 m,竖向间距应为 2 m～3 m。

在无结构柱部位应采取预埋钢管等措施与建筑结构进行刚性连接,在有空间部位,满堂支撑架宜超出顶部加载区投影范围向外延伸布置 2～3 跨。支撑架高宽比不应大于 3。

10) 型钢悬挑脚手架

(1) 架体

一次悬挑脚手架高度不宜超过 20 m。

型钢悬挑梁宜采用双轴对称截面的型钢。悬挑钢梁型号及锚固件应按设计确定,钢梁截面高度不应小于 160 mm。

悬挑梁尾端应在两处及以上固定于钢筋混凝土梁板结构上,锚固型钢的主体结构混凝土强度等级不得低于 C20。锚固位置设置在楼板上时,楼板的厚度不宜小于 120 mm。如果楼板的厚度小于 120 mm 应采取加固措施。

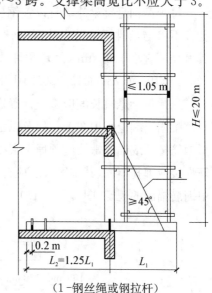

(1-钢丝绳或钢拉杆)

图 4-3-12　型钢悬挑脚手架构造

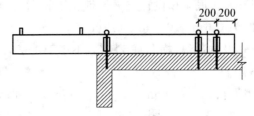

图 4 - 3 - 13　悬挑钢梁楼面构造

用于锚固的 U 形钢筋拉环或螺栓应采用冷弯成型,直径不宜小于 16 mm。U 形钢筋拉环、锚固螺栓与型钢间隙应用钢楔或硬木楔楔紧。

当型钢悬挑梁与建筑结构采用螺栓钢压板连接固定时,钢压板尺寸不应小于 100 mm×10 mm(宽×厚);当采用螺栓角钢压板连接时,角钢的规格不应小于 63 mm× 63 mm×6 mm。

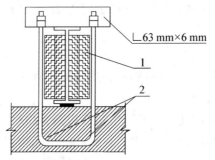

(1-木楔侧向楔紧;2-两根 1.5 m 长直径 18 mm 的 HRB 335 钢筋)
图 4 - 3 - 14　悬挑钢梁 U 形螺栓固定构造

每个型钢悬挑梁外端宜设置钢丝绳或钢拉杆与上一层建筑结构斜拉结。钢丝绳、钢拉杆不参与悬挑钢梁受力计算;钢丝绳与建筑结构拉结的吊环应使用 HRB 335 级钢筋,其直径不宜小于 20 mm,吊环预埋锚固长度应符合现行国家标准《混凝土结构设计规范 (2015 年版)》(GB 50010 - 2010)中钢筋锚固的规定。

悬挑钢梁悬挑长度应按设计确定,固定段长度不应小于悬挑段长度的 1.25 倍。型钢悬挑梁固定端应采用 2 个(对)及以上 U 形钢筋拉环或锚固螺栓与建筑结构梁板固定,U 形钢筋拉环或锚固螺栓应预埋至混凝土梁、板底层钢筋位置,并应与混凝土梁、板底层钢筋焊接或绑扎牢固,其锚固长度应符合现行国家标准《混凝土结构设计规范(2015 年版)》中钢筋锚固的规定(图 4 - 3 - 15)。

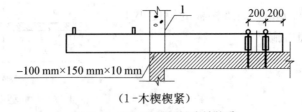

(1-木楔楔紧)
图 4 - 3 - 15　悬挑钢梁穿墙构造

型钢悬挑梁悬挑端应设置能使脚手架立杆与钢梁可靠固定的定位点，定位点离悬挑梁端部不应小于100 mm。

悬挑梁间距应按悬挑架架体立杆纵距设置，每一纵距设置一根。

（2）剪刀撑、斜撑、连墙件

挑架的外立面剪刀撑应自下而上连续设置。剪刀撑设置应符合的规定同单、双排脚手架剪刀撑的设置的规定。

开口型双排脚手架的两端均必须设置横向斜撑。

连墙件设置应符合《建筑施工扣件式钢管脚手架安全技术规范》第6.4节的规定。

3. 施工

1）施工准备

（1）脚手架搭设前，应按专项施工方案向施工人员进行交底。

（2）应按《建筑施工扣件式钢管脚手架安全技术规范》（JGJ 130-2011）的规定和脚手架专项施工方案要求对钢管、扣件、脚手板、可调托撑等进行检查验收，不合格产品不得使用。

（3）经检验合格的构配件应按品种、规格分类，堆放整齐、平稳，堆放场地不得有积水。

（4）应清除搭设场地杂物，平整搭设场地，并应使排水畅通。

2）地基与基础

（1）脚手架地基与基础的施工，应根据脚手架所受荷载、搭设高度、搭设场地土质情况与现行国家标准《建筑地基基础工程施工质量验收标准》（GB 50202-2018）的有关规定进行。

（2）压实填土地基应符合现行国家标准《建筑地基基础设计规范》（GB 50007-2011）的相关规定；灰土地基应符合现行国家标准《建筑地基基础工程施工质量验收标准》的相关规定。

（3）立杆垫板或底座底面标高宜高于自然地坪50 mm～100 mm。

（4）脚手架基础经验收合格后，应按施工组织设计或专项方案的要求放线定位。

3）搭设

（1）单、双排脚手架必须配合施工进度搭设，一次搭设高度不应超过相邻连墙件以上两步；如果超过相邻连墙件以上两步，无法设置连墙件时，应采取撑拉固定等措施与建筑结构拉结。

（2）每搭完一步脚手架后，应按《建筑施工扣件式钢管脚手架安全技术规范》（JGJ 130-2011）的表8.2.4的规定校正步距、纵距、横距及立杆的垂直度。

（3）底座安放应符合下列规定：

① 底座、垫板均应准确地放在定位线上；

② 垫板应采用长度不少于2跨、厚度不小于50 mm、宽度不小200 mm的木垫板。

（4）立杆搭设应符合下列规定：

① 相邻立杆的对接连接应符合构造要求的规定；

② 脚手架开始搭设立杆时，应每隔 6 跨设置一根抛撑，直至连墙件安装稳定后，方可根据情况拆除；

③ 当架体搭设至有连墙件的主节点时，在搭设完该处的立杆、纵向水平杆、横向水平杆后，应立即设置连墙件。

（5）脚手架纵向水平杆的搭设应符合下列规定：

① 脚手架纵向水平杆应随立杆按步搭设，并应采用直角扣件与立杆固定；

② 纵向水平杆的搭设应符合构造要求规定；

③ 在封闭型脚手架的同一步中，纵向水平杆应四周交圈设置，并应用直角扣件与内外角部立杆固定。

（6）脚手架横向水平杆搭设应符合下列规定：

① 搭设横向水平杆应符合构造要求规定；

② 双排脚手架横向水平杆的靠墙一端至墙装饰面的距离不应大于 100 mm；

③ 单排脚手架的横向水平杆不应设置在下列部位：

a）设计上不允许留脚手眼的部位；

b）过梁上与过梁两端成 60°角的三角形范围内及过梁净跨度 1/2 的高度范围内；

c）宽度小于 1 m 的窗间墙；

d）梁或梁垫下及其两侧各 500 mm 的范围内；

e）砖砌体的门窗洞口两侧 200 mm 和转角处 450 mm 的范围内，其他砌体的门窗洞口两侧 300 mm 和转角处 600 mm 的范围内；

f）墙体厚度小于或等于 180 mm；

g）独立或附墙砖柱，空斗砖墙、加气块墙等轻质墙体；

h）砌筑砂浆强度等级小于或等于 M2.5 的砖墙。

（7）脚手架纵向、横向扫地杆搭设应符合构造要求的规定。

（8）脚手架连墙件安装应符合下列规定：

① 连墙件的安装应随脚手架搭设同步进行，不得滞后安装；

② 当单、双排脚手架施工操作层高出相邻连墙件以上两步时，应采取确保脚手架稳定的临时拉结措施，直到上一层连墙件安装完毕后再根据情况拆除。

（9）脚手架剪刀撑与双排脚手架横向斜撑应随立杆、纵向和横向水平杆等同步搭设，不得滞后安装。

（10）脚手架门洞搭设应符合《建筑施工扣件式钢管脚手架安全技术规范》（JGJ 130-2011）第 6.5 节的规定。

（11）扣件安装应符合下列规定：

① 扣件规格应与钢管外径相同；

② 螺栓拧紧扭力矩不应小于 40 N·m，且不应大于 65 N·m；

③ 在主节点处固定横向水平杆、纵向水平杆、剪刀撑、横向斜撑等用的直角扣件旋转扣件的中心点的相互距离不应大于 150 mm；

④ 对接扣件开口应朝上或朝内；

⑤ 各杆件端头伸出扣件盖板边缘的长度不应小于 100 mm。

(12) 作业层、斜道的栏杆和挡脚板的搭设应符合下列规定：

① 栏杆和挡脚板均应搭设在外立杆的内侧；

② 上栏杆上皮高度应为 1.2 m；

③ 挡脚板高度不应小于 180 mm；

④ 中栏杆应居中设置。

(13) 脚手板的铺设应符合下列规定：

① 脚手板应铺满、铺稳，离墙面的距离不应大于 150 mm；

② 采用对接或搭接时均应符合脚手板设置规定；脚手板探头应用直径 3.2 mm 的镀锌钢丝固定在支承杆件上；

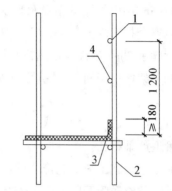

(1-上栏杆；2-外立杆；3-挡脚板；4-中栏杆)

图 4-3-16　栏杆和挡脚板构造

③ 在拐角、斜道平台口处的脚手板，应用镀锌钢丝固定在横向水平杆上，防止滑动。

4) 拆除

(1) 脚手架拆除应按专项方案施工，拆除前应做好下列准备工作：

① 应全面检查脚手架的扣件连接、连墙件、支撑体系等是否符合构造要求；

② 应根据检查结果补充完善脚手架专项方案中的拆除顺序和措施，经审批后方可实施；

③ 拆除前应对施工人员进行交底；

④ 应清除脚手架上杂物及地面障碍物。

(2) 单、双排脚手架拆除作业必须由上而下逐层进行，严禁上下同时作业；

连墙件必须随脚手架逐层拆除，严禁先将连墙件整层或数层拆除后再拆脚手架；

分段拆除高差大于两步时，应增设连墙件加固。

(3) 当脚手架拆至下部最后一根长立杆的高度(约 6.5 m)时，应先在适当位置搭设临时抛撑加固后，再拆除连墙件。当单、双排脚手架采取分段、分立面拆除时，对不拆除的脚手架两端，应先按《建筑施工扣件式钢管脚手架安全技术规范》(JGJ 130-2011)的规定设置连墙件和横向斜撑加固。

(4) 架体拆除作业应设专人指挥，当有多人同时操作时，应明确分工、统一行动，且应具有足够的操作面。

(5) 卸料时各构配件严禁抛掷至地面。

(6) 运至地面的构配件应按本规范的规定及时检查、整修与保养，并应按品种、规格分别存放。

5) 其他安全注意事项

① 安装与拆除

扣件式钢管脚手架安装与拆除人员必须是经考核合格的专业架子工。

架子工应持证上岗。

搭拆脚手架人员必须戴安全帽、系安全带、穿防滑鞋。

满堂脚手架与满堂支撑架在安装过程中,应采取防倾覆的临时固定措施。

临街搭设脚手架时,外侧应有防止坠物伤人的防护措施。

工地临时用电线路的架设及脚手架接地、避雷措施等,应按现行行业标准《施工现场临时用电安全技术规范》(JGJ 46 - 2005)的有关规定执行。

搭拆脚手架时,地面应设围栏和警戒标志,并应派专人看守,严禁非操作人员入内。

在脚手架使用期间,严禁拆除下列杆件:主节点处的纵、横向水平杆,纵、横向扫地杆;连墙件。

② 使用

钢管上严禁打孔。

作业层上的施工荷载应符合设计要求,不得超载。不得将模板支架、缆风绳、泵送混凝土和砂浆的输送管等固定在架体上;严禁悬挂起重设备,严禁拆除或移动架体上安全防护设施。

满堂支撑架在使用过程中,应设有专人监护施工,当出现异常情况时,应立即停止施工,并应迅速撤离作业面上人员。应在采取确保安全的措施后,查明原因、做出判断和处理。

满堂支撑架顶部的实际荷载不得超过设计规定。

脚手板应铺设牢靠、严实,并应用安全网双层兜底。施工层以下每隔 10 m 应用安全网封闭。

单、双排脚手架、悬挑式脚手架沿架体外围应用密目式安全网全封闭,密目式安全网宜设置在脚手架外立杆的内侧,并应与架体绑扎牢固。

当在脚手架使用过程中开挖脚手架基础下的设备基础或管沟时,必须对脚手架采取加固措施。

当有六级强风及以上风、浓雾、雨或雪天气时应停止脚手架搭设与拆除作业。雨、雪后上架作业应有防滑措施,并应扫除积雪。

夜间不宜进行脚手架搭设与拆除作业。

在脚手架上进行电、气焊作业时,应有防火措施和专人看守。

4. 检查与验收

脚手架的构配件质量与搭设质量,应按以下规定进行检查验收,并应确认合格后使用。

1) 构配件检查与验收

(1) 新钢管的检查应符合下列规定:

① 应有产品质量合格证;

② 应有质量检验报告,钢管材质检验方法应符合现行国家标准《金属材料 拉伸试验 第 1 部分:室温试验方法》(GB/T 228.1 - 2021)的有关规定,其质量应符合钢材质量的规定;

③ 钢管表面应平直光滑,不应有裂缝、结疤、分层、错位、硬弯、毛刺、压痕和深的划道;

④ 钢管外径、壁厚、端面等的偏差,应分别符合《建筑施工扣件式钢管脚手架安全技

术规范》(JGJ 130-2011)的规定;

⑤ 钢管应涂有防锈漆。

(2) 旧钢管的检查应符合下列规定:

① 表面锈蚀深度应符合构配件允许误差的规定。锈蚀检查应每年一次,检查时,应在锈蚀严重的钢管中抽取三根,在每根锈蚀严重的部位横向截断取样检查,当锈蚀深度超过规定值时不得使用。

② 钢管弯曲变形应符合构配件允许误差的规定。

(3) 扣件验收应符合下列规定:

① 扣件应有生产许可证、法定检测单位的测试报告和产品质量合格证。

当对扣件质量有怀疑时,应按现行国家标准《钢管脚手架扣件》(GB 15831 - 2006)的规定抽样检测。

② 新、旧扣件均应进行防锈处理。

③ 扣件的技术要求应符合现行国家标准《钢管脚手架扣件》的相关规定。

(4) 扣件进入施工现场应检查产品合格证,并应进行抽样复试,技术性能应符合现行国家标准《钢管脚手架扣件》的规定。

扣件在使用前应逐个挑选,有裂缝、变形、螺栓出现滑丝的严禁使用。

(5) 脚手板的检查应符合下列规定:

① 冲压钢脚手板的检查应符合下列规定:

a) 新脚手板应有产品质量合格证;

b) 尺寸偏差应符合《建筑施工扣件式钢管脚手架安全技术规范》(JGJ 130 - 2011)的规定,且不得有裂纹、开焊与硬弯;

c) 新、旧脚手板均应涂防锈漆;

d) 应有防滑措施。

② 木脚手板、竹脚手板的检查应符合下列规定:

a) 木脚手板质量应符合《建筑施工扣件式钢管脚手架安全技术规范》的规定,宽度、厚度允许偏差应符合现行国家标准《木结构工程施工质量验收规范》(GB 50206 - 2012)的规定;不得使用扭曲变形劈裂、腐朽的脚手板;

b) 竹笆脚手板、竹串片脚手板的材料应符合脚手板材质、质量的规定。

(6) 悬挑脚手架用型钢的质量应符合型钢质量规定,并应符合现行国家标准《钢结构工程施工质量验收标准》(GB 50205 - 2020)的有关规定。

(7) 可调托撑的检查应符合下列规定:

① 应有产品质量合格证,其质量应符合可调托撑质量、焊接及承载力设计值的规定;

② 应有质量检验报告,可调托撑抗压承载力应符合承载力设计值的规定;

③ 可调托撑支托板厚不应小于 5 mm,变形不应大于 1 mm;

④ 严禁使用有裂缝的支托板、螺母。

（8）构配件允许偏差如下表。

表4-3-10 构配件允许偏差

序号	项目	允许偏差 Δ（mm）	示意图	检查工具
1	焊接钢管尺寸（mm） 外径48.3 壁厚3.6	±0.5 ±0.36		游标卡尺
2	钢管两端面切斜偏差	1.70		塞尺、拐角尺
3	钢管外表面锈蚀深度	≤0.18		游标卡尺
4	钢管弯曲 ① 各种杆件钢管的端部弯曲 l≤1.5 m	≤5		钢板尺
	② 立杆钢管弯曲 3 m＜l≤4 m 4 m＜l≤6.5 m	≤12 ≤20		
	③ 水平杆、斜杆的钢管弯曲≤6.5 m	≤30		
5	冲压钢脚手板 ① 板面挠曲 l≤4 m l＞4 m	≤12 ≤16		钢板尺
	② 板面扭曲 （任一角翘起）	≤5		
6	可调托撑支托板变形	1.0		钢板尺、塞尺

2）脚手架检查与验收

（1）脚手架及其地基基础应在下列阶段进行检查与验收：

① 基础完工后及脚手架搭设前；

② 作业层上施加荷载前；

③ 每搭设完 6 m～8 m 高度后；

④ 达到设计高度后；

⑤ 遇有六级强风及以上风或大雨后,冻结地区解冻后;

⑥ 停用超过一个月。

标准规范

建筑施工脚手架
安全技术统一标准

(2) 应根据下列技术文件进行脚手架检查、验收:

① 第(3)条~第(5)条的规定;

② 专项施工方案及变更文件;

③ 技术交底文件;

④ 构配件质量检查表。

表 4-3-11　构配件质量检查表

项目	要求	抽检数量	检查方法
钢管	应有产品质量合格证、质量检验报告	750 根为一批,每批抽取 1 根	检查资料
	钢管表面应平直光滑、不应有裂缝、结疤、分层、错位、硬弯、毛刺、压痕、深的划道及严重锈蚀等缺陷,严禁打孔;钢管使用前必须涂刷防锈漆	全数	目测
钢管外径及壁厚	外径 48.3 mm,允许偏差±0.5 mm;壁厚3.6 mm,允许偏差±0.36,最小壁厚 3.24 mm	3%	游标卡尺测量
扣件	应有生产许可证、质量检测报告、产品质量合格证、复试报告	《钢管脚手架扣件》规定	检查资料
	不允许有裂缝、变形、螺栓滑丝;扣件与钢管接触部位不应有氧化皮;活动部位应能灵活转动,旋转扣件两旋转面间隙应小于 1 mm;扣件表面应进行防锈处理	全数	目测
扣件螺栓拧紧扭力矩	扣件螺栓拧紧扭力矩值不应小于 40 N·m,且不应大于 65 N·m	扣件拧紧抽样检查数目及质量判定标准	扭力扳手
可调托撑	可调托撑受压承载力设计值不应小于 40 kN。应有产品质量合格证、质量检验报告	3%	检查资料
	可调托撑螺杆外径不得小于 36 mm,可调托撑螺杆与螺母旋合长度不得少于 5 扣,螺母厚度不小于 30 mm。插入立杆内的长度不得小于 150 mm。支托板厚不小于 5 mm,变形不大于 1 mm。螺杆与支托板焊接要牢固,焊缝高度不小于 6 mm	3%	游标卡尺、钢板尺测量
	支托板、螺母有裂缝的严禁使用	全数	目测
脚手板	新冲压钢脚手板应有产品质量合格证	—	检查资料
	冲压钢脚手板板面挠曲≤12 mm(l≤4 m)或≤16 mm(l>4 m);板面扭曲≤5 mm(任一角翘起)	3%	钢板尺

(续表)

项目	要求	抽检数量	检查方法
	不得有裂纹、开焊与硬弯;新、旧脚手板均应涂防锈漆	全数	目测
	木脚手板材质应符合现行国家标准《木结构设计规范》GB 50005 中 Ⅱ 级材质的规定。扭曲变形、劈裂、腐朽的脚手板不得使用	全数	目测
	木脚手板的宽度不宜小于 200 mm,厚度不应小于 50 mm;板厚允许偏差 −2 mm	3%	钢板尺
	竹脚手板宜采用由毛竹或楠竹制作的竹串片板、竹笆板	全数	目测
	竹串片脚手板宜采用螺栓将并列的竹片串联而成。螺栓直径宜为 3 mm～10 mm,螺栓间距宜为 500 mm～600 mm,螺栓离板端宜为 200 mm～250 mm。板宽 250 mm,板长 2 000 mm、2 500 mm、3 000 mm	3%	钢板尺

(3) 脚手架使用中,应定期检查下列要求内容:

① 杆件的设置和连接,连墙件、支撑、门洞桁架等的构造应符合《建筑施工扣件式钢管脚手架安全技术规范》(JGJ 130-2011)和专项施工方案的要求;

② 地基应无积水,底座应无松动,立杆应无悬空;

③ 扣件螺栓应无松动;

④ 高度在 24 m 以上的双排、满堂脚手架,其立杆的沉降与垂直度的偏差应符合相应脚手架搭设技术要求、允许误差规定;高度在 20 m 以上的满堂支撑架,其立杆的沉降与垂直度的偏差应符合相应脚手架搭设技术要求、允许误差规定;

⑤ 安全防护措施应符合《建筑施工扣件式钢管脚手架安全技术规范》要求;

⑥ 应无超载使用。

(4) 脚手架搭设的技术要求、允许偏差与检验方法,如下表。

表 4-3-12 脚手架搭设技术要求、允许误差

项次	项目		技术要求	允许偏差 Δ(mm)	示意图	检查方法与工具
1	地基基础	表面	坚实平整	—	—	观察
		排水	不积水			
		垫板	不晃动			
		底座	不滑动			
			不沉降	−10		

（续表）

项次	项目	技术要求	允许偏差 Δ(mm)	示意图	检查方法与工具
2	单、双排与满堂脚手架立杆垂直度	最后验收立杆垂直度（20～50)m	—	±100		经纬仪或吊线和卷尺

下列脚手架允许水平偏差（mm）

搭设中检查偏差的高度(m)	总高度		
	50 m	40 m	20 m
$H=2$	±7	±7	±7
$H=10$	±20	±25	±50
$H=20$	±40	±50	±100
$H=30$	±60	±75	
$H=40$	±80	±100	
$H=50$	±100		

中间档次用插入法

项次	项目	技术要求	允许偏差	检查方法与工具
3	满堂支撑架立杆垂直度	最后验收立杆垂直度 30 m	—	±90	经纬仪或吊线和卷尺

下列满堂支撑架允许水平偏差（mm）

搭设中检查偏差的高度(m)	总高度
	30 m
$H=2$	±7
$H=10$	±30
$H=20$	±60
$H=30$	±90

中间档次用插入法

项次	项目	技术要求	允许偏差	示意图	检查方法与工具
4	单双排、满堂脚手架间距	步距	—	±20	—	钢板尺
		纵距	—	±50		
		横距	—	±20		
5	满堂支撑架间距	步距	—	±20	—	钢板尺
		立杆横距	—	±30		
6	纵向水平杆高差	一根杆的两端	—	±20		水平仪或水平尺

（续表）

项次	项目		技术要求	允许偏差 Δ(mm)	示意图	检查方法与工具
		同跨内两根纵向水平杆高差	—	±10		
7	剪刀撑斜杆与地面的倾角		45°~60°	—		角尺
8	脚手板外伸长度	对接	$a=(130\sim150)$ mm $l\leqslant300$ mm	—	$l\leqslant300$	卷尺
		搭接	$a\geqslant100$ mm $l\geqslant300$ mm	—	$l\geqslant200$	卷尺
9	扣件安装	主节点处各扣件中心点相互距离	$a\leqslant150$ mm	—		钢卷尺
		同步立杆上两个相隔对接扣件的高差	$a\geqslant500$ mm	—		钢卷尺
		立杆上的对接扣件至主节点的距离	$a\leqslant h/3$			
		纵向水平杆上的对接扣件至主节点的距离	$a\leqslant l_0/3$	—		钢卷尺
		螺栓拧紧扭力矩	$(40\sim65)$ N·m	—	—	扭力扳手

（注：图中 1-立杆；2-纵向水平杆；3-横向水平杆；4-剪刀撑）

（5）安装后的扣件螺栓拧紧扭力矩应采用扭力扳手检查，抽样方法应按随机分布原则进行。抽样检查数目与质量判定标准，应按扣件拧紧抽样检查数目及质量判定标准规定确定。不合格的应重新拧紧至合格。

标准规范

施工脚手架
通用规范

表 4－3－13 扣件拧紧抽样检查数目及质量判定标准

项次	检查项目	安装扣件数量(个)	抽检数量	允许的不合格数量(个)
1	连接立杆与纵(横)向水平杆或剪刀撑的扣件;接长立杆、纵向水平杆或剪刀撑的扣件	51～90	5	0
		91～150	8	1
		151～280	13	1
		281～500	20	2
		501～1 200	32	3
		1 201～3 200	50	5
2	连接横向水平杆与纵向水平杆的扣件(非主节点处)	51～90	5	1
		91～150	8	2
		151～280	13	3
		281～500	20	5
		501～1 200	32	7
		1 201～3 200	50	10

4.3.2 门式钢管脚手架

1.组成

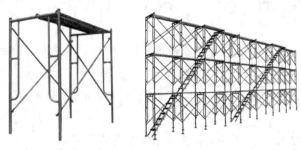

图 4－3－17 门式脚手架示例

门式钢管脚手架以门架、交叉支撑、连接棒、水平架、锁臂、底座等组成基本结构,再以水平加固杆、剪刀撑、扫地杆加固,能承受相应荷载,具有安全防护功能,为建筑施工提供作业条件的一种定型化钢管脚手架。门式钢管脚手架不仅可作为外脚手架,也可作为内脚手架或满堂脚手架。

门式钢管脚手架几何尺寸标准化,结构合理,受力性能好,充分利用利用钢材强度,承载能力高;施工中装拆容易、架设效率高,省工省时;但安全性不高,搭设高度有限制。

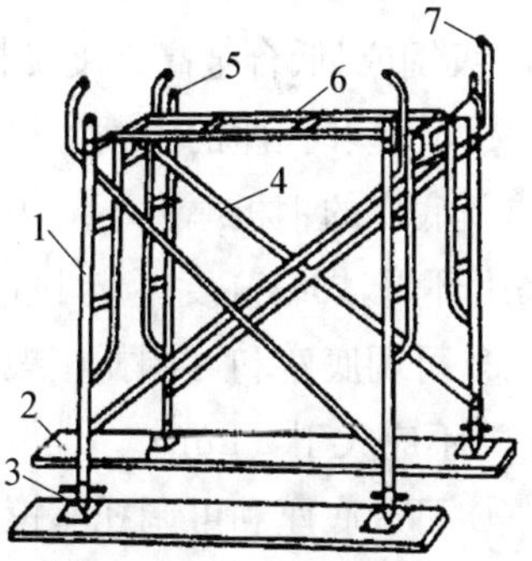

1)构配件

(1)钢管

门式脚手架所用门架及配套的钢管应符合现行国家标准《直缝电焊钢管》(GB/T

(1-框架;2-平板;3-螺旋基脚;4-剪刀撑;5-连接棒;6-水平梁架;7-锁臂)

图 4－3－18 门式钢管脚手架组成

13793 - 2016)或《低压流体输送用焊接钢管》(GB/T 3091 - 2015)中规定的普通钢管,其材质应符合现行国家标准《碳素结构钢》(GB/T 700 - 2016)中 Q235 级钢或《低合金高强度结构钢》(GB/T 1591 - 2018)中 Q345 级钢的规定。宜采用规格为 $\phi42\,mm\times2.5\,mm$ 的钢管,也可采用规格 $\phi48\,mm\times3.5\,mm$ 的钢管;相应的扣件规格也应分别为 $\phi42\,mm$ 或 $\phi48\,mm$。

钢管外径、壁厚、外形允许偏差应符合下表的规定。

表 4 - 3 - 14 钢管外径、壁厚、外形允许偏差

偏差项目 钢管直径(mm)	外径 (mm)	壁厚 (mm)	外形偏差		
			弯曲度(mm/m)	椭圆度(mm)	管端端面
26.8	±0.5	+0.3 -0.2	1.5	0.38	与轴线垂直、无毛刺、无机械平头
42~48.6					

当门架钢管与需进行设计计算的水平杆等钢管壁厚存在负偏差时,应按钢管的实际壁厚进行计算。水平加固杆、剪刀撑、斜撑杆等加固杆件的材质与规格应与门架配套,其承载力不应低于门架立杆。

门架钢管不得接长使用。当门架钢管壁厚存在负偏差时,宜选用热镀锌钢管。

(2) 扣件

铸造生产的扣件应采用可锻铸铁或铸钢制作,其质量和性能应符合现行国家标准《钢管脚手架扣件》(GB 15831 - 2006)的要求;

钢板冲压生产的扣件质量和性能应符合现行国家标准《钢板冲压扣件》(GB 24910 - 2010)的要求。

连接外径为 $\phi42\,mm$、$\phi48\,mm$ 钢管的扣件应有明显标记。

(3) 底座和托座

底座和托座应经设计计算后加工制作,其材质应符合现行国家标准《碳素结构钢》中 Q235 级钢或《低合金高强度结构钢》中 Q345 级钢的规定,并应符合下列规定:

① 底座和托座的承载力极限值不应小于 40 kN;

② 底座的钢板厚度不应小于 6 mm,托座 U 型钢板厚度不应小于 5 mm,钢板与螺杆应采用环焊,焊缝高度不应小于钢板厚度,并宜设置加劲板;

③ 可调底座和可调托座螺杆直径应与门架立杆钢管直径配套,插入门架立杆钢管内的间隙不应大于 2 mm;

④ 可调底座和可调托座螺杆与可调螺母啮合的承载力应高于可调底座和可调托座的承载力,螺母厚度不应小于 30 mm,螺母与螺杆的啮合齿数不应少于 6 扣;

⑤ 可调托座和可调底座螺杆宜采用实心螺杆;当采用空心螺杆时,壁厚不应小于 6 mm,并应进行承载力试验。

(4) 连墙件

连墙件宜采用钢管或型钢制作,其材质应符合现行国家标准《碳素结构钢》中 Q235

级钢或《低合金高强度结构钢》中 Q345 级钢的规定。

（5）悬挑梁或悬挑桁架

悬挑脚手架的悬挑梁或悬挑桁架应采用型钢制作，其材质应符合现行国家标准《碳素结构钢》中 Q235B 级钢或《低合金高强度结构钢》中 Q345 级钢的规定。用于固定型钢悬挑梁或悬挑桁架的 U 型钢筋拉环或锚固螺栓材质应符合现行国家标准《钢筋混凝土用钢 第 1 部分：热轧光圆钢筋》（GB 1499.1 - 2017）中 HPB 300 级钢筋的规定。

（6）其他

门架与配件规格、型号应统一，应具有良好的互换性，应有生产厂商的标志，其外观质量应符合下列规定：

① 不得使用带有裂纹、折痕、表面明显凹陷、严重锈蚀的钢管；

② 冲压件不得有毛刺、裂纹、明显变形、氧化皮等缺陷；

③ 焊接件的焊缝应饱满，焊渣应清除干净，不得有未焊透、夹渣、咬肉、裂纹等缺陷。

当交叉支撑、锁臂、连接棒等配件与门架相连时，应有防止退出松脱的构造，当连接棒与锁臂一起应用时，连接棒可不受此限。水平架、脚手板、钢梯与门架的挂扣连接应有防止脱落的构造。

2）分类

门式钢管脚手架包括门式作业脚手架和门式支撑架。

（1）门式作业脚手架

门式作业脚手架采用连墙件与建筑物主体结构附着连接，为建筑施工提供作业平台和安全防护的门式钢管脚手架。包括落地作业脚手架、悬挑脚手架、架体构架以门架搭设的建筑施工用附着式升降作业安全防护平台。

（2）门式支撑架

门式支撑架为建筑施工提供支撑和安全作业平台的门式脚手架。又称满堂架。包括用于装饰装修及设备管道安装的满堂作业架和用于混凝土模板及钢结构安装的满堂支撑架。

2. 构造要求

1）一般规定

配件应与门架配套，在不同架体结构组合工况下，均应使门架连接可靠、方便，不同型号的门架与配件严禁混合使用。

（1）交叉支撑

门式脚手架设置的交叉支撑应与门架立杆上的锁销锁牢，交叉支撑的设置应符合下列规定：

① 门式作业脚手架的外侧应按布满设交叉支撑，内侧宜设置交叉支撑；当门式作业脚手架的内侧不设交叉支撑时，应符合下列规定：

a) 在门式作业脚手架内侧应按步设置水平加固杆；

b) 当门式作业脚手架按步设置挂扣式脚手板或水平架时，可在内侧的门架立杆上每 2 步设置一道水平加固杆。

② 门式支撑架应按步在门架的两侧满设交叉支撑。

（2）上下榀门架

上下榀门架立杆应在同一轴线位置上，门架立杆轴线的对接偏差不应大于 2 mm。

上下榀门架的组装必须设置连接棒，连接棒插入立杆的深度不应小于 30 mm，连接棒与门架立杆配合间隙不应大于 2 mm。

门式脚手架上下榀门架间应设置锁臂。当采用插销式或弹销式连接棒时，可不设锁臂。

（3）水平加固杆

门式脚手架应设置水平加固杆，水平加固杆的构造应符合下列规定：

① 每道水平加固杆均应通长连续设置；

② 水平加固杆应靠近门架横杆设置，应采用扣件与相关门架立杆扣紧；

③ 水平加固杆的接长应采用搭接，搭接长度不宜小于 1 000 mm，搭接处宜采用 2 个及以上旋转扣件扣紧。

水平架可由挂扣式脚手板或在门架两侧立杆上设置的水平加固杆代替。

（4）剪刀撑

门式脚手架应设置剪刀撑，剪刀撑的构造应符合下列规定：

① 剪刀撑斜杆的倾角应为 45°～60°；

② 剪刀撑应采用旋转扣件与门架立杆及相关杆件扣紧；

③ 每道剪刀撑的宽度不应大于 6 个跨距，且不应大于 9 m；也不宜小于 4 个跨距，且不宜小于 6 m；

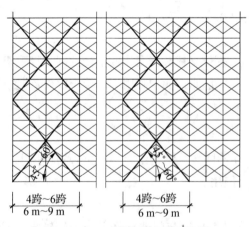

4跨～6跨
6 m～9 m

4跨～6跨
6 m～9 m

图 4-3-19　剪刀撑布置示意图

④ 每道竖向剪刀撑均应由底至顶连续设置；

⑤ 剪刀撑斜杆的接长应采用搭接，搭接长度不宜小于 1 000 mm，搭接处宜采用 2 个及以上旋转扣件扣紧。

（5）上下斜梯

作业人员上下门式脚手架的斜梯宜采用挂扣式钢梯，并宜采用 Z 字形设置，一个梯段宜跨越两步或三步门架再行转折。当采用垂直挂梯时,应采用护圈式挂梯,并应设置安全锁。

钢梯规格应与门架规格配套,并应与门架挂扣牢固。钢梯应设栏杆扶手和挡脚板。

(6) 底座和托座

当架上总荷载大于 3 kN/m² 时,门式支撑架宜在顶部门架立杆上设置托座和楞梁,楞梁应具有足够的强度和刚度。当架上总荷载小于或等于 3 kN/m² 时,门式支撑架可通过门架横杆承担和传递荷载。

底部门架的立杆下端可设置固定底座或可调底座。

可调底座和可调托座插入门架立杆的长度不应小于 150 mm,调节螺杆伸出长度不应大于 200 mm。

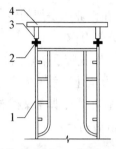

(1-门架;2-托座;3-楞梁;4-小楞)

图 4-3-20 门式支撑架上部设置示意

2) 门式作业脚手架

(1) 搭设高度

门式作业脚手架的搭设高度除应满足设计计算条件外,尚不宜超过下表的规定。

表 4-3-15 门式作业脚手架搭设高度

序号	搭设方式	施工荷载标准值(kN/m²)	搭设高度(m)
1	落地、密目式安全立网全封闭	≤2.0	≤60
2		>2.0 且≤4.0	≤45
3	悬挑、密目式安全立网全封闭	≤2.0	≤30
4		>2.0 且≤4.0	≤24

(注:表内数据适用于 10 年重现期基本风压值 w_0≤0.4 kN/m² 的地区,对于 10 年重现期基本风压值 w_0>0.4 kN/m² 的地区应按实际计算确定)

(2) 水平架

水平架是两端设有防松脱的挂钩,可紧扣在两榀门架横梁上的定型水平构件。

门式作业脚手架应在门架的横杆上扣挂水平架,水平架设置应符合下列规定:

① 应在作业脚手架的顶层、连墙件设置层和洞口处顶部设置;

② 当作业脚手架安全等级为Ⅰ级时,应沿作业脚手架高度每步设置一道水平架;当作业脚手架安全等级为Ⅱ级时,应沿作业脚手架高度每两步设置一道水平架;

③ 每道水平架均应连续设置。

(3) 扫地杆

门式作业脚手架的底层门架下端应设置纵横向扫地杆。纵向通长扫地杆应固定在距门架立杆底端不大于 200 mm 处的门架立杆上,横向扫地杆宜固定在紧靠纵向扫地杆下方的门架立杆上。

(4) 纵向水平加固杆

水平加固杆是设置于架体层间门架的立杆上,用于加强架体水平向连接、增强架体整体刚度的水平杆件。

门式作业脚手架应在架体外侧的门架立杆上设置纵向水平加固杆,应符合下列规定:

① 在架体的顶层、沿架体高度方向不超过 4 步设置一道,宜在有连墙件的水平层设置;

② 在作业脚手架的转角处、开口型作业脚手架端部的两个跨距内,按步设置。

（5）剪刀撑

门式作业脚手架外侧立面上剪刀撑的设置应符合下列规定:

① 当作业脚手架安全等级为Ⅰ级时,剪刀撑应按下列要求设置:

a) 宜在作业脚手架的转角处、开口型端部及中间间隔不超过 15 m 的外侧立面上各设置一道剪刀撑;

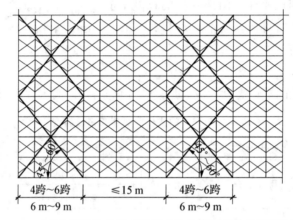

图 4 - 3 - 21　安全等级为Ⅰ级时的门式作业脚手架的剪刀撑构造要求

b) 当在作业脚手架的外侧立面上不设剪刀撑时,应沿架体高度方向每间隔 2 步～3 步在门架内外立杆上分别设置一道水平加固杆。

② 当作业脚手架安全等级为Ⅱ级时,门式作业脚手架外侧立面可不设置剪刀撑。

（6）连接杆和斜撑杆

在建筑物的转角处,门式作业脚手架内外两侧立杆上应按步水平设置连接杆和斜撑杆,应将转角处的两榀门架连成一体,并应符合下列规定:

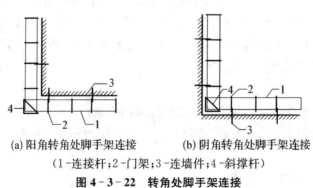

(a) 阳角转角处脚手架连接　　(b) 阴角转角处脚手架连接

（1-连接杆;2-门架;3-连墙件;4-斜撑杆）

图 4 - 3 - 22　转角处脚手架连接

① 连接杆和斜撑杆应采用钢管,其规格应与水平加固杆相同;

② 连接杆和斜撑杆应采用扣件与门架立杆或水平加固杆扣紧；

③ 当连接杆与水平加固杆平行时,连接杆的一端应采用不少于2个旋转扣件与平行的水平加固杆扣紧,另一端应采用扣件与垂直的水平加固杆扣紧。

（7）连墙件

门式作业脚手架应按设计计算和构造要求设置连墙件与建筑结构拉结,连墙件设置的位置和数量应按专项施工方案确定,应按确定的位置设置预埋件,并应符合下列规定:

① 连墙件应采用能承受压力和拉力的构造,并应与建筑结构和架体连接牢固;

② 连墙件应从作业脚手架的首层首步开始设置,连墙点之上架体的悬臂高度不应超过2步;

③ 应在门式作业脚手架的转角处和开口型脚手架端部增设连墙件,连墙件的竖向间距不应大于建筑物的层高,且不应大于4.0 m。

门式作业脚手架连墙件的设置除应满足《建筑施工门式钢管脚手架安全技术标准》（JGJ/T 128 - 2019）的计算要求外,尚应满足下表要求。

表 4 - 3 - 16　连墙件最大间距或最大覆盖面积

序号	脚手架搭设方式	脚手架高度(m)	连墙件间距(m)		每根连墙件覆盖面积(m²)
			竖向	水平	
1	落地、密目式安全立网全封闭	≤40	3h	3l	≤33
2			2h	3l	≤22
3		>40	3h	3l	
4	落地、密目式安全立网全封闭	≤40	3h	3l	≤33
5		>40·~≤60	2h	3l	≤22
6		>60	2h	2l	≤15

（注:1. 序号4~6为架体位于地面上高度;2. 按每根连墙件覆盖面积设置连墙件时,连墙件的竖向间距不应大于6 m;3. 表中 h 为步距;l 为跨距）

连墙件应靠近门架的横杆设置,并应固定在门架的立杆上。

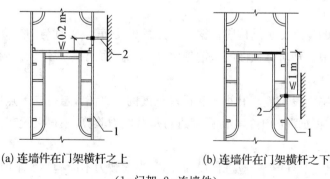

(a) 连墙件在门架横杆之上　　　(b) 连墙件在门架横杆之下

（1-门架;2-连墙件）

图 4 - 3 - 23　连墙件与门架连接示意

连墙件宜水平设置;当不能水平设置时,与门式作业脚手架连接的一端,应低于与建筑结构连接的一端,连墙杆的坡度宜小于1:3。

(8)脚手板

门式作业脚手架作业层应连续满铺挂扣式脚手板,并应有防止脚手板松动或脱落的措施。当脚手板上有孔洞时,孔洞的内切圆直径不应大于 25 mm。

(9)通道口

门式作业脚手架通道口高度不宜大于 2 个门架高度,对门式作业脚手架通道口应采取加固措施,并应符合下列规定:

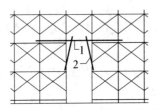 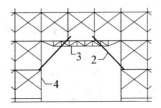

(a) 通道口宽度为一个门架跨距 　　(b) 通道口宽度为多个门架跨距

(1-水平加固杆;2-斜撑杆;3-托架梁;4-加强杆)

图 4-3-24　通道口加固示意图

① 当通道口宽度为一个门架跨距时,在通道口上方的内外侧应设置水平加固杆,水平加固杆应延伸至通道口两侧各一个门架跨距;

② 当通道口宽度为多个门架跨距时,在通道口上方应设置托架梁,并应加强洞口两侧的门架立杆,托架梁及洞口两侧的加强杆应经专门设计和制作;

③ 应在通道口内上角设置斜撑杆。

(10)安全防护

当门式作业脚手架的内侧立杆离墙面净距大于 150 mm 时,应采取内设挑架板或其他隔离防护的安全措施。

门式作业脚手架顶端防护栏杆宜高出女儿墙上端或檐口上端 1.5 m。

3)悬挑脚手架

(1)型钢悬挑梁

悬挑脚手架的悬挑支承结构应根据施工方案布设,其位置宜与门架立杆位置对应,每一跨距宜设置一根双轴对称截面的型钢悬挑梁,型钢截面型号应经设计确定,并应按确定的位置设置预埋件。

型钢悬挑梁锚固段长度不宜小于悬挑段长度的 1.25 倍,悬挑支承点应设置在建筑结构的梁板上,并应根据混凝土的实际强度进行承载能力验算,不得设置在外伸阳台或悬挑楼板上(图 4-3-25)。

对锚固型钢悬挑梁的楼板应进行设计验算,当承载力不能满足要求时,应采取在楼板内增配钢筋、对楼板进行反支撑等措施。

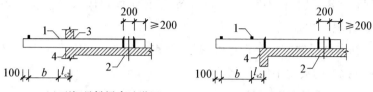

(a) 型钢悬挑梁穿墙设置 (b) 型钢悬挑梁楼面设置

（1-短钢管与钢梁焊接；2-锚固段压点；3-木楔；4-钢垫板（150 mm×100 mm×10 mm））

图 4-3-25 型钢悬挑梁在主体结构上的设置

（2）U 型钢筋拉环或螺栓

型钢悬挑梁的锚固段压点宜采用不少于 2 个（对）预埋 U 型钢筋拉环或螺栓固定；锚固位置的楼板厚度不应小于 100 mm，混凝土强度不应低于 20 MPa。

U 型钢筋拉环或螺栓应埋设在梁板下排钢筋的上边，用于锚固 U 型钢筋拉环或螺栓的锚固钢筋应与结构钢筋焊接或绑扎牢固，其锚固长度应符合现行国家标准《混凝土结构设计规范》(GB 50010)中钢筋锚固的规定（图 4-3-26）。

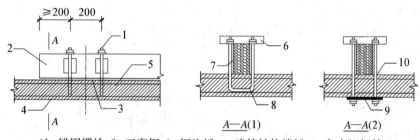

（1-锚固螺栓；2-工字钢；3-钢垫板；4-建筑结构楼板；5-负弯矩钢筋）

图 4-3-26 型钢悬挑梁与楼板固定

用于型钢悬挑梁锚固的 U 型钢筋拉环或螺栓应采用冷弯成型，钢筋直径不应小于 16 mm。

当型钢悬挑梁与建筑结构采用螺栓钢压板连接固定时，钢压板宽厚尺寸不应小于 100 mm×10 mm；当压板采用角钢时，角钢的规格不应小于 63 mm×63 mm×6 mm。

型钢悬挑梁与 U 型钢筋拉环或螺栓连接应紧固。当采用钢筋拉环连接时，应采用钢楔或硬木楔塞紧；当采用螺栓钢压板连接时，应采用双螺帽拧紧。

（3）钢拉杆或钢丝绳

每个型钢悬挑梁外端宜设置钢拉杆或钢丝绳与上部建筑结构斜拉结（图 4-3-27），并应符合下列规定：

① 刚性拉杆可参与型钢悬挑梁的受力计算，钢丝绳不宜参与型钢悬挑梁的受力计算，刚性拉杆与钢丝绳应有张紧措施。刚性拉杆的规格应经设计确定，钢丝绳的直径不宜小于 15.5 mm。

② 刚性拉杆或钢丝绳与建筑结构拉结的吊环宜采用

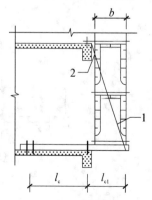

（1-钢拉杆或钢丝绳；2-花篮螺栓）

图 4-3-27 型钢悬挑梁端钢丝绳与建筑结构拉结

HPB 300 级钢筋制作,其直径不宜小于 18 mm,吊环预埋锚固长度应符合现行国家标准《混凝土结构设计规范》的规定。

③ 钢丝绳绳卡的设置应符合现行国家标准《钢丝绳夹》(GB/T 5976 - 2006)的规定,钢丝绳与型钢悬挑梁的夹角不应小于 45°。

(4) 门架

悬挑脚手架底层门架立杆与型钢悬挑梁应可靠连接,门架立杆不得滑动或窜动。

型钢梁上应设置定位销,定位销的直径不应小于 30 mm,长度不应小于 100 mm,并应与型钢梁焊接牢固。门架立杆插入定位销后与门架立杆的间隙不宜大于 3 mm。

悬挑脚手架的底层门架立杆上应设置纵向通长扫地杆,并应在脚手架的转角处、井口处和中间间隔不超过 15 m 的底层门架上各设置一道单跨距的水平剪刀撑,剪刀撑斜杆应与门架立杆底部扣紧。

在建筑平面转角处(图 4 - 3 - 28),型钢悬挑梁应经单独设计后设置;架体设置水平连接杆和斜撑杆应采用钢管,其规格应与水平加固杆相同;连接杆和斜撑杆应采用扣件与门架立杆或水平加固杆扣紧;当连接杆与水平加固杆平行时,连接杆的一端应采用不少于 2 个旋转扣件与平行的水平加固杆扣紧,另一端应采用扣件与垂直的水平加固杆扣紧。

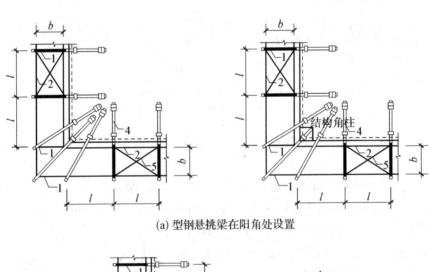

(a) 型钢悬挑梁在阳角处设置

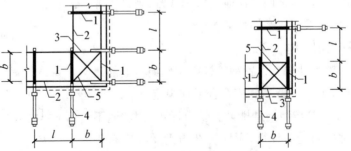

(b) 型钢悬挑梁在阴角处设置

(1-门架;2-水平加固杆;3-连接杆;4-型钢悬挑梁;5-水平剪刀撑)

图 4 - 3 - 28 建筑平面转角处型钢悬挑梁设置

悬挑脚手架的架体结构和构造应符合门式作业脚手架的规定。

悬挑脚手架在底层应满铺脚手板,并应将脚手板固定。

4)满堂作业架

(1)搭设高度

满堂作业架的搭设高度、门架跨距、门架列距应根据施工现场条件等因素经计算确定,架体的结构构造尺寸宜符合下表的规定。

表 4-3-17　门式支撑架结构构造尺寸

支撑架用途 项目	门架跨距 (m)	门架列距 (m)	搭设高度 (m)	高宽比	备注
满堂作业架	≤1.8	≤2.1	≤36	≤4	当高宽比大于2时应有侧向稳定措施

(2)水平加固杆

满堂作业架的水平加固杆设置(图 4-3-29)应符合下列规定:

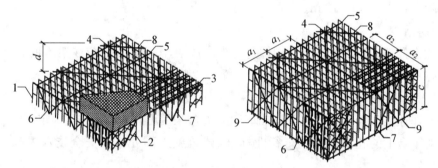

(1-门架;2-交叉支撑;3-水平架;4-平行于门架平面方向的水平加固杆;5-垂直于门架平面方向的水平加固杆;6-平行于门架平面方向的竖向剪刀撑;7-垂直于门架平面方向的竖向剪刀撑;8-水平剪刀撑;9-扫地杆;a_1-平行于门架平面方向的水平加固杆间距;a_2-垂直于门架平面方向的水平加固杆间距;c-沿架体高度方向的水平加固杆间距;d-水平剪刀撑相邻斜杆间距)

图 4-3-29　满堂作业架水平加固杆设置示意

① 平行于门架平面的水平加固杆应在架体顶部和沿高度方向不大于4步、在架体外侧和水平方向间隔不大于4个跨距各设置一道;

② 垂直于门架平面的水平加固杆应在架体顶部和沿高度方向不大于4步、在架体外侧和水平方向间隔不大于4个列距各设置一道。

(3)剪刀撑

满堂作业架剪刀撑的设置(图 4-3-30)应符合下列规定:

① 安全等级为Ⅰ级的满堂作业架,竖向剪刀撑应按下列要求设置:

a)平行于门架平面的竖向剪刀撑应在架体外侧和水平间隔不大于4个跨距各设置一道,每道剪刀撑的宽度宜为4个列距,沿门架平面方向的间隔距离不宜大于4个列距;

b)垂直于门架平面的竖向剪刀撑应在架体外侧每隔4个跨距各设置一道,每道剪刀

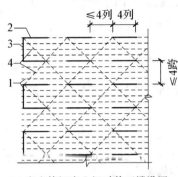 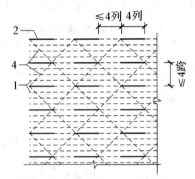

(a) 安全等级为 I 级时剪刀撑设置 　　(b) 安全等级为 II 级时剪刀撑设置

（1-门架；2-平行于门架平面的竖向剪刀撑；3-垂直于门架平面的竖向剪刀撑；4-水平剪刀撑）

图 4-3-30　满堂作业架剪刀撑设置示意

撑的宽度宜为 4 个跨距。

② 安全等级为 II 级的满堂作业架，竖向剪刀撑应按①条 a)款的要求设置。

③ 水平剪刀撑应在架体的顶部和沿高度方向间隔不大于 4 步连续设置，其相邻斜杆的水平距离宜为 10 m～12 m。

（4）水平架

门式支撑架应设置水平架对架体进行纵向拉结，满堂作业架应在架体顶部及沿高度方向间隔不大于 4 步的每榀门架上连续设置水平架。

（5）安全防护

满堂作业架顶部作业平台应满铺脚手板，并应采用可靠的连接方式固定。

作业平台上的孔洞应按现行行业标准《建筑施工高处作业安全技术规范》的规定防护。

作业平台周边应设置栏杆和挡脚板。

当门式支撑架中间设置通道口时，通道口底层门架可不设垂直通道方向的水平加固杆和扫地杆，通道口上部两侧应设置斜撑杆，并应按现行行业标准《建筑施工高处作业安全技术规范》的规定在通道口上部设置防护层。

4）满堂支撑架

（1）搭设高度

满堂支撑架的搭设高度、门架跨距、门架列距应根据施工现场条件等因素经计算确定，架体的结构构造尺寸宜符合下表的规定。

表 4-3-18　门式支撑架结构构造尺寸

项目 支撑架用途	门架跨距 (m)	门架列距 (m)	搭设高度 (m)	高宽比	备注
满堂支撑架	≤1.5	≤1.8	≤30	≤3	当高宽比大于 2 时应有侧向稳定措施

（2）水平加固杆

满堂支撑架的水平加固杆设置应符合下列规定：

① 安全等级为Ⅰ级的满堂支撑架，水平加固杆应按下列要求设置：

a）平行于门架平面的水平加固杆应在架体顶部和沿高度方向不大于2步、在架体外侧和水平方向间隔不大于2个跨距各设置一道；

b）垂直于门架平面的水平加固杆应在架体顶部和沿高度方向不大于2步、在架体外侧和水平方向间隔不大于2个列距各设置一道。

② 安全等级为Ⅱ级的满堂支撑架，水平加固杆应按满堂作业架的水平加固杆的要求设置。

③ 满堂支撑架水平加固杆的端部宜设置连墙件与建筑结构连接。

（3）剪刀撑

满堂支撑架剪刀撑的设置应符合下列规定：

① 安全等级为Ⅰ级的满堂支撑架，竖向剪刀撑应按下列要求设置（图4-3-31）：

a）平行于门架平面的竖向剪刀撑应在架体外侧和水平间隔不大于4个跨距各设置一道，每道竖向剪刀撑均应连续设置；

b）垂直于门架平面的竖向剪刀撑应在架体外侧和水平间隔不大于4个列距各设置一道，每道竖向剪刀撑的宽度宜为4个跨距，沿垂直于门架平面方向的间隔距离不宜大于4个跨距。

② 安全等级为Ⅱ级的满堂支撑架，竖向剪刀撑应按《建筑施工门式钢管脚手架安全技术标准》（JGJ/T 128-2019）的要求设置。

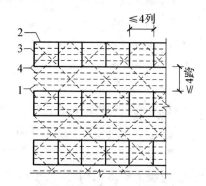

（1-门架；2-平行于门架平面的竖向剪刀撑；3-垂直于门架平面的竖向剪刀撑；4-水平剪刀撑）

图4-3-31　安全等级为Ⅰ级的满堂支撑架剪刀撑设置示意

③ 水平剪刀撑应在架体的顶部和沿高度方向间隔不大于4步连续设置，其相邻斜杆的水平距离宜为6 m～10 m。

（4）水平架

门式支撑架应设置水平架对架体进行纵向拉结，满堂支撑架的水平架应按下列要求设置：

① 安全等级为Ⅰ级的满堂支撑架应在架体顶部及沿高度方向间隔不大于2步的每榀门架上连续设置；

② 安全等级为Ⅱ级的满堂支撑架应在架体顶部及沿高度方向间隔不大于4步的每榀门架上连续设置。

（5）防倾覆措施

对于高宽比大于2的门式支撑架，宜采取设置缆风绳或连墙件等有效措施防止架体倾覆，缆风绳或连墙件设置宜符合下列规定：

① 在架体外侧周边水平间距不宜超过8 m、竖向间距不宜超过4步设置一处；宜与竖向剪刀撑或水平加固杆的位置对应设置；

② 当满堂支撑架水平加固杆的端部设置连墙件与建筑结构连接时，架体可不采取其

他防倾覆措施。

（6）满堂作业架和支撑架都需注意事项

当门式支撑架中间设置通道口时，通道口底层门架可不设垂直通道方向的水平加固杆和扫地杆，通道口上部两侧应设置斜撑杆，并应按现行行业标准《建筑施工高处作业安全技术规范》的规定在通道口上部设置防护层。

门式支撑架宜采用调节架、可调底座和可调托座调整高度。底座和托座与门架立杆轴线的偏差不应大于 2.0 mm。

用于支承混凝土梁模板的门式支撑架，门架可采用平行或垂直于梁轴线的布置方式。当混凝土梁的模板门式支撑架高度较高或荷载较大时，门架可采用复式的布置方式。混凝土梁板类结构的模板满堂支撑架，应按梁板结构分别设计。板支撑架跨距（或列距）宜为梁支撑架跨距（或列距）的倍数，梁下横向水平加固杆应伸入板支撑架内不少于 2 根门架立杆，并应与板下门架立杆扣紧。

5）移动门式作业架

（1）搭设高度

移动门式作业架用于装饰装修、维修和设备管道安装的可移动门式作业架搭设高度不宜超过 8 m，高宽比不应大于 3∶1，施工荷载不应大于 1.5 kN/m²。

移动门式作业架在门架平面内方向门架列距不应大于 1.8 m，架体宜搭设成方形结构，当搭设成矩形结构时，长短边之比不宜大于 3∶2。

（2）架体

移动门式作业架应按步在每个门架的两根立杆上分别设置纵横向水平加固杆，应在底部门架立杆上设置纵横向扫地杆。

移动门式作业架应在外侧周边、内部纵横向间隔不大于 4 m 连续设置竖向剪刀撑，应在顶层、扫地杆设置处和竖向间隔不超过 2 步分别设置一道水平剪刀撑。

当架体的高宽比大于 2 时，在移动就位后使用前应设抛撑。

架体上应设置供施工人员上下架体使用的爬梯。

架体顶部作业平台应满铺脚手板，周边应设防护栏杆和挡脚板。

架体应设有万向轮。在架体移动时，应有架体同步移动控制措施。在架体使用时，应有防止架体移动的固定措施。

6）地基

根据不同地基土质和搭设高度条件，门式脚手架的地基应符合下表的规定。

表 4-3-19　门式脚手架的地基要求

搭设高度 (m)	地基土质		
	中低压缩性且压缩性均匀	回填土	高压缩性或压缩性不均匀
≤24	夯实原土，干重力密度要求大于或等于 15.5 kN/m³。立杆底座置于面积不小于 0.075 m² 的垫木上	土夹石或素土回填夯实，立杆底座置于面积不小于 0.10 m² 垫木上	夯实原土，铺设通长垫木

（续表）

搭设高度 (m)	地基土质		
	中低压缩性且压缩性均匀	回填土	高压缩性或压缩性不均匀
>24 且≤40	垫木面积不小于 0.10 m²，其余同上	砂夹石回填夯实，其余同上	夯实原土·在搭设地面满铺 C15 混凝土，厚度不小于 150 mm
>40 且≤60	垫木面积不小于 0.15 m² 或铺通长垫木，其余同上	砂夹石回填夯实，垫木面积不小于 0.15 m² 或铺通长垫木	夯实原土，在搭设地面满铺 C15 混凝土，厚度不小于 200 mm

（注：垫木厚度不小于 50 mm，宽度不小于 200 mm；通长垫木的长度不小于 1 500 mm）

门式脚手架的搭设场地应平整坚实，并应符合下列规定：

① 回填土应分层回填，逐层夯实；

② 场地排水应顺畅，不应有积水。

搭设门式作业脚手架的地面标高宜高于自然地坪标高 50 mm～100 mm。

当门式脚手架搭设在楼面等建筑结构上时，门架立杆下宜铺设垫板。

3. 搭设与拆除

1）施工准备

（1）编制专项施工方案

门式脚手架搭设与拆除作业前，应根据工程特点编制专项施工方案，经审核批准后方可实施。专项施工方案应向作业人员进行安全技术交底，并应由安全技术交底双方书面签字确认。

门式脚手架搭拆施工的专项施工方案，应包括下列内容：

① 工程概况、设计依据、搭设条件、搭设方案设计。

② 搭设施工图；

a）架体的平面图、立面图、剖面图；

b）脚手架连墙件的布置及构造图；

c）脚手架转角、通道口的构造图；

d）脚手架斜梯布置及构造图；

e）重要节点构造图。

③ 基础做法及要求。

④ 架体搭设及拆除的程序和方法。

⑤ 季节性施工措施

⑥ 质量保证措施。

⑦ 架体搭设、使用、拆除的安全、环保、绿色文明施工措施。

⑧ 设计计算书。

⑨ 悬挑脚手架搭设方案设计。

⑩ 应急预案。

（2）其他准备

门架与配件、加固杆等在使用前应进行检查和验收。悬挑脚手架搭设前应检查预埋件和支撑型钢悬挑梁的混凝土强度。

经检验合格的构配件及材料应按品种和规格分类堆放整齐、平稳。

对搭设场地应进行清理、平整，并应采取排水措施。

在搭设前，应根据架体结构布置先在基础上弹出门架立杆位置线，垫板、底座安放位置应准确，标高应一致。

2）搭设

（1）搭设程序

门式脚手架的搭设程序应符合下列规定：

① 作业脚手架的搭设应与施工进度同步，一次搭设高度不宜超过最上层连墙件两步，且自由高度不应大于 4 m；

② 支撑架应采用逐列、逐排和逐层的方法搭设；

③ 门架的组装应自一端向另一端延伸，应自下而上按步架设，并应逐层改变搭设方向；

④ 每搭设完两步门架后，应校验门架的水平度及立杆的垂直度；

⑤ 安全网、挡脚板和栏杆应随架体的搭设及时安装。

（2）搭设门架及配件

搭设门架及配件应符合下列规定：

① 交叉支撑、水平架、脚手板应与门架同时安装。

② 连接门架的锁臂、挂钩应处于锁住状态。

③ 钢梯的设置应符合专项施工方案组装布置图的要求，底层钢梯底部应加设钢管，并应采用扣件与门架立杆扣紧。

④ 在施工作业层外侧周边应设置 180 mm 高的挡脚板和两道栏杆，上道栏杆高度应为 1.2 m，下道栏杆应居中设置。挡脚板和栏杆均应设置在门架立杆的内侧。

（3）加固杆的搭设

加固杆的搭设应符合下列规定：

① 水平加固杆、剪刀撑斜杆等加固杆件应与门架同步搭设；

② 水平加固杆应设于门架立杆内侧，剪刀撑斜杆应设于门架立杆外侧。

（4）连墙件

门式作业脚手架连墙件的安装应符合下列规定：

① 连墙件应随作业脚手架的搭设进度同步进行安装；

② 当操作层高出相邻连墙件以上 2 步时，在上层连墙件安装完毕前，应采取临时拉结措施，直到上一层连墙件安装完毕后方可根据实际情况拆除。

（5）扣件连接

当加固杆、连墙件等杆件与门架采用扣件连接时，应符合下列规定：

① 扣件规格应与所连接钢管的外径相匹配；

② 扣件螺栓拧紧扭力矩值应为 40 N·m～65 N·m；

③ 杆件端头伸出扣件盖板边缘长度不应小于 100 mm。

（6）其他

门式作业脚手架通道口的斜撑杆、托架梁及通道口两侧门架立杆的加强杆件应与门架同步搭设。

门式支撑架的可调底座、可调托座宜采取防止砂浆、水泥浆等污物填塞螺纹的措施。

3）拆除

（1）拆除准备

架体拆除应按专项施工方案实施，并应在拆除前做好下列准备工作：

① 应对拆除的架体进行拆除前检查，当发现有连墙件、加固杆缺失，拆除过程中架体可能倾斜失稳的情况时，应先行加固后再拆除；

② 应根据拆除前的检查结果补充完善专项施工方案；

③ 应清除架体上的材料、杂物及作业面的障碍物。

（2）拆除作业规定

门式脚手架拆除作业应符合下列规定：

① 架体的拆除应从上而下逐层进行。

② 同层杆件和构配件应按先外后内的顺序拆除，剪刀撑、斜撑杆等加固杆件应在拆卸至该部位杆件时再拆除。

③ 连墙件应随门式作业脚手架逐层拆除，不得先将连墙件整层或数层拆除后再拆架体。拆除作业过程中，当架体的自由高度大于 2 步时，应加设临时拉结。

（3）拆除注意事项

当拆卸连接部件时，应先将止退装置旋转至开启位置，然后拆除，不得硬拉、敲击。拆除作业中，不应使用手锤等硬物击打、撬别。

当门式作业脚手架分段拆除时，应先对不拆除部分架体的两端加固后再进行拆除作业。

门架与配件应采用机械或人工运至地面，严禁抛掷。

拆卸的门架与配件、加固杆等不得集中堆放在未拆架体上，并应及时检查、整修和保养，宜按品种、规格分别存放。

4）安全管理注意事项

（1）搭拆门式脚手架应由架子工担任，并应经岗位作业能力培训考核合格后，持证上岗。

（2）当搭拆架体时，施工作业层应临时铺设脚手板，操作人员应站在临时设置的脚手板上进行作业，并应按规定使用安全防护用品，穿防滑鞋。

（3）门式脚手架使用前，应向作业人员进行安全技术交底。

（4）门式脚手架作业层上的荷载不得超过设计荷载，门式作业脚手架同时满载作业的层数不应超过 2 层。

（5）严禁将支撑架、缆风绳、混凝土输送泵管、卸料平台及大型设备的支承件等固定在作业脚手架上;严禁在门式作业脚手架上悬挂起重设备。

(6) 6 级及以上强风天气应停止架上作业;雨、雪、雾天应停止门式脚手架的搭拆作业;雨、雪、霜后上架作业应采取有效的防滑措施,并应扫除积雪。

(7) 门式脚手架在使用期间,当预见可能有强风天气所产生的风压值超出设计的基本风压值时,应对架体采取临时加固等防风措施。

(8) 在门式脚手架使用期间,立杆基础下及附近不宜进行挖掘作业;当因施工需进行挖掘作业时,应对架体采取加固措施。

(9) 门式支撑架的交叉支撑和加固杆,在施工期间严禁拆除。

(10) 门式作业脚手架在使用期间,不应拆除加固杆、连墙件、转角处连接杆、通道口斜撑杆等加固杆件。

(11) 门式作业脚手架临街及转角处的外侧立面应按步采取硬防护措施,硬防护的高度不应小于 1.2 m,转角处硬防护的宽度应为作业脚手架宽度。

(12) 门式作业脚手架外侧应设置密目式安全网,网间应严密。

(13) 门式作业脚手架与架空输电线路的安全距离、工地临时用电线路架设及作业脚手架接地、防雷措施,应按现行行业标准《施工现场临时用电安全技术规范》(JGJ 46 - 2005)的有关规定执行。

(14) 在门式脚手架上进行电气焊和其他动火作业时,应符合现行国家标准《建设工程施工现场消防安全技术规范》(GB 50720 - 2011)的规定,应采取防火措施,并应设专人监护。

(15) 不得攀爬门式作业脚手架。

(16) 当搭拆门式脚手架作业时,应设置警戒线、警戒标志,并应派专人监护,严禁非作业人员入内。

(17) 对门式脚手架应进行日常性的检查和维护,架体上的建筑垃圾或杂物应及时清理。

(18) 通行机动车的门式作业脚手架洞口,门洞口净空尺寸应满足既有道路通行安全界线的要求,应设置导向、限高、限宽、减速、防撞等设施及标志。

(19) 门式支撑架在施加荷载的过程中,架体下面严禁有人。当门式脚手架在使用过程中出现安全隐患时,应及时排除;当出现可能危及人身安全的重大隐患时,应停止架上作业,撤离作业人员,并应由专业人员组织检查、处置。

4. 检查与验收

1) 构配件检查与验收

(1) 搭设前门架与配件检查

门式脚手架搭设前,应按现行行业标准《门式钢管脚手架》(JG/T 13 - 1999)的规定对门架与配件的基本尺寸、质量和性能进行检查,确认合格后方可使用。

施工现场使用的门架与配件应具有产品质量合格证,应标志清晰,并应符合下列规定:

① 门架与配件表面应平直光滑，焊缝应饱满，不应有裂缝、开焊、焊缝错位、硬弯、凹痕、毛刺、锁柱弯曲等缺陷；

② 门架与配件表面应涂刷防锈漆或镀锌；

③ 门架与配件上的止退和锁紧装置应齐全、有效。

周转使用的门架与配件，应按下表的规定经分类检查确认为 A 类方可使用；B 类、C 类应经维修或试验后维修达到 A 类方可使用；不得使用 D 类门架与配件。

表 4-3-20　周转使用的门架与配件的质量划分

类别	标准	处理措施
A 类	有轻微变形、损伤、锈蚀。	经清除黏附砂浆泥土等污物、除锈、重新油漆等保养工作后可继续使用。
B 类	有一定程度变形或损伤，锈蚀轻微。	经矫正、平整、更换部件、修复、补焊、除锈、油漆等修理保养后可继续使用。
C 类	锈蚀较严重。应抽样进行荷载试验后确定能否使用。	经试验确定可使用者，应按 B 类要求经修理保养后可使用；不能使用者，应按 D 类处理。
D 类	有严重变形、损伤或锈蚀。	不得修复，应按报废处理。

（2）门架和配件抽样检查

在施工现场每使用一个安装拆除周期后，应对门架和配件采用目测、尺量的方法检查一次。当进行锈蚀深度检查时，应按规定抽取样品。

对 C 类周转使用的门架与配件试验应采用随机的方法进行抽样，所抽取的试验样品应具有代表性。

在对 C 类周转使用的门架与配件抽样试验时，所抽取试验样本的数量应符合下列规定：

① 门架或配件总数小于或等于 300 件时，样本数不得小于 3 件；

② 门架或配件总数大于 300 件时，样本数不得小于 5 件。

对 C 类周转使用的门架与配件样品的试验项目及试验方法应符合现行行业标准《门式钢管脚手架》的有关规定。

在每个样品锈蚀严重的部位宜采用测厚仪或横向截断的方法取样检测，当锈蚀深度超过规定值时不得使用。

（3）其他质量要求

加固杆、连接杆等所用钢管和扣件的质量应符合下列规定：

① 当钢管壁厚的负偏差超过 -0.2 mm 时，不得使用；

② 不得使用有裂缝、变形的扣件，出现滑丝的螺栓应进行更换；

③ 钢管和扣件宜涂有防锈漆。

底座和托座在使用前应对调节螺杆与门架立杆配合间隙进行检查。

连墙件、型钢悬挑梁、U 型钢筋拉环或锚固螺栓，在使用前应进行外观质量检查。

2）搭设检查与验收

搭设前,应对门式脚手架的地基与基础进行检查,经检验合格后方可搭设。

(1) 门式作业脚手架每搭设 2 个楼层高度或搭设完毕,门式支撑架每搭设 4 步高度或搭设完毕,应对搭设质量及安全进行一次检查,经检验合格后方可交付使用或继续搭设。

(2) 在门式脚手架搭设质量验收时,应具备下列文件:

① 专项施工方案;

② 构配件与材料质量的检验记录;

③ 安全技术交底及搭设质量检验记录。

(3) 门式脚手架搭设质量验收应进行现场检验,在进行全数检查的基础上,应对下列项目进行重点检验,并应记入搭设质量验收记录:

① 构配件和加固杆的规格、品种应符合设计要求,质量应合格,构造设置应齐全,连接和挂扣应紧固可靠;

② 基础应符合设计要求,应平整坚实;

③ 门架跨距、间距应符合设计要求;

④ 连墙件设置应符合设计要求,与建筑结构、架体连接应可靠;

⑤ 加固杆的设置应符合设计要求;

⑥ 门式作业脚手架的通道口、转角等部位搭设应符合构造要求;

⑦ 架体垂直度及水平度应经检验合格;

⑧ 悬挑脚手架的悬挑支承结构及与建筑结构的连接固定应符合设计要求,U 型钢筋拉环或锚固螺栓的隐蔽验收应合格;

⑨ 安全网的张挂及防护栏杆的设置应齐全、牢固。

(4) 门式脚手架搭设的技术要求、允许偏差与检验方法,应符合下表的规定。

表 4 - 3 - 21　门式脚手架搭设的技术要求、允许偏差及检验方法

项次	项目		技术要求	允许偏差(mm)	检验方法
1	隐蔽工程	地基承载力	符合设计要求	—	观察、施工记录检查
		预埋件	符合设计要求	—	
2	地基与基础	表面	坚实平整	—	观察
		排水	不积水		
		垫板	温度		
		底座	不晃动		
			无沉降	—	钢直尺检查
			调节螺杆高度符合规范标准要求	≤200	
		纵向轴线位置	—	±20	尺量检查
		横向轴线位置	—	±10	

（续表）

项次	项目		技术要求	允许偏差（mm）	检验方法
3	架体构造		符合规范标准及专项施工方案要求	—	观察尺量检查
4	门架安装	门架立杆与底座轴线偏差	—	≤2.0	尺量检查
		上下榀门架立杆轴线偏差	—		
5	垂直度	每步架	—	$h/300$、±6.0	经纬仪或线锤、钢直尺检查
		整体	—	$H/300$、±100.0	
6	水平度	一跨距内两榀门架高差	—	±5.0	水准仪、水平尺、钢直尺检查
		整体	—	±100	
7	连墙件	与架体、建筑结构连接	牢固	±300	观察、扭矩测力扳手检查
		竖向纵向间距	按设计要求设置	≤200	尺量检查
		与门架横杆距离	按设计要求设置	±300	
8	剪刀撑	间距	按设计要求设置	±300	尺量检查
		倾角	45°～60°	—	角尺、尺量检查
9	水平加固杆		按设计要求设置	—	观察、尺量检查
10	脚手板		铺设严密、牢固	$D≤25$	观察、尺量检查
11	悬挑支撑结构	型钢规格	符合设计要求	—	观察、尺量检查
		安装位置		±10	
12	施工层防护栏杆、挡脚板		按设计要求设置	—	观察、手板检查
13	安全网		齐全、牢固、网间严密	—	观察
14	扣件拧紧力矩		40 N·m～65 N·m	—	扭矩测力扳手检查

（h 为步距；H 为脚手架高度，d 为孔径）

（5）门式脚手架扣件拧紧力矩的检查与验收，应符合现行行业标准《建筑施工扣件式钢管脚手架安全技术规范》(JGJ 130-2011)的规定。

（6）门式脚手架的检查验收宜按下列标准记录。

表 4-3-22 门式作业脚手架检查验收记录表示例

		工程名称		工程面积	m²
		总承包单位		项目经理	
		搭拆施工单位		施工负责人	
		落地/悬挑	落地□ 悬挑□ 搭设高度 m	施工方案	有□无□
序号		检查项目	标准要求	检查方法	检查结果
1	主控项目	构配件、钢管材质	构配件、钢管的规格、型号、材质符合标准，且无变形、锈蚀、开焊等重大缺陷	观察、尺量	
2		架体基础	平整、坚实、无积水、有排水措施	观察	
3		悬挑构件	预埋件、悬挑型钢梁、刚性拉杆设置满足设计要求,悬挑型钢梁固定牢固	观察、尺量	
4		架体	门架、交叉支撑、水平杆、扫地杆、剪刀撑、斜撑杆设置规范、转角部位构造符合标准要求,架体无明显变形	观察、尺量	
5		连墙件	连墙件是刚性构造。竖距、横距符合设计要求,转角、端部加密设置符合标准要求	观察、尺量	
6		配件	水平架、底座、调节架设置规范,扣件拧紧力矩满足 40 N·m~65 N·m 的要求	观察、扭矩测力扳手	
7	一般项目	脚手板	作业层满铺且铺设牢固、挂扣式脚手板挂钩锁紧	观察、手扳检查	
8		防护	栏杆、挡脚板、安全网、硬防护、门架内侧与建筑外墙间的隔离防护符合标准要求	观察、手扳检查	
9		荷载	架上不超载,材料堆放均匀	观察	
10		门架立杆锁扣	插销、锁臂设置齐全、规范	观察	
11		悬挑型钢梁保护	悬挑脚手架保护钢丝绳设置符合标准要求,有张紧措施	观察	
12		通道	设置人员上下专用通道	观察	
13		门洞口	加固措施符合标准要求,有车辆通行的洞口标识齐全,防护符合标准要求	观察	
14		尺寸偏差	门架立杆位置、架体垂直度、水平度、连墙件与门架横杆距离、剪刀撑间距偏差、悬挑型钢梁位置偏差符合标准要求	观察、尺量	

检查人:(签字)　　　　年 月 日　　　审核人:(签字)　　　　年 月 日

表 4‑3‑23　门式支撑架检查验收记录表示例

工程名称					工程面积	m²
总承包单位					项目经理	
搭拆施工单位					施工负责人	
门架类型		MF	搭设高度	m	施工方案	有□无□
序号	检查项目		标准要求		检查方法	检查结果
1	主控项目	构配件材质、钢管材质	构配件、钢管的规格、型号、材质符合标准要求,且无严重变形、严重锈蚀、开焊等重大缺陷		观察、尺量	
2		高宽比、门架距离	架体高度比不大于3,门架跨距、列距符合方案设计和标准要求,高宽比大于2时防倾覆措施设置符合标准要求		观察、尺量	
3		架体基础	平整、坚实、底部垫板合格、门架立杆轴线位置符合方案设计要求		观察	
4		架体	门架连接、交叉支撑、水平加固杆、扫地杆、剪刀撑设置符合标准和施工方案要求		观察、尺量	
5	主控项目	配件	水平架、调节架设置规范,扣件拧紧力矩满足40 N·m～64 N·m的要求		观察、扭矩测力扳手	
6		底座、托座	插入门架立杆长度、调节螺杆伸出长度、调节螺杆与门架立杆间隙符合标准要求		观察、尺量	
7		局部加固	有水平泵管设置处、成倍数设置的梁下水平杆向板下支架内延伸符合方案设计和标准要求,安全等级为Ⅰ类的支撑架按标准要求设置了连墙件		观察、尺量	
8		荷载	架上不超载,材料堆放均匀		观察	
9	一般项目	门架立杆锁扣	插销、锁臂设置齐全、规范		观察	
10		安全防护	防护栏杆、挡脚板、安全网设置规范		观察	
11		尺寸偏差	架体垂直度、水平度、剪刀撑间距偏差符合标准要求		观察、尺量	

检查人:(签字)　　年　月　日　　审核人:(签字)　　年　月　日

3) 使用过程中检查

(1) 日常维护检查

门式脚手架在使用过程中应进行日常维护检查,发现问题应及时处理,并应符合下列规定:

① 地基应无积水,垫板及底座应无松动,门架立杆应无悬空;

② 架体构造应完整,无人为拆除,加固杆、连墙件应无松动,架体应无明显变形;

③ 锁臂、挂扣件、扣件螺栓应无松动;

④ 杆件、构配件应无锈蚀、无泥浆等污染;

⑤ 安全网、防护栏杆应无缺失、损坏;

⑥ 架体上或架体附近不得长期堆放可燃易燃物料;

⑦ 应无超载使用。

（2）特殊情况检查

门式脚手架在使用过程中遇有下列情况时,应进行检查,确认安全后方可继续使用:

① 遇有8级以上强风或大雨后;

② 冻结的地基土解冻后;

③ 停用超过一个月,复工前;

④ 架体遭受外力撞击等作用后;

⑤ 架体部分拆除后;

⑥ 其他特殊情况。

标准规范

建筑施工门式钢管
脚手架安全技术标准

当混凝土模板门式支撑架在施加荷载或浇注混凝土时,应设专人看护检查。看护检查人员应在门式支撑架的外侧。

4.3.3 碗扣式钢管脚手架

碗扣式钢管脚手架是节点采用碗扣方式连接的钢管脚手架,根据用途主要可分为双排脚手架和模板支撑架两类。

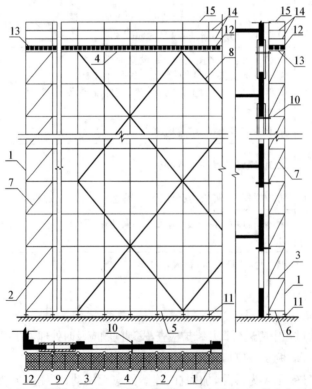

标准规范

碗扣式钢管
脚手架构件

（1-立杆;2-纵向水平杆;3-横向水平杆;4-水平杆;5-纵向扫地杆;6-横向扫地杆;7-竖向斜撑杆;8-剪刀撑;9-水平斜撑杆;10-连墙件;11-底座;12-脚手板;13-挡脚板;14-栏杆;15-扶手）

图4-3-32　碗扣式钢管脚手架的组成

1. 构配件

1) 节点构造与杆件模数

（1）立杆的碗扣节点

立杆的碗扣节点应由上碗扣、下碗扣、水平杆接头和限位销等构成（图4-3-33）。

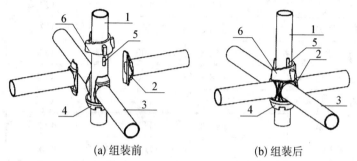

(a) 组装前　　　　　　　(b) 组装后

（1-立杆；2-水平杆接头；3-水平杆；4-下碗扣；5-限位销；6-上碗扣）

图4-3-33　碗扣节点构造图

（2）立杆模数

立杆碗扣节点间距，对Q235级材质钢管立杆宜按0.6 m模数设置；对Q345级材质钢管立杆宜按0.5 m模数设置。水平杆长度宜按0.3 m模数设置。

（3）主要构配件种类和规格

碗扣式钢管脚手架主要构配件种类和规格宜符合下表的规定。

表4-3-24　主要构配件种类和规格

名称	常用型号	主要规格（mm）	材质	理论重量（kg）
立杆	LG-A-120	φ48.3×3.5×1 200	Q235	7.05
	LG-A-180	φ48.3×3.5×1 800	Q235	10.19
	LG-A-240	φ48.3×3.5×2 400	Q235	13.34
	LG-A-300	φ48.3×3.5×3 000	Q235	16.48
	LG-B-80	φ48.3×3.5×800	Q345	4.30
	LG-B-100	φ48.3×3.5×1 000	Q345	5.50
	LG-B-130	φ48.3×3.5×1 300	Q345	6.90
	LG-B-150	φ48.3×3.5×1 500	Q345	8.10
	LG-B-180	φ48.3×3.5×1 800	Q345	9.30
	LG-B-200	φ48.3×3.5×2 000	Q345	10.50
	LG-B-230	φ48.3×3.5×2 300	Q345	11.80
	LG-B-250	φ48.3×3.5×2 500	Q345	13.40
	LG-B-280	φ48.3×3.5×2 800	Q345	15.40
	LG-B-300	φ48.3×3.5×3 000	Q345	17.60

名称	常用型号	主要规格(mm)	材质	理论重量(kg)
水平杆	SPG-30	$\phi48.3\times3.5\times300$	Q235	1.32
	SPG-60	$\phi48.3\times3.5\times600$	Q235	2.47
	SPG-90	$\phi48.3\times3.5\times900$	Q235	3.69
	SPG-120	$\phi48.3\times3.5\times1\,200$	Q235	4.84
	SPG-150	$\phi48.3\times3.5\times1\,500$	Q235	5.93
	SPG-180	$\phi48.3\times3.5\times1\,800$	Q235	7.14
	JSPG-90	$\phi48.3\times3.5\times900$	Q235	4.37
	JSPG-120	$\phi48.3\times3.5\times1\,200$	Q235	5.52
间水平杆	JSPG-120+30	$\phi48.3\times3.5\times(1\,200+300)$用于窄挑梁	Q235	6.85
	JSPG-120+60	$\phi48.3\times3.5\times(1\,200+600)$用于宽挑梁	Q235	8.16
专用外斜杆	WXG-0912	$\phi48.3\times3.5\times1\,500$	Q235	6.33
	WXG-1212	$\phi48.3\times3.5\times1\,700$	Q235	7.03
	WXG-1218	$\phi48.3\times3.5\times2\,160$	Q235	8.66
	WXG-1518	$\phi48.3\times3.5\times2\,340$	Q235	9.30
	WXG-1818	$\phi48.3\times3.5\times2\,550$	Q235	10.04
窄挑梁	TL-30	$\phi48.3\times3.5\times300$	Q235	1.53
宽挑梁	TL-60	$\phi48.3\times3.5\times600$	Q235	8.60
立杆连接销	LJX	$\phi10$	Q235	0.18
可调支座	KTZ-45	T38×5.0,可调范围≤300	Q235	5.82
	KTZ-60	T38×5.0,可调范围≤450	Q235	7.12
	KTZ-75	T38×5.0,可调范围≤600	Q235	8.50
可调托撑	KTC-45	T38×5.0,可调范围≤300	Q235	7.01
	KTC-60	T38×5.0,可调范围≤450	Q235	8.31
	KTC-75	T38×5.0,可调范围≤600	Q235	9.69

（注：表中所列立杆型号标识为"-A"代表节点间距按 0.6 m 模数（Q235 材质立杆）设置；标识为"-B"代表节点间距按 0.5 m 模数（Q345 材质立杆）设置）

立杆连接销是用于立杆竖向承插接长的销子。专用外斜杆是用于脚手架端部或外立面，两端焊有旋转式连接板接头的斜向钢管构件。挑梁是双排脚手架作业平台的挑出定型构件。包括外挑宽度为 300 mm 的窄挑梁和外挑宽度为 600 mm 的宽挑梁。

2) 材质要求

(1) 钢管

钢管应采用现行国家标准《直缝电焊钢管》或《低压流体输送用焊接钢管》中规定的普

通钢管,其材质应符合下列规定:

① 水平杆和斜杆钢管材质应符合现行国家标准《碳素结构钢》中 Q235 级钢的规定;

② 当碗扣节点间距采取 0.6 m 模数设置时,立杆钢管材质应符合现行国家标准《碳素结构钢》中 Q235 级钢的规定;

③ 当碗扣节点间距采取 0.5 m 模数设置时,立杆钢管材质应符合现行国家标准《碳素结构钢》及《低合金高强度结构钢》中 Q345 级钢的规定。

(2) 碗扣与街头

当上碗扣采用碳素铸钢或可锻铸铁铸造时,其材质应分别符合现行国家标准《一般工程用铸造碳钢件》(GB/T 11352 - 2009)中 ZG270 - 500 牌号和《可锻铸铁件》(GB/T 9440 - 2010)中 KTH350 - 10 牌号的规定;采用锻造成型时,其材质不应低于现行国家标准《碳素结构钢》中 Q235 级钢的规定。

当下碗扣采用碳素铸钢铸造时,其材质应符合现行国家标准《一般工程用铸造碳钢件》(GB/T 11352 - 2009)中 ZG270 - 500 牌号的规定。

当水平杆接头和斜杆接头采用碳素铸钢铸造时,其材质应符合现行国家标准《一般工程用铸造碳钢件》中 ZG270 - 500 牌号的规定。当水平杆接头采用锻造成型时,其材质不应低于现行国家标准《碳素结构钢》中 Q235 级钢的规定。

上碗扣和水平杆接头不得采用钢板冲压成型。当下碗扣采用钢板冲压成型时,其材质不得低于现行国家标准《碳素结构钢》中 Q235 级钢的规定,板材厚度不得小于 4 mm,并应经 600℃～650℃的时效处理;严禁利用废旧锈蚀钢板改制。

(3) 可调托撑及可调底座

对可调托撑及可调底座,当采用实心螺杆时,其材质应符合现行国家标准《碳素结构钢》中 Q235 级钢的规定;当采用空心螺杆时,其材质应符合现行国家标准《结构用无缝钢管》中 20 号无缝钢管的规定。

可调托撑及可调底座调节螺母铸件应采用碳素铸钢或可锻铸铁,其材质应分别符合现行国家标准《一般工程用铸造碳钢件》中 ZG230 - 450 牌号和《可锻铸铁件》中 KTH330 - 08 牌号的规定。

可调托撑 U 形托板和可调底座垫板应采用碳素结构钢,其材质应符合现行国家标准《碳素结构钢和低合金结构钢热轧厚钢板和钢带》中 Q235 级钢的规定。

(4) 脚手板

脚手板的材质应符合下列规定:

① 脚手板可采用钢、木或竹材料制作,单块脚手板的质量不宜大于 30 kg;

② 钢脚手板材质应符合现行国家标准《碳素结构钢》中 Q235 级钢的规定;冲压钢脚手板的钢板厚度不宜小于 1.5 mm,板面冲孔内切圆直径应小于 25 mm;

③ 木脚手板材质应符合现行国家标准《木结构设计标准》中 Ⅱa 级材质的规定;脚手板厚度不应小于 50 mm,两端宜各设直径不小于 4 mm 的镀锌钢丝箍两道;

④ 竹串片脚手板和竹笆脚手板宜采用毛竹或楠竹制作;竹串片脚手板应符合现行行业标准《建筑施工竹脚手架安全技术规范》的规定。

3）质量要求

（1）钢管

钢管宜采用公称尺寸为 $\phi48.3\,mm\times3.5\,mm$ 的钢管，外径允许偏差应为 $\pm0.5\,mm$，壁厚偏差不应为负偏差。

（2）立杆接长插套

立杆接长当采用外插套时，外插套管壁厚不应小于 $3.5\,mm$；当采用内插套时，内插套管壁厚不应小于 $3.0\,mm$。插套长度不应小于 $160\,mm$，焊接端插入长度不应小于 $60\,mm$，外伸长度不应小于 $110\,mm$，插套与立杆钢管间的间隙不应大于 $2\,mm$。

（3）可调托撑及可调底座

可调托撑及可调底座的质量应符合下列规定：

① 调节螺母厚度不得小于 $30\,mm$；

② 螺杆外径不得小于 $38\,mm$，空心螺杆壁厚不得小于 $5\,mm$，螺杆直径与螺距应符合现行国家标准《梯形螺纹第 2 部分：直径与螺距系列》（GB/T 5796.2－2022）和《梯形螺纹第 3 部分：基本尺寸》（GB/T 5796.3－2022）的规定；

③ 螺杆与调节螺母啮合长度不得少于 5 扣；

④ 可调托撑 U 形托板厚度不得小于 $5\,mm$，弯曲变形不应大于 $1\,mm$，可调底座垫板厚度不得小于 $6\,mm$；螺杆与托板或垫板应焊接牢固，焊脚尺寸不应小于钢板厚度，并宜设置加劲板。

（4）构配件质量

构配件外观质量应符合下列规定：

① 钢管应平直光滑，不得有裂纹、锈蚀、分层、结疤或毛刺等缺陷，立杆不得采用横断面接长的钢管；

② 铸造件表面应平整，不得有砂眼、缩孔、裂纹或浇冒口残余等缺陷，表面粘砂应清除干净；

③ 冲压件不得有毛刺、裂纹、氧化皮等缺陷；

④ 焊缝应饱满，焊药应清除干净，不得有未焊透、夹砂、咬肉、裂纹等缺陷；

⑤ 构配件表面应涂刷防锈漆或进行镀锌处理，涂层应均匀、牢靠，表面应光滑，在连接处不得有毛刺、滴瘤和多余结块。

主要构配件应有生产厂标识，具有良好的互换性，应能满足各种施工工况下的组架要求，并应符合下列规定：

① 立杆的上碗扣应能上下窜动、转动灵活，不得有卡滞现象；

② 立杆与立杆的连接孔处应能插入 $10\,mm$ 连接销；

③ 碗扣节点上在安装 1 个～4 个水平杆时，上碗扣应均能锁紧；

④ 当搭设不少于二步三跨 $1.8\,m\times1.8\,m\times1.2\,m$（步距×纵距×横距）的整体脚手架时，每一框架内立杆的垂直度偏差应小于 $5\,mm$。

主要构配件极限承载力性能指标应符合下列规定：

① 上碗扣沿水平杆方向受拉承载力不应小于 $30\,kN$；

② 下碗扣组焊后沿立杆方向剪切承载力不应小于 60 kN;

③ 水平杆接头沿水平杆方向剪切承载力不应小于 50 kN;

④ 水平杆接头焊接剪切承载力不应小于 25 kN;

⑤ 可调底座受压承载力不应小于 100 kN;

⑥ 可调托撑受压承载力不应小于 100 kN。

表 4 - 3 - 25　构配件允许偏差

序号	项　目	允许偏差
1	钢管弯曲度	2 mm/m
2	立杆碗扣节点间距	±1.0 mm
3	水平杆曲板接头弧面轴心线与水平杆轴心线的垂直度	1.0 mm
4	下碗扣碗口平面与立杆轴线的垂直度	1.0 mm

2. 构造要求

1) 一般规定

(1) 地基

脚手架地基应符合下列规定:

① 地基应坚实、平整,场地应有排水措施,不应有积水;

② 土层地基上的立杆底部应设置底座和混凝土垫层,垫层混凝土标号不应低于 C15,厚度不应小于 150 mm;当采用垫板代替混凝土垫层时,垫板宜采用厚度不小于 50 mm、宽度不小于 200 mm、长度不少于两跨的木垫板;

③ 混凝土结构层上的立杆底部应设置底座或垫板;

④ 对承载力不足的地基土或混凝土结构层,应进行加固处理;

⑤ 湿陷性黄土、膨胀土、软土地基应有防水措施;

⑥ 当基础表面高差较小时,可采用可调底座调整;当基础表面高差较大时,可利用立杆碗扣节点位差配合可调底座进行调整,且高处的立杆距离坡顶边缘不宜小于 500 mm。

(2) 立杆和水平杆

双排脚手架起步立杆应采用不同型号的杆件交错布置,架体相邻立杆接头应错开设置,不应设置在同步内(图 4 - 3 - 34)模板支撑架相邻立杆接头宜交错布置。

脚手架的水平杆应按步距沿纵向和横向连续设置,不得缺失。在立杆的底部碗扣处应设置一道纵向水平杆、横向水平杆作为扫地杆,扫地杆距离地面高度不应超过 400 mm,水平杆和扫地杆应与相邻立杆连接牢固。

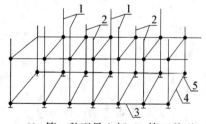

(1-第一种型号立杆;2-第二种型号立杆;3-纵向扫地杆;4-横向扫地杆;5-立杆底座)

图 4 - 3 - 34　双排脚手架起步立杆布置示意图

（3）剪刀撑

钢管扣件剪刀撑杆件应符合下列规定：

① 竖向剪刀撑两个方向的交叉斜向钢管宜分别采用旋转扣件设置在立杆的两侧；

② 竖向剪刀撑斜向钢管与地面的倾角应在 45°～60°之间；

③ 剪刀撑杆件应每步与交叉处立杆或水平杆扣接；

④ 剪刀撑杆件接长应采用搭接，搭接长度不应小于 1 m，并应采用不少于 2 个旋转扣件扣紧，且杆端距端部扣件盖板边缘的距离不应小于 100 mm；

⑤ 扣件扭紧力矩应为 40 N·m～65 N·m。

（4）脚手架作业层

脚手架作业层设置应符合下列规定：

① 作业平台脚手板应铺满、铺稳、铺实；

② 工具式钢脚手板必须有挂钩，并应带有自锁装置与作业层横向水平杆锁紧，严禁浮放；

③ 木脚手板、竹串片脚手板、竹笆脚手板两端应与水平杆绑牢，作业层相邻两根横向水平杆间应加设间水平杆，脚手板探头长度不应大于 150 mm；

④ 立杆碗扣节点间距按 0.6 m 模数设置时，外侧应在立杆 0.6 m 及 1.2 m 高的碗扣节点处搭设两道防护栏杆；立杆碗扣节点间距按 0.5 m 模数设置时，外侧应在立杆 0.5 m 及 1.0 m 高的碗扣节点处搭设两道防护栏杆，并应在外立杆的内侧设置高度不低于 180 mm 的挡脚板；

⑤ 作业层脚手板下应采用安全平网兜底，以下每隔 10 m 应采用安全平网封闭；

⑥ 作业平台外侧应采用密目安全网进行封闭，网间连接应严密，密目安全网宜设置在脚手架外立杆的内侧，并应与架体绑扎牢固。密目安全网应为阻燃产品。

（5）人员专用通道

脚手架应设置人员上下专用梯道或坡道（图 4-3-35），并应符合下列规定：

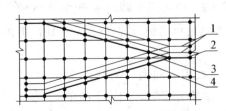

（1-护栏；2-平台脚手板；3-人行梯道或坡道脚手板；4-增设水平杆）

图 4-3-35 通道设置

① 人行梯道的坡度不宜大于 1：1，人行坡道坡度不宜大于 1：3，坡面应设置防滑装置；

② 通道应与架体连接固定，宽度不应小于 900 mm，并应在通道脚手板下增设水平杆，通道可折线上升；

③ 通道两侧及转弯平台应设置脚手板、防护栏杆和安全网，并应符合《建筑施工碗扣式钢管脚手架安全技术规范》（JGJ 166-2016）的规定。

2) 双排脚手架构造

(1) 搭设高度

当设置二层装修作业层、二层作业脚手板、外挂密目安全网封闭时,常用双排脚手架结构的设计尺寸和架体允许搭设高度宜符合下表的规定。

表 4-3-26　双排脚手架设计尺寸(m)

连墙件设置	步距 h	横距 l_b	纵距 l_a	脚手架允许搭设高度 H		
				基本风压值 W_0(kN·m²)		
				0.4	0.5	0.6
二步三跨	1.8	0.9	1.5	48	40	034
		1.2	1.2	40	44	40
	2.0	0.9	1.5	50	45	42
		1.2	1.2	50	45	42
三步三跨	1.8	0.9	1.2	30	23	18
		1.2	1.2	26	21	17

双排脚手架的搭设高度不宜超过 50 m;当搭设高度超过 50 m 时,应采用分段搭设等措施。

双排脚手架立杆顶端防护栏杆宜高出作业层 1.5 m。

(2) 剪刀撑、竖向斜撑杆

双排脚手架应设置竖向斜撑杆(图 4-3-36),并应符合下列规定:

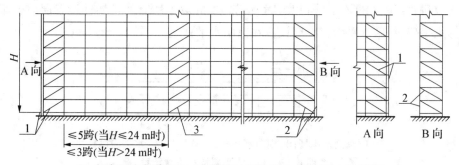

(1-拐角竖向斜撑杆;2-端部竖向斜撑杆;3-中间竖向斜撑杆)

图 4-3-36　双排脚手架斜撑杆设置示意

① 竖向斜撑杆应采用专用外斜杆,并应设置在有纵向及横向水平杆的碗扣节点上;

② 在双排脚手架的转角处、开口型双排脚手架的端部应各设置一道竖向斜撑杆;

③ 当架体搭设高度在 24 m 以下时,应每隔不大于 5 跨设置一道竖向斜撑杆;当架体搭设高度在 24 m 及以上时,应每隔不大于 3 跨设置一道竖向斜撑杆;相邻斜撑杆宜对称八字形设置;

④ 每道竖向斜撑杆应在双排脚手架外侧相邻立杆间由底至顶按步连续设置;

⑤ 当斜撑杆临时拆除时,拆除前应在相邻立杆间设置相同数量的斜撑杆。

当采用钢管扣件剪刀撑代替竖向斜撑杆时(图4-3-37),应符合下列规定:

① 当架体搭设高度在24 m以下时,应在架体两端、转角及中间间隔不超过15 m,各设置一道竖向剪刀撑(图4-3-37a);当架体搭设高度在24 m及以上时,应在架体外侧全立面连续设置竖向剪刀撑(图4-3-37b);

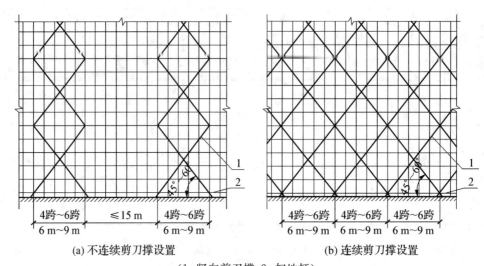

| (a) 不连续剪刀撑设置 | (b) 连续剪刀撑设置 |

(1-竖向剪刀撑;2-扫地杆)

图4-3-37 双排脚手架剪刀撑设置

② 每道剪刀撑的宽度应为4跨~6跨,且不应小于6 m,也不应大于9 m;

③ 每道竖向剪刀撑应由底至顶连续设置。

当双排脚手架高度在24 m以上时,顶部24 m以下所有的连墙件设置层应连续设置之字形水平斜撑杆,水平斜撑杆应设置在纵向水平杆之下(图4-3-38)。

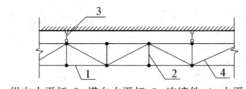

(1-纵向水平杆;2-横向水平杆;3-连墙件;4-水平斜撑杆)

图4-3-38 水平斜撑杆设置示意

(3) 连墙件

双排脚手架连墙件的设置应符合下列规定:

① 连墙件应采用能承受压力和拉力的构造,并应与建筑结构和架体连接牢固;

② 同一层连墙件应设置在同一水平面,连墙点的水平投影间距不得超过三跨,竖向垂直间距不得超过三步,连墙点之上架体的悬臂高度不得超过两步;

③ 在架体的转角处、开口型双排脚手架的端部应增设连墙件,连墙件的竖向垂直间距不应大于建筑物的层高,且不应大于4 m;

④ 连墙件宜从底层第一道水平杆处开始设置;

⑤ 连墙件宜采用菱形布置,也可采用矩形布置;

⑥ 连墙件中的连墙杆宜呈水平设置,也可采用连墙端高于架体端的倾斜设置方式;

⑦ 连墙件应设置在靠近有横向水平杆的碗扣节点处,当采用钢管扣件做连墙件时,连墙件应与立杆连接,连接点距架体碗扣主节点距离不应大于 300 mm;⑧ 当双排脚手架下部暂不能设置连墙件时,应采取可靠的防倾覆措施,但无连墙件的最大高度不得超过 6 m。

(4) 其他

双排脚手架内立杆与建筑物距离不宜大于 150 mm;当双排脚手架内立杆与建筑物距离大于 150 mm 时,应采用脚手板或安全平网封闭。当选用窄挑梁或宽挑梁设置作业平台时,挑梁应单层挑出,严禁增加层数。

当双排脚手架设置门洞时,应在门洞上部架设桁架托梁,门洞两侧立杆应对称加设竖向斜撑杆或剪刀撑(图 4 - 3 - 39)。

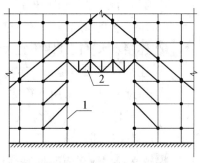

(1-双排脚手架;2-桁架托梁)

图 4 - 3 - 39　双排外脚手架门洞设置

3) 模板支撑架构造

模板支撑架搭设高度不宜超过 30 m。

(1) 可调托撑

模板支撑架每根立杆的顶部应设置可调托撑。当被支撑的建筑结构底面存在坡度时,应随坡度调整架体高度,可利用立杆碗扣节点位差增设水平杆,并应配合可调托撑进行调整。

立杆顶端可调托撑伸出顶层水平杆的悬臂长度(图 4 - 3 - 40)不应超过 650 mm。

可调托撑和可调底座螺杆插入立杆的长度不得小于 150 mm,伸出立杆的长度不宜大于 300 mm,安装时其螺杆应与立杆钢管上下同心,且螺杆外径与立杆钢管内径的间隙不应大于 3 mm。

可调托撑上主楞支撑梁应居中设置,接头宜设置在 U 形托板上,同一断面上主楞支撑梁接头数量不应超过 50%。

(2) 水平杆步距

水平杆步距应通过设计计算确定,并应符合下列规定:

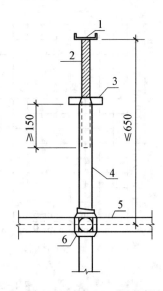

(1-托座;2-螺杆;3-调节螺母;4-立杆;5-顶层水平杆;6-碗扣节点)

图 4 - 3 - 40　立杆顶端可调托撑伸出顶层水平杆的悬臂长度(mm)

① 步距应通过立杆碗扣节点间距均匀设置;

② 当立杆采用 Q235 级材质钢管时,步距不应大于 1.8 m;

③ 当立杆采用 Q345 级材质钢管时,步距不应大于 2.0 m;

④ 对安全等级Ⅰ为级的模板支撑架,架体顶层两步距应比标准步距缩小至少一个节点间距,但立杆稳定性计算时的立杆计算长度应采用标准步距。

(3) 立杆间距

立杆间距应通过设计计算确定,并应符合下列规定:

① 当立杆采用 Q235 级材质钢管时,立杆间距不应大于 1.5 m;

② 当立杆采用 Q345 级材质钢管时,立杆间距不应大于 1.8 m。

(4) 与既有建筑结构连接

当有既有建筑结构时,模板支撑架应与既有建筑结构可靠连接,并应符合下列规定:

① 连接点竖向间距不宜超过两步,并应与水平杆同层设置;

② 连接点水平向间距不宜大于 8 m;

③ 连接点至架体碗扣主节点的距离不宜大于 300 mm;

④ 当遇柱时,宜采用抱箍式连接措施;

⑤ 当架体两端均有墙体或边梁时,可设置水平杆与墙或梁顶紧。

(5) 斜撑杆、剪刀撑

模板支撑架应设置竖向斜撑杆,并应符合下列规定:

安全等级为Ⅰ级的模板支撑架应在架体周边、内部纵向和横向每隔 4 m～6 m 各设置一道竖向斜撑杆;安全等级为Ⅱ级的模板支撑架应在架体周边、内部纵向和横向每隔 6 m～9 m 各设置一道竖向斜撑杆(图 4-3-41a、图 4-3-42a);

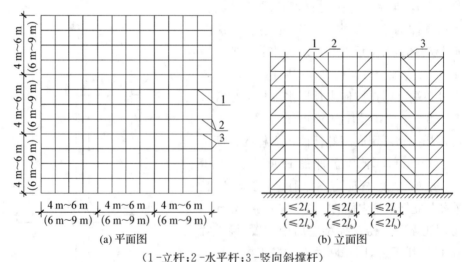

(a) 平面图   (b) 立面图

(1-立杆;2-水平杆;3-竖向斜撑杆)

图 4-3-41 竖向斜撑杆布置示意图一

每道竖向斜撑杆可沿架体纵向和横向每隔不大于两跨在相邻立杆间由底至顶连续设置(图 4-3-41b);也可沿架体竖向每隔不大于两步距采用八字形对称设置(图 4-3-42b),或采用等覆盖率的其他设置方式。

当采用钢管扣件剪刀撑代替竖向斜撑杆时,应符合下列规定:

① 安全等级为Ⅰ级的模板支撑架应在架体周边、内部纵向和横向每隔不大于 6 m 设

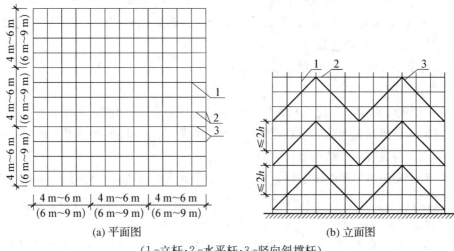

(a) 平面图　　　　　　　　(b) 立面图

（1-立杆；2-水平杆；3-竖向斜撑杆）

图 4-3-42　竖向斜撑杆布置示意图二

置一道竖向钢管扣件剪刀撑；

② 安全等级为Ⅱ级的模板支撑架应在架体周边、内部纵向和横向每隔不大于 9 m 设置一道竖向钢管扣件剪刀撑；

③ 每道竖向剪刀撑应连续设置，剪刀撑的宽度宜为 6 m～9 m。

模板支撑架应设置水平斜撑杆（图 4-3-43），并应符合下列规定：

① 安全等级为Ⅰ级的模板支撑架应在架体顶层水平杆设置层、竖向每隔不大于 8 m 设置一层水平斜撑杆；每层水平斜撑杆应在架体水平面的周边、内部纵向和横向每隔不大于 8 m 设置一道；

② 安全等级为Ⅱ级的模板支撑架宜在架体顶层水平杆设置层设置一层水平剪刀撑；水平斜撑杆应在架体水平面的周边、内部纵向和横向每隔不大于 12 m 设置一道；

水平斜撑杆应在相邻立杆间呈条带状连续设置。

当采用钢管扣件剪刀撑代替水平斜撑杆时，应符合下列规定：

① 安全等级为Ⅰ级的模板支撑架应在架体顶层水平杆设置层、竖向每隔不大于 8 m 设置一道水平剪刀撑；

② 安全等级为Ⅱ级的模板支撑架宜在架体顶层水平杆设置层设置一道水平剪刀撑；

③ 每道水平剪刀撑应连续设置，剪刀撑的宽度宜为 6 m～9 m。

当模板支撑架同时满足下列条件时，可不设置竖向及水平向的斜撑杆和剪刀撑：

① 搭设高度小于 5 m，架体高宽比小于 1.5；

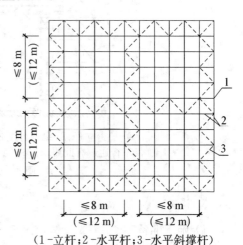

（1-立杆；2-水平杆；3-水平斜撑杆）

图 4-3-43　水平斜撑杆布置图

② 被支撑结构自重面荷载标准值不大于 5 kN/m²，线荷载标准值不大于 8 kN/m；

③ 架体按《建筑施工碗扣式钢管脚手架安全技术规范》(JGJ 166-2016)的构造要求与既有建筑结构进行了可靠连接；

④ 场地地基坚实、均匀，满足承载力要求。

（6）加强措施

独立的模板支撑架高宽比不宜大于 3；当大于 3 时，应采取下列加强措施：

① 将架体超出顶部加载区投影范围向外延伸布置 2 跨～3 跨，将下部架体尺寸扩大；

② 将架体与既有建筑结构进行可靠连接；

③ 当无建筑结构进行可靠连接时，宜在架体上对称设置缆风绳或采取其他防倾覆的措施。

（7）门洞

当模板支撑架设置门洞时(图 4-3-44)，应符合下列规定：

① 门洞净高不宜大于 5.5 m，净宽不宜大于 4.0 m；当需设置的机动车道净宽大于 4.0 m 或与上部支撑的混凝土梁体中心线斜交时，应采用梁柱式门洞结构；

② 通道上部应架设转换横梁，横梁设置应经过设计计算确定；

③ 横梁下立杆数量和间距应由计算确定，且立杆不应少于 4 排，每排横距不应大于 300 mm；

④ 横梁下立杆应与相邻架体连接牢固，横梁下立杆斜撑杆或剪刀撑应加密设置；

⑤ 横梁下立杆应采用扩大基础，基础应满足防撞要求；

⑥ 转换横梁和立杆之间应设置纵向分配梁和横向分配梁；

⑦ 门洞顶部应采用木板或其他硬质材料全封闭，两侧应设置防护栏杆和安全网；

⑧ 对通行机动车的洞口，门洞净空应满足既有道路通行的安全界限要求，且应按规定设置导向、限高、限宽、减速、防撞等设施及标识、标示。

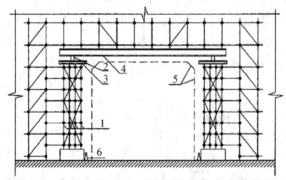

(1-加密立杆；2-纵向分配梁；3-横向分配梁；4-转换横梁；5-门洞净空(仅车行通道有此要求)；6-警示及防撞设施(仅用于车行通道))

图 4-3-44　门洞设置

3. 施工

1）施工准备

（1）编制专项施工方案

脚手架施工前应根据建筑结构的实际情况，编制专项施工方案，并应经审核批准后方可实施。

脚手架在安装、拆除作业前,应根据专项施工方案要求,对作业人员进行安全技术交底。

(2) 构配件质量复检

进入施工现场的脚手架构配件,在使用前应对其质量进行复检,不合格产品不得使用。

对经检验合格的构配件应按品种、规格分类码放,并应标识数量和规格。

(3) 场地排水

构配件堆放场地排水应畅通,不得有积水。

脚手架搭设前,应对场地进行清理、平整,地基应坚实、均匀,并应采取排水措施。

(4) 其他

当采取预埋方式设置脚手架连墙件时,应按设计要求预埋;在混凝土浇筑前,应进行隐蔽检查。

2) 地基与基础

当地基土不均匀或原位土承载力不满足要求或基础为软弱地基时,应进行处理。压实土地基应符合现行国家标准《建筑地基基础设计规范》的规定;灰土地基应符合现行国家标准《建筑地基基础工程施工质量验收规范》的规定。

脚手架基础施工应符合专项施工方案要求,应根据地基承载力要求按现行国家标准《建筑地基基础工程施工质量验收规范》的规定进行验收。施工完成后,应检查地基表面平整度,平整度偏差不得大于 20 mm。

当脚手架基础为楼面等既有建筑结构或贝雷梁、型钢等临时支撑结构时,对不满足承载力要求的既有建筑结构应按方案设计的要求进行加固,对贝雷梁、型钢等临时支撑结构应按相关规定对临时支撑结构进行验收。

地基和基础经验收合格后,应按专项施工方案的要求放线定位。

3) 搭设

(1) 搭设顺序

脚手架应按顺序搭设,并应符合下列规定:

① 双排脚手架搭设应按立杆、水平杆、斜杆、连墙件的顺序配合施工进度逐层搭设。一次搭设高度不应超过最上层连墙件两步,且自由长度不应大于 4 m;

② 模板支撑架应按先立杆、后水平杆、再斜杆的顺序搭设形成基本架体单元,并应以基本架体单元逐排、逐层扩展搭设成整体支撑架体系,每层搭设高度不宜大于 3 m;

③ 斜撑杆、剪刀撑等加固件应随架体同步搭设,不得滞后安装。

(2) 立杆垫板、底座

脚手架立杆垫板、底座应准确放置在定位线上,垫板应平整、无翘曲,不得采用已开裂的垫板,底座的轴心线应与地面垂直。

(3) 架体

双排脚手架连墙件必须随架体升高及时在规定位置处设置;当作业层高出相邻连墙

件以上两步时,在上层连墙件安装完毕前,必须采取临时拉结措施。

碗扣节点组装时,应通过限位销将上碗扣锁紧水平杆。

脚手架每搭完一步架体后,应校正水平杆步距、立杆间距、立杆垂直度和水平杆水平度。架体立杆在 1.8 m 高度内的垂直度偏差不得大于 5 mm,架体全高的垂直度偏差应小于架体搭设高度的 1/600,且不得大于 35 mm;相邻水平杆的高差不应大于 5 mm。

当双排脚手架内外侧加挑梁时,在一跨挑梁范围内不得超过 1 名施工人员操作,严禁堆放物料。

在多层楼板上连续搭设模板支撑架时,应分析多层楼板间荷载传递对架体和建筑结构的影响,上下层架体立杆宜对位设置。

模板支撑架应在架体验收合格后,方可浇筑混凝土。

4)拆除

(1)双排脚手架的拆除作业

双排脚手架的拆除作业,必须符合下列规定:

① 架体拆除应自上而下逐层进行,严禁上下层同时拆除;

② 连墙件应随脚手架逐层拆除,严禁先将连墙件整层或数层拆除后再拆除架体;

③ 拆除作业过程中,当架体的自由端高度大于两步时,必须增设临时拉结件。

(2)脚手架拆除注意事项

当脚手架拆除时,应按专项施工方案中规定的顺序拆除。

当脚手架分段、分立面拆除时,应确定分界处的技术处理措施,分段后的架体应稳定。双排脚手架的斜撑杆、剪刀撑等加固件应在架体拆除至该部位时,才能拆除。

脚手架拆除作业应设专人指挥,当有多人同时操作时,应明确分工、统一行动,且应具有足够的操作面。拆除的脚手架构配件应采用起重设备吊运或人工传递到地面,严禁抛掷。

脚手架拆除前,应清理作业层上的施工机具及多余的材料和杂物。拆除的脚手架构配件应分类堆放,并应便于运输、维护和保管。

(3)模板支撑架的拆除

模板支撑架的拆除应符合下列规定:

① 架体拆除应符合现行国家标准《混凝土结构工程施工质量验收规范》《混凝土结构工程施工规范》中混凝土强度的规定,拆除前应填写拆模申请单;

② 预应力混凝土构件的架体拆除应在预应力施工完成后进行;

③ 架体的拆除顺序、工艺应符合专项施工方案的要求。当专项施工方案无明确规定时,应符合下列规定:

a)应先拆除后搭设的部分,后拆除先搭设的部分;

b)架体拆除必须自上而下逐层进行,严禁上下层同时拆除作业,分段拆除的高度不应大于两层;

c)梁下架体的拆除,宜从跨中开始,对称地向两端拆除;悬臂构件下架体的拆除,宜从悬臂端向固定端拆除。

4. 检查与验收

（1）检查与验收环节及资料

根据施工进度，脚手架应在下列环节进行检查与验收：

① 施工准备阶段，构配件进场时；

② 地基与基础施工完后，架体搭设前；

③ 首层水平杆搭设安装后；

④ 双排脚手架每搭设一个楼层高度，投入使用前；

⑤ 模板支撑架每搭设完 4 步或搭设至 6 m 高度时；

⑥ 双排脚手架搭设至设计高度后；

⑦ 模板支撑架搭设至设计高度后。

检查验收应具备下列资料：

① 专项施工方案及变更文件；

② 周转使用的脚手架构配件使用前的复验合格记录；

③ 构配件进场、基础施工、架体搭设、防护设施施工阶段的施工记录及质量检查记录。

（2）构配件检验

进入施工现场的主要构配件应有产品质量合格证、产品性能检验报告，并应对其表面观感质量、规格尺寸等进行抽样检验。

（3）地基基础检查验收

地基基础检查验收项目、质量要求、抽检数量、检验方法应符合《建筑施工碗扣式钢管脚手架安全技术规范》（JGJ 166-2016）的规定，并应重点检查和验收下列内容：

① 地基的处理、承载力应符合方案设计的要求；

② 基础顶面应平整坚实，并应设置排水设施；

③ 基础不应有不均匀沉降，立杆底座和垫板与基础间应无松动、悬空现象；

④ 地基基础施工记录和试验资料应完整。

（4）架体检查验收

架体检查验收项目、质量要求、抽检数量、检验方法应符合规范规定，并应重点检查和验收下列内容：

① 架体三维尺寸和门洞设置应符合方案设计的要求；

② 斜撑杆和剪刀撑应按方案设计规定的位置和间距设置；

③ 纵向水平杆、横向水平杆应连续设置，扫地杆距离地面高度应满足《建筑施工碗扣式钢管脚手架安全技术规范》要求；

④ 模板支撑架立杆伸出顶层水平杆长度不应超出《建筑施工碗扣式钢管脚手架安全技术规范》的上限要求；

⑤ 双排脚手架连墙件应按方案设计规定的位置和间距设置，并应与建筑结构和架体可靠连接；

⑥ 模板支撑架应与既有建筑结构可靠连接；

⑦ 上碗扣应将水平杆接头锁紧；

微课视频

悬挑式脚手架安全构造要求

拓展学习

附着式升降脚手架与高处作业吊篮

⑧ 架体水平度和垂直度偏差应在《建筑施工碗扣式钢管脚手架安全技术规范》允许范围内。

（5）安全防护设施检查验收

安全防护设施应重点检查和验收下列内容：

① 作业层宽度、脚手板、挡脚板、防护栏杆、安全网、水平防护的设置应齐全、牢固；

② 梯道或坡道的设置应符合方案设计的要求，防护设施应齐全；

③ 门洞顶部应封闭，两侧应设置防护设施，车行通道门洞应设置交通设施和标志。

标准规范

建筑施工碗扣式
钢管脚手架
安全技术规范

4.3.4 承插型盘扣式钢管脚手架

承插型盘扣式钢管脚手架立杆之间采用外套管或内插管连接，水平杆和斜杆采用杆端扣接头卡入连接盘，用楔形插销连接，能承受相应的荷载，并具有作业安全和防护功能的结构架体。

根据使用用途可分为支撑脚手架和作业脚手架。

支撑脚手架支承于地面或结构上可承受各种荷载，具有安全防护功能，为建筑施工提供支撑和作业平台的承插型盘扣式钢管脚手架，包括混凝土施工用模板支撑脚手架和结构安装支撑架，简称支撑架。

作业脚手架支承于地面、建筑物上或附着于工程结构上，为建筑施工提供作业平台与安全防护的承插型盘扣式钢管脚手架，简称作业架。

1. 基本规定

根据立杆外径大小，脚手架可分为标准型（B 型）和重型（Z 型）。脚手架构件、材料及其制作质量应符合现行行业标准《承插型盘扣式钢管支架构件》（JG/T 503 - 2016）的规定。

杆端扣接头与连接盘的插销连接锤击自锁后不应拔脱。搭设脚手架时，宜采用不小于 0.5 kg 锤子敲击插销顶面不少于 2 次，直至插销销紧。销紧后应再次击打，插销下沉量不应大于 3 mm。

插销销紧后，扣接头端部弧面应与立杆外表面贴合。

脚手架结构设计应根据脚手架种类、搭设高度和荷载采用不同的安全等级。脚手架安全等级的划分应符合下表的规定。

表 4 - 3 - 22 脚手架的安全等级

作业架		支撑架		安全等级
搭设高度（m）	荷载设计值	搭设高度（m）	荷载设计值	
≤24	—	≤8	≤15 kN/m² 或≤20 kN/m 或≤7 kN/m	Ⅱ
>24	—	>8	>15 kN/m² 或>20 kN/m 或>7 kN/m	Ⅰ

（注：支撑脚手架的搭设高度、荷载设计值中任一项不满足安全等级为Ⅱ级的条件时，其安全等级划分为Ⅰ级）

2. 构造要求

(1) 一般规定

脚手架的构造体系应完整,脚手架应具有整体稳定性。

应根据施工方案计算得出的立杆纵横向间距选用定长的水平杆和斜杆,并应根据搭设高度组合立杆、基座、可调托撑和可调底座。

脚手架搭设步距不应超过 2 m。

脚手架的竖向斜杆不应采用钢管扣件。

当标准型(B 型立杆荷载设计值大于 40 kN,或重型(Z 型)立杆荷载设计值大于 65 kN 时,脚手架顶层步距应比标准步距缩小 0.5 m。

(2) 支撑架

支撑架的高宽比宜控制在 3 以内,高宽比大于 3 的支撑架应采取与既有结构进行刚性连接等抗倾覆措施。

1) 竖向斜杆

对标准步距为 1.5 m 的支撑架,应根据支撑架搭设高度、支撑架型号及立杆轴向力设计值进行竖向斜杆布置。

当支撑架搭设高度大于 16 m 时,顶层步距内应每跨布置竖向斜杆。

2) 可调托撑

支撑架可调托撑伸出顶层水平杆或双槽托梁中心线的悬臂长度(图 4 - 3 - 45)不应超过 650 mm,且丝杆外露长度不应超过 400 mm,可调托撑插入立杆或双槽托梁长度不得小于 150 mm。6.2.5 支撑架可调底座丝杆插入立杆长度不得小于 150 mm,丝杆外露长度不宜大于 300 mm,作为扫地杆的最底层水平杆中心线距离可调底座的底板不应大于 550 mm。

3) 与已建成的结构拉结

当支撑架搭设高度超过 8m,周围有既有建筑结构时,应沿高度每间隔 4~6 个步距与周围已建成的结构进行可靠拉结。

当以独立塔架形式搭设支撑架时,应沿高度每间隔 2~4 个步距与相邻的独立塔架水平拉结。

4) 水平剪刀撑

支撑架应沿高度每间隔 4 个~6 个标准步距应设置水平剪刀撑,并应符合现行行业标准《建筑施工扣件式钢管脚手架安全技术规范》中钢管水平剪刀撑的有关规定。

5) 施工人员进出通道

当支撑架架体内设置与单支水平杆同宽的人行通道时,可间隔抽除第一层水平杆和

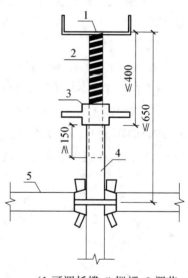

(1-可调托撑;2-螺杆;3-调节螺母;4-立杆;5-水平杆)

图 4 - 3 - 45　可调托撑伸出顶层水平杆的悬臂长度

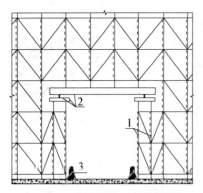

(1-立杆;2-支撑横梁;3-防撞设施)

图4-3-46 支撑架人行通道设置图

斜杆形成施工人员进出通道,与通道正交的两侧立杆间应设置竖向斜杆;当支撑架架体内设置与单支水平杆不同宽人行通道时,应在通道上部架设支撑横梁(图4-3-46),横梁的型号及间距应依据荷载确定。通道相邻跨支撑横梁的立杆间距应根据计算设置,通道周围的支撑架应连成整体。

洞口顶部应铺设封闭的防护板,相邻跨应设置安全网。通行机动车的洞口,应设置安全警示和防撞设施。

（2）作业架

作业架的高宽比宜控制在3以内;当作业架高宽比大于3时,应设置抛撑或缆风绳等抗倾覆措施。

1）立杆、水平杆

当搭设双排外作业架时或搭设高度24 m及以上时,应根据使用要求选择架体几何尺寸,相邻水平杆步距不宜大于2 m。

双排外作业架首层立杆宜采用不同长度的立杆交错布置,立杆底部宜配置可调底座或垫板。

三脚架与立杆连接及接触的地方,应沿三脚架长度方向增设水平杆,相邻三脚架应连接牢固。

2）竖向斜柱

双排作业架的外侧立面上应设置竖向斜柱,并应符合下列规定:

① 在脚手架的转角处、开口型脚手架端部应由架体底部至顶部连续设置斜杆;

② 应每隔不大于4跨设置一道竖向或斜向连续斜杆;当架体搭设高度在24 m以上时,应每隔不大于3跨设置一道竖向斜杆;

1竖向斜杆应在双排作业架外侧相邻立杆间由底至顶连续设置(图4-3-37)。

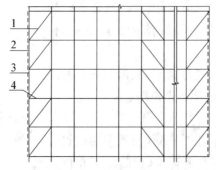

(1—斜杆;2—立杆;3—两端竖向斜杆;4—水平杆)

图4-3-47 斜杆搭设示意图

3）连墙件

连墙件的设置应符合下列规定：

① 连墙件应采用可承受拉、压荷载的刚性杆件，并应与建筑主体结构和架体连接牢固；

② 连墙件应靠近水平杆的盘扣节点设置；

③ 同一层连墙件宜在同一水平面，水平间距不应大于 3 跨；连墙件之上架体的悬臂高度不得超过 2 步；

④ 在架体的转角处或开口型双排脚手架的端部应按楼层设置，且竖向间距不应大于 4 m；

⑤ 连墙件宜从底层第一道水平杆处开始设置；

⑥ 连墙件宜采用菱形布置，也可采用矩形布置；

⑦ 连墙点应均匀分布；

⑧ 当脚手架下部不能搭设连墙件时，宜外扩搭设多排脚手架并设置斜杆，形成外侧斜面状附加梯形架。

4）通道

当设置双排外作业架人行通道时，应在通道上部架设支撑横梁，横梁截面大小应按跨度以及承受的荷载计算确定，通道两侧作业架应加设斜杆；洞口顶部应铺设封闭的防护板，两侧应设置安全网；通行机动车的洞口，应设置安全提示和防撞设施。

3. 安装与拆除

（1）安装前准备

1）施工准备

① 脚手架施工前应根据施工现场情况、地基承载力、搭设高度编制专项施工方案，并应经审核批准后实施。

② 操作人员应经过专业技术培训和专业考试合格后，持证上岗。脚手架搭设前，应按专项施工方案的要求对操作人员进行技术和安全作业交底。

③ 经验收合格的构配件应按品种、规格分类码放，并应标挂数量、规格铭牌。构配件堆放场地应排水畅通、无积水。

④ 作业架连墙件，托架、悬挑梁固定螺栓或吊环等预埋件的设置，应按设计要求预埋。

⑤ 脚手架搭设场地应平整、坚实，并应有排水措施。

2）专项施工方案编制

专项施工方案应包括下列内容：

① 编制依据：相关法律、法规、规范性文件、标准及施工图设计文件、施工组织设计等；

② 工程概况：危险性较大的分部分项工程概况和特点、施工平面布置、施工要求和技术保证条件；

③ 施工计划：包括施工进度计划、材料与设备计划；

④ 施工工艺技术：技术参数、工艺流程、施工方法、操作要求、检查要求等；

⑤ 施工安全质量保证措施：组织保障措施、技术措施、监测监控措施；

⑥ 施工管理及作业人员配备和分工：施工管理人员、专职安全生产管理人员、特种作业人员、其他作业人员等；

⑦ 验收要求：验收标准、验收程序、验收内容、验收人员等；

⑧ 应急处置措施；

⑨ 计算书及相关施工图纸。

3）地基与基础

① 脚手架基础应按专项施工方案进行施工，并应按基础承载力要求进行验收，脚手架应在地基基础验收合格后搭设。

② 土层地基上的立杆下应采用可调底座和垫板，垫板的长度不宜少于 2 跨。

③ 当地基高差较大时，可利用立杆节点位差配合可调底座进行调整。

（2）支撑架安装与拆除

支撑架搭设应根据立杆放置可调底座，应按先立杆后水平杆再斜杆的顺序搭设，形成基本的架体单元，应以此扩展搭设成整体脚手架体系。

架体搭设与拆除过程中，可调底座、可调托撑、基座等小型构件宜采用人工传递。吊装作业应由专人指挥信号，不得碰撞架体。

1）立杆搭设

支撑架立杆搭设位置应按专项施工方案放线确定。

当架体吊装时，立杆间连接应增设立杆连接件。

在多层楼板上连续设置支撑架时，上下层支撑立杆宜在同一轴线上

2）可调底座

支撑架搭设应根据立杆放置可调底座，可调底座应放置在定位线上，并应保持水平。

若需铺设垫板，垫板应平整、无翘曲，不得采用已开裂木垫板。

可调底座和可调托撑安装完成后立杆外表面应与可调螺母吻合，立杆外径与螺母台阶内径差不应大于 2 mm。

3）验收

支撑架搭设完成后应对架体进行验收，并应确认符合专项施工方案要求后再进入下道工序施工。

水平杆及斜杆插销安装完成后，应采用锤击方法抽查插销，连续下沉量不应大于 3.4 mm。

脚手架搭设完成后，立杆的垂直偏差不应大于支撑架总高度的 1/500，且不得大于 50 mm。

4）拆除

拆除作业应按先装后拆、后装先拆的原则进行，应从顶层开始、遂层向下拆除，不得上下同时作业，不应抛掷。

当分段或分立面拆除时,应确定分界处的技术处理方案,分段后架体应稳定。

(3) 作业架安装与拆除

1) 立杆

作业架立杆应定位准确,并应配合施工进度搭设,双排外作业架一次搭设高度不应超过最上层连墙件两步,且自由高度不应大于 4 m。

当立杆处于受拉状态时,立杆的套管连接接长部位应采用螺栓连接。

2) 连墙件

双排外作业架连墙件应随脚手架高度上升,在规定位置处同步设置,不得滞后安装和任意拆除。

3) 作业层

作业层设置应符合下列规定:

① 应满铺脚手板;

② 双排外作业架外侧应设挡脚板和防护栏杆,防护栏杆可在每层作业面立杆的0.5 m 和 1.0 m 的连接盘处布置两道水平杆,并应在外侧满挂密目安全网;

③ 作业层与主体结构间的空隙应设置水平防护网;

④ 当采用钢脚手板时,钢脚手板的挂钩应稳固扣在水平杆上,挂钩应处于锁住状态。

加固件、斜杆应与作业架同步搭设,当加固件、斜撑采用扣件钢管时,应符合现行行业标准《建筑施工扣件式钢管脚手架安全技术规范》的有关规定。

作业架顶层的外侧防护栏杆高出顶层作业层的高度不应小于 1 500 mm。

作业架应分段搭设、分段使用,应经验收合格后方可使用。

4) 拆除

作业架应经单位工程负责人确认并签署拆除许可令后,方可拆除之。

当作业架拆除时,应划出安全区,应设置警戒标志,并应派专人看管。

拆除前应清理脚手架上的器具、多余的材料和杂物。作业架拆除应按先装后拆、后装先拆的原则进行,不应上下同时作业。双排外脚手架连墙件应随脚手架逐层拆除,分段拆除的高度差不应大于两步。当作业条件限制,出现高度差大于两步时,应增设连墙件加固。

拆除至地面的脚手架及构配件应及时检查、维修及保养,并应按品种、规格分类存放。

(4) 安全使用管理

脚手架搭设作业人员应正确佩戴使用安全帽、安全带和防滑鞋。脚手架使用过程应明确专人管理。

应执行施工方案要求,遵循脚手架安装及拆除工艺流程。

应控制作业层上的施工荷载,不得超过设计值。如需预压,荷载的分布应与设计方案一致。脚手架受荷过程中、应按对称、分层、分级的原则进行,不应集中堆载、卸载;并应派专人在安全区域内监测脚手架的工作状态。

脚手架使用期间,不得擅自拆改架体结构杆件或在架体上增设其他设施。

不得在脚手架基础影响范围内进行挖掘作业。

脚手架应与架空输电线路保持安全距离,野外空旷地区搭设脚手架应按现行行业标准《施工现场临时用电安全技术规范》的有关规定设置防雷措施。

架体门洞、过车通道,应设置明显警示标识及防超限栏杆。

脚手架工作区域内应整洁卫生,物料码放应整齐有序,通道应畅通。

在脚手架上进行电气焊作业时,应有防火措施和专人监护。

当遇有重大突发天气变化时,应提前做好防御措施。

4. 检查与验收

(1) 构配件的检查与验收

对进入施工现场的脚手架构配件的检查与验收应符合下列规定:

① 应有脚手架产品标识及产品质量合格证? 型式检验报告;

② 应有脚手架产品主要技术参数及产品使用说明书;

③ 当对脚手架及构件质量有疑问时,应进行质量抽检和整架试验。

(2) 支撑架应检查与验收

1) 适用情况

当出现下列情况之时,支撑架应进行检查与验收:

① 基础完工后及支撑架搭设前;

② 超过 8 m 的高支模每搭设完成 6 m 高度后;

③ 搭设高度达到设计高度后和混凝土浇筑前;

④ 停用 1 个月以上,恢复使用前;

⑤ 遇 6 级及以上强风、大雨及冻结的地基土解冻后。

2) 内容

支撑架检查与验收应符合下列规定:

① 基础应符合设计要求,并应平整坚实,立杆与基础间应无松动、悬空现象,底座、支垫应符合规定;

② 搭设的架体应符合设计要求,搭设方法和斜杆、剪刀撑等设置应符合规定;

③ 可调托撑和可调底座伸出水平杆的悬臂长度应符合规定;

④ 水平杆扣接头、斜杆扣接头与连接盘的插销应销紧。

3) 堆载预压

当支撑架需堆载预压时,应符合下列规定:

① 应编制专项支撑架堆载预压方案,预压前应进行安全技术交底;

② 预压荷载布置应模拟结构物实际荷载分布情况进行分级、对称预压,预压监测及加载分级应符合现行行业标准《钢管满堂支架预压技术规程》(JGJ/T 194)的有关规定。

(3) 作业架检查和验收

1) 适用情况

当出现下列情况之一时,作业架应进行检查和验收:

① 基础完工后及作业架搭设前;

② 首段高度达到 6 m 时；

③ 架体随施工进度逐层升高时；

④ 搭设高度达到设计高度后；

⑤ 停用 1 个月以上，恢复使用前；

⑥ 遇 6 级及以上强风、大雨及冻结的地基土解冻后。

2）内容

作业架检查与验收应符合下列规定：

① 搭设的架体应符合设计要求，斜杆或剪刀撑设置应符合规定；

② 立杆基础不应有不均匀沉降，可调底座与基础面的接触不应有松动和悬空现象；

③ 连墙件设置应符合设计要求，并应与主体结构、架体可靠连接；

④ 外侧安全立网、内侧层间水平网的张挂及防护栏杆的设置应齐全、牢固；

⑤ 周转使用的脚手架构配件使用前应进行外观检查，并应做记录；

⑥ 搭设的施工记录和质量检查记录应及时、齐全；

⑦ 水平杆扣接头、斜杆扣接头与连接盘的插销应销紧。

支撑架和作业架验收后应形成记录。

在线题库

4.3 节

▶ 4.4 施工用电安全技术 ◀

4.4.1 施工用电基本要求

1. 临时用电管理

1）施工组织设计

施工现场临时用电设备在 5 台及以上或设备总容量在 50 kW 及以上者，应编制用电组织设计。施工现场临时用电设备在 5 台以下和设备总容量在 50 kW 以下者，应制定安全用电和电气防火措施。

（1）施工现场临时用电组织设计内容

施工现场临时用电组织设计应包括下列内容：

① 现场勘测；

② 确定电源进线、变电所或配电室、配电装置、用电设备位置及线路走向；

③ 进行负荷计算；

④ 选择变压器；

⑤ 设计配电系统：

a）设计配电线路，选择导线或电缆；

b）设计配电装置，选择电器；

图 4-4-1　施工现场总配电箱示例

c）设计接地装置；

d）绘制临时用电工程图纸，主要包括用电工程总平面图、配电装置布置图、配电系统接线图、接地装置设计图。

⑥ 设计防雷装置；

⑦ 确定防护措施；

⑧ 制定安全用电措施和电气防火措施。

（2）临时用电组织设计变更审核

临时用电工程图纸应单独绘制，临时用电工程应按图施工。

临时用电组织设计及变更时，必须履行"编制、审核、批准"程序，由电气工程技术人员组织编制，经相关部门审核及具有法人资格企业的技术负责人批准后实施。变更用电组织设计时应补充有关图纸资料。

临时用电工程必须经编制、审核、批准部门和使用单位共同验收，合格后方可投入使用。

2）电工及用电人员的管理

（1）电工必须经过按国家现行标准考核合格后，持证上岗工作；其他用电人员必须通过相关安全教育培训和技术交底，考核合格后方可上岗工作。

（2）安装、巡检、维修或拆除临时用电设备和线路，必须由电工完成，并应有人监护。电工等级应同工程的难易程度和技术复杂性相适应。

（3）各类用电人员应掌握安全用电基本知识和所用设备的性能，并应符合下列规定：

① 使用电气设备前必须按规定穿戴和配备好相应的劳动防护用品，并应检查电气装置和保护设施，严禁设备带缺陷运转；

② 保管和维护所用设备，发现问题及时报告解决；

③ 暂时停用设备的开关箱必须分断电源隔离开关，并应关门上锁；

④ 移动电气设备时，必须经电工切断电源并做妥善处理后进行。

3）安全技术档案管理

（1）安全技术档案内容

施工现场临时用电必须建立安全技术档案，并应包括下列内容：

① 用电组织设计的全部资料；

② 修改用电组织设计的资料；

③ 用电技术交底资料；

④ 用电工程检查验收表；

⑤ 电气设备的试、检验凭单和调试记录；

⑥ 接地电阻、绝缘电阻和漏电保护器漏电动作参数测定记录表；

⑦ 定期检（复）查表；

⑧ 电工安装、巡检、维修、拆除工作记录。

（2）安全技术档案管理

安全技术档案应由主管该现场的电气技术人员负责建立与管理。其中"电工安装、巡检、维修、拆除工作记录"可指定电工代管,每周由项目经理审核认可,并应在临时用电工程拆除后统一归档。

临时用电工程应定期检查。定期检查时,应复查接地电阻值和绝缘电阻值。

临时用电工程定期检查应按分部、分项工程进行,对安全隐患必须及时处理,并应履行复查验收手续。

4.4.2　配电系统安全技术

施工现场临时用电必须采用三级配电系统。三级配电是指施工现场从电源进线开始至用电设备之间,应经过三级配电装置配送电力,即由总配电箱(一级箱)或配电室的配电柜开始,依次经由分配电箱(二级箱)、开关箱(三级箱)到用电设备。

1. 配电系统配置规则

三级配电系统应遵守四项规则,即分级分路规则,动照分设规则,压缩配电间距规则和环境安全规则。

微课视频

施工现场配电室、配电箱及开关箱的安全管理规定

(1) 分级分路

① 从一级总配电箱(配电柜)向二级分配电箱配电可以分路。

② 从二级分配电箱向三级开关箱配电同样也可以分路。

③ 从三级开关箱向用电设备配电实行所谓"一机一闸"制,不存在分路问题。

按照分级分路规则的要求,在三级配电系统中,任何用电设备均不得越级配电,即其电源线不得直接连接分配电箱或总配电箱,任何配电装置不得挂接其他临时用电设备,否则,三级配电系统的结构形式和分级分路规则将被破坏。

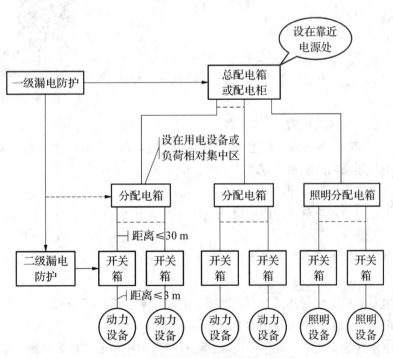

图4-4-2　施工现场配电系统示意图

（2）动照分设

① 动力配电箱与照明配电箱宜分别设置。若动力与照明合置于同一配电箱内共箱配电，则动力与照明应分路配电。

② 动力开关箱与照明开关箱必须分箱设置，不存在共箱分路设置问题。

（3）压缩配电间距

压缩配电间距规则是指除总配电箱、配电室（配电柜）外，分配电箱与开关箱之间，开关箱与用电设备之间的空间间距应尽量缩短。按照《施工现场临时用电安全技术规范》的规定，压缩配电间距规则可用以下 3 个要点说明。

① 分配电箱应设在用电设备或负荷相对集中的场所。

② 分配电箱与开关箱的距离不得超过 30 m。

③ 开关箱与其供电的固定式用电设备的水平距离不宜超过 3 m。

2.配电室与自备电源

1）配电室

（1）配电室的位置要求

配电室应靠近电源，并应设在灰尘少、潮气少、振动小、无腐蚀介质、无易燃易爆物及道路畅通的地方。配电室和控制室应能自然通风，并应采取防止雨雪侵入和动物进入的措施。配电室应保持整洁，不得堆放任何妨碍操作、维修的杂物，示例如图 4-4-3 所示。

（2）配电室布置要求

配电室布置应符合下列要求：

① 配电柜正面的操作通道宽度，单列布置或双列背对背布置不小于 1.5 m，双列面对面布置不小于 2 m；

图 4-4-3 施工现场配电室示例

② 配电柜后面的维护通道宽度，单列布置或双列面对面布置不小于 0.8 m，双列背对背布置不小于 1.5 m，个别地点有建筑物结构凸出的地方，则此点通道宽度可减少 0.2 m；

③ 配电柜侧面的维护通道宽度不小于 1 m；

④ 配电室的顶棚与地面的高度不低于 3 m；

⑤ 配电室内设置值班或检修室时，该室边缘距配电柜的水平距离大于 1 m，并采取屏障隔离；

⑥ 配电室内的裸母线与地面垂直距离小于 2.5 m 时，采用遮拦隔离，遮拦下面通道的高度不小于 1.9 m；

⑦ 配电室围栏上端与其正上方带电部分的净距不小于 0.075 m；

⑧ 配电装置的上端距顶棚不小于 0.5 m；

⑨ 配电室内的母线涂刷有色油漆，以标志相序；以柜正面方向为基准，其涂色符合下

表规定；

表 4-4-1　母线涂色

相别	颜色	垂直排列	水平排列	引下排列
L_1（A）	黄	上	后	左
L_2（B）	绿	中	中	中
L_3（C）	红	下	前	右
N	淡蓝	—	—	—

⑩ 配电室的建筑物和构筑物的耐火等级不低于 3 级,室内配置砂箱和可用于扑灭电气火灾的灭火器；

⑪ 配电室的门向外开,并配锁；

⑫ 配电室的照明分别设置正常照明和事故照明。

（3）配电柜

① 配电柜应装设电度表,并应装设电流、电压表。电流表与计费电度表不得共用一组电流互感器。

② 配电柜应装设电源隔离开关及短路、过载、漏电保护电器。电源隔离开关分断时应有明显可见分断点。

③ 配电柜应编号,并应有用途标记。

④ 配电柜或配电线路停电维修时,应挂接地线,并应悬挂"禁止合闸、有人工作"停电标志牌。停送电必须由专人负责。

⑤ 成列的配电柜和控制柜两端应与重复接地线及保护零线做电气连接。

2）自备电源

（1）自备电源使用情况

按照《施工现场临时用电安全技术规范》规定,施工现场设置的自备电源为 230/400 V 自备发电机组,基于以下两种情况：

① 正常用电时,由外电线路电源供电,自备电源仅作为外电线路电源停止供电时的后备接续供电电源。

② 正常用电时,无外电线路电源可用,自备电源即作为正常用电的电源。

（2）发电机组安全要求

发电机组及其控制、配电、修理室等可分开设置；在保证电气安全距离和满足防火要求情况下可合并设置。

发电机组的排烟管道必须伸出室外。发电机组及其控制、配电室内必须配置可用于扑灭电气火灾的灭火器,严禁存放贮油桶。

发电机组电源必须与外电线路电源连锁,严禁并列运行。

发电机组应采用电源中性点直接接地的三相四线制供电系统和独立设置 TN-S 接零保护系统,其工作接地电阻值应符合接地电阻要求要求。

发电机供电系统应设置电源隔离开关及短路、过载、漏电保护电器。电源隔离开关分断时应有明显可见分断点。

发电机组并列运行时,必须装设同期装置,并在机组同步运行后再向负载供电。

3. 配电线路

施工现场的配电线路,按其敷设方式和场所不同,主要有架空线路、电缆线路、室内配线三种。

施工现场配电线路路径应结合施工现场规划及布局,在满足安全要求的条件下,方便线路敷设、接引及维护;应避开过热,腐蚀以及储存易燃、易爆物的仓库等影响线路安全运行的区域;宜避开易遭受机械性外力的交通、吊装、挖掘作业频繁场所,以及河道、低洼、易受雨水冲刷的地段;不应跨越在建工程、脚手架、临时建筑物。

1) 配电线的选择

(1) 架空线的选择

架空线必须采用绝缘导线。

架空线导线截面的选择应符合下列要求:

① 导线中的计算负荷电流不大于其长期连续负荷允许载流量。

② 线路末端电压偏移不大于其额定电压的 5%。

③ 三相四线制线路的 N 线和 PE 线截面不小于相线截面的 50%,单相线路的零线截面与相线截面相同。

④ 按机械强度要求,绝缘铜线截面不小于 $10\ mm^2$,绝缘铝线截面不小于 $16\ mm^2$。

⑤ 在跨越铁路、公路、河流、电力线路档距内,绝缘铜线截面不小于 $16\ mm^2$,绝缘铝线截面不小于 $25\ mm^2$。

(2) 电缆的选择

电缆选择应根据敷设方式、施工现场环境条件、用电设备负荷功率及距离等因素进行选择,埋地敷设宜选用铠装电缆;当选用无铠装电缆时,应能防水、防腐。架空敷设宜选用无铠装电缆。

电缆中必须包含全部工作芯线和用作保护零线或保护线的芯线。需要三相四线制配电的电缆线路必须采用五芯电缆。五芯电缆必须包含淡蓝、绿/黄二种颜色绝缘芯线。淡蓝色芯线必须用作 N 线;绿/黄双色芯线必须用作 PE 线,严禁混用。

(3) 室内配线的选择

室内配线必须采用绝缘导线或电缆,应根据配线类型采用瓷瓶、瓷(塑料)夹、嵌绝缘槽、穿管或钢索敷设。

2) 配电线路的敷设

配电线路的敷设方式应符合下列规定:

① 应根据施工现场环境特点,以满足线路安全运行、便于维护和拆除的原则来选择,敷设方式应能够避免受到机械性损伤或其他损伤;

② 供用电电缆可采用架空、直埋、沿支架等方式进行敷设;

③ 不应敷设在树木上或直接绑挂在金属构架和金属脚手架上;

④ 不应接触潮湿地面或接近热源。

(1) 架空线路的敷设

架空线路的组成一般包括四部分,即电杆、横担、绝缘子和绝缘导线。

① 架空线必须架设在专用电杆上,严禁架设在树木、脚手架及其他设施上。

架空线路宜采用钢筋混凝土杆或木杆。钢筋混凝土杆不得有露筋、宽度大于 0.4 mm 的裂纹和扭曲;木杆不得腐朽,其梢径不应小于 140 mm。

电杆埋设深度宜为杆长的 1/10 加 0.6 m,回填土应分层夯实。在松软土质处宜加大埋入深度或采用卡盘等加固。

直线杆和 15°以下的转角杆,可采用单横担单绝缘子,但跨越机动车道时应采用单横担双绝缘子;15°到 45°的转角杆应采用双横担双绝缘子;45°以上的转角杆,应采用十字横担。

② 架空线在一个档距内,每层导线的接头数不得超过该层导线条数的 50%,且一条导线应只有一个接头。在跨越铁路、公路、河流、电力线路档距内,架空线不得有接头。

架空线路相序排列应符合下列规定:

a) 动力、照明线在同一横担上架设时,导线相序排列是:面向负荷从左侧起依次为 L1、N、L2、L3、PE;

b) 动力、照明线在二层横担上分别架设时,导线相序排列是:上层横担面向负荷从左侧起依次为 L1、L2、L3;下层横担面向负荷从左侧起依次为 L1(L2、L3)、N、PE。

架空线路的档距不得大于 35 m。架空线路的线间距不得小于 0.3 m,靠近电杆的两导线的间距不得小于 0.5 m。

③ 架空线路绝缘子应按下列原则选择:

a) 直线杆采用针式绝缘子;

b) 耐张杆采用蝶式绝缘子。

④ 架空线路短路和过载保护

架空线路必须有短路保护。采用熔断器做短路保护时,其熔体额定电流不应大于明敷绝缘导线长期连续负荷允许载流量的 1.5 倍。采用断路器做短路保护时,其瞬动过流脱扣器脱扣电流整定值应小于线路末端单相短路电流。

架空线路必须有过载保护。采用熔断器或断路器做过载保护时,绝缘导线长期连续负荷允许载流量不应小于熔断器熔体额定电流或断路器长延时过流脱扣器脱扣电流整定值的 1.25 倍。

(2) 电缆线路的敷设

电缆线路应采用埋地或架空敷设,严禁沿地面明设,并应避免机械损伤和介质腐蚀。

在建工程内的电缆线路必须采用电缆埋地引入,严禁穿越脚手架引入。电缆垂直敷设应充分利用在建工程的竖井、垂直孔洞等,并宜靠近用电负荷中心,固定点每楼层不得少于一处。电缆水平敷设宜沿墙或门口刚性固定,最大弧垂距地不得小于 2.0 m。

装饰装修工程或其他特殊阶段,应补充编制单项施工用电方案。电源线可沿墙角、地面敷设,但应采取防机械损伤和起火措施。电缆线路必须有短路保护和过载保护。

① 埋地电缆

埋地电缆路径应设方位标志。

电缆直接埋地敷设的深度不应小于 0.7 m,并应在电缆紧邻上、下、左、右侧均匀敷设不小于 50 mm 厚的细砂,然后覆盖砖或混凝土板等硬质保护层。

埋地电缆在穿越建筑物、构筑物、道路、易受机械损伤、介质腐蚀场所及引出地面从 2.0 m高到地下 0.2 m 处,必须加设防护套管,防护套管内径不应小于电缆外径的 1.5 倍。

埋地电缆与其附近外电电缆和管沟的平行间距不得小于 2 m,交叉间距不得小于 1 m。

埋地电缆的接头应设在地面上的接线盒内,接线盒应能防水、防尘、防机械损伤,并应远离易燃、易爆、易腐蚀场所。

② 架空电缆

架空电缆应沿电杆、支架或墙壁敷设,并采用绝缘子固定,绑扎线必须采用绝缘线,固定点间距应保证电缆能承受自重所带来的荷载,敷设高度应符合《施工现场临时用电安全技术规范》架空线路敷设高度的要求,但沿墙壁敷设时最大弧垂距地不得小于 2.0 m。

架空电缆严禁沿脚手架、树木或其他设施敷设。

(3)室内配线的敷设

潮湿场所或埋地非电缆配线必须穿管敷设,管口和管接头应密封;当采用金属管敷设时,金属管必须做等电位连接,且必须与 PE 线相连接。

室内非埋地明敷主干线距地面高度不得小于 2.5 m。

架空进户线的室外端应采用绝缘子固定,过墙处应穿管保护,距地面高度不得小于 2.5 m,并应采取防雨措施。

室内配线所用导线或电缆的截面应根据用电设备或线路的计算负荷确定,但铜线截面不应小于 1.5 mm²,铝线截面不应小于 2.5 mm²。

钢索配线的吊架间距不宜大于 12 m。采用瓷夹固定导线时,导线间距不应小于 35 mm,瓷夹间距不应大于 800 mm;采用瓷瓶固定导线时,导线间距不应小于 100 mm,瓷瓶间距不应大于 1.5 m;采用护套绝缘导线或电缆时,可直接敷设于钢索上。

室内配线必须有短路保护和过载保护。对穿管敷设的绝缘导线线路,其短路保护熔断器的熔体额定电流不应大于穿管绝缘导线长期连续负荷允许载流量的 2.5 倍。

4. 配电箱与开关箱

1)配电箱与开关箱的设置

配电系统应设置配电柜或总配电箱、分配电箱、开关箱,实行三级配电。总配电箱以下可设若干分配电箱;分配电箱以下可设若干开关箱。

配电系统宜使三相负荷平衡。220 V 或 380 V 单相用电设备宜接入 220/380 V 三相四线系统;当单相照明线路电流大于 30 A 时,宜采用 220/380 V 三相四线制供电。

(1)位置选择

① 配电箱应设在靠近电源的区域,分配电箱应设在用电设备或负荷相对集中的区

域,分配电箱与开关箱的距离不得超过 30 m,开关箱与其控制的固定式用电设备的水平距离不宜超过 3 m。

② 配电箱、开关箱应装设在干燥、通风及常温场所,不得装设在有严重损伤作用的瓦斯、烟气、潮气及其他有害介质中,亦不得装设在易受外来硬物撞击、强烈振动、液体浸溅及热源烘烤场所。否则,应予清除或做防护处理。

(2) 安装高度

配电箱、开关箱应装设端正、牢固。固定式配电箱、开关箱的中心点与地面的垂直距离应为 1.4~1.6 m。移动式配电箱、开关箱应装设在坚固、稳定的支架上,其中心点与地面的垂直距离宜为 0.8~1.6 m。

(3) 箱体要求

① 配电箱、开关箱外形结构应能防雨、防尘,箱体尺寸应与箱内电器的数量和尺寸相适应。配电箱、开关箱应采用冷轧钢板或阻燃绝缘材料制作,钢板厚度应为 1.2~2.0 mm,其中开关箱箱体钢板厚度不得小于 1.2 mm,配电箱箱体钢板厚度不得小于 1.5 mm,箱体表面应做防腐处理。

② 配电箱、开关箱的金属箱体、金属电器安装板以及电器正常不带电的金属底座、外壳等必须通过 PE 线端子板与 PE 线做电气连接,金属箱门与金属箱体必须通过采用编织软铜线做电气连接。

(4) 连接线

① 配电箱、开关箱内的连接线必须采用铜芯绝缘导线;导线分支接头不得采用螺栓压接,应采用焊接并做绝缘包扎,不得有外露带电部分。

② 配电箱、开关箱中导线的进线口和出线口应设在箱体的下底面。

③ 配电箱、开关箱的进、出线口应配置固定线卡,进出线应加绝缘护套并成束卡固在箱体上,不得与箱体直接接触。移动式配电箱、开关箱的进、出线应采用橡皮护套绝缘电缆,不得有接头。

(5) 其他要求

① 每台用电设备必须有各自专用的开关箱,严禁用同一个开关箱直接控制 2 台及 2 台以上用电设备(含插座)。

② 动力配电箱与照明配电箱宜分别设置。当合并设置为同一配电箱时,动力和照明应分路配电;动力开关箱与照明开关箱必须分设。

③ 配电箱、开关箱周围应有足够 2 人同时工作的空间和通道,不得堆放任何妨碍操作、维修的物品,不得有灌木、杂草。

2) 电器装置的选择

配电箱、开关箱内的电器必须可靠、完好,严禁使用破损、不合格的电器。

(1) 电器设置原则

总配电箱的电器应具备电源隔离,正常接通与分断电路,以及短路、过载、漏电保护功能。电器设置应符合下列原则:

① 当总路设置总漏电保护器时,还应装设总隔离开关、分路隔离开关以及总断路器、

分路断路器或总熔断器、分路熔断器。当所设总漏电保护器是同时具备短路、过载、漏电保护功能的漏电断路器时,可不设总断路器或总熔断器。

② 当各分路设置分路漏电保护器时,还应装设总隔离开关、分路隔离开关以及总断路器、分路断路器或总熔断器、分路熔断器。当分路所设漏电保护器是同时具备短路、过载、漏电保护功能的漏电断路器时,可不设分路断路器或分路熔断器。

③ 隔离开关应设置于电源进线端,应采用分断时具有可见分断点,并能同时断开电源所有极的隔离电器。如采用分断时具有可见分断点的断路器,可不另设隔离开关。

④ 熔断器应选用具有可靠灭弧分断功能的产品。

⑤ 总开关电器的额定值、动作整定值应与分路开关电器的额定值、动作整定值相适应。

(2) 隔离开关

① 总配电箱

总配电箱应装设电压表、总电流表、电度表及其他需要的仪表。专用电能计量仪表的装设应符合当地供用电管理部门的要求。

装设电流互感器时,其二次回路必须与保护零线有一个连接点,且严禁断开电路。

② 分配电箱

分配电箱应装设总隔离开关、分路隔离开关以及总断路器、分路断路器或总熔断器、分路熔断器,如图 4-4-4 所示。

图 4-4-4　施工现场分配电箱示例　　　　图 4-4-5　施工现场开关箱示例

③ 开关箱

如图 4-4-5 所示,开关箱必须装设隔离开关、断路器或熔断器,以及漏电保护器。当漏电保护器是同时具有短路、过载、漏电保护功能的漏电断路器时,可不装设断路器或熔断器。隔离开关应采用分断时具有可见分断点,能同时断开电源所有极的隔离电器,并应设置于电源进线端。当断路器是具有可见分断点时,可不另设隔离开关。

开关箱中的隔离开关只可直接控制照明电路和容量不大于 3.0 kW 的动力电路,但不应频繁操作。容量大于 3.0 kW 的动力电路应采用断路器控制,操作频繁时还应附设接触器或其他启动控制装置。

开关箱中各种开关电器的额定值和动作整定值应与其控制用电设备的额定值和特性相适应。

(3) 漏电保护器

漏电保护器应装设在总配电箱、开关箱靠近负荷的一侧,且不得用于启动电气设备的操作。

漏电保护器的选择应符合现行国家标准《剩余电流动作保护器(RCD)的一般要求》(GB 6829 - 2017)和《剩余电流动作保护装置安装和运行》(GB 13955 - 2017)的规定。

开关箱中漏电保护器的额定漏电动作电流不应大于 30 mA,额定漏电动作时间不应大于 0.1 s。

使用于潮湿或有腐蚀介质场所的漏电保护器应采用防溅型产品,其额定漏电动作电流不应大于 15 mA,额定漏电动作时间不应大于 0.1 s。

总配电箱中漏电保护器的额定漏电动作电流应大于 30 mA,额定漏电动作时间应大于 0.1 s,但其额定漏电动作电流与额定漏电动作时间的乘积不应大于 30 mA・s。

总配电箱和开关箱中漏电保护器的极数和线数必须与其负荷侧负荷的相数和线数一致。

配电箱、开关箱中的漏电保护器宜选用无辅助电源型(电磁式)产品,或选用辅助电源故障时能自动断开的辅助电源型(电子式)产品。当选用辅助电源故障时不能自动断开的辅助电源型(电子式)产品时,应同时设置缺相保护。

(4) 电器安装要求

① 配电箱、开关箱内的电器(含插座)应先安装在金属或非木质阻燃绝缘电器安装板上,然后方可整体紧固在配电箱、开关箱箱体内。金属电器安装板与金属箱体应做电气连接。

② 配电箱、开关箱内的电器(含插座)应按其规定位置紧固在电器安装板上,不得歪斜和松动。

③ 配电箱的电器安装板上必须分设 N 线端子板和 PE 线端子板。N 线端子板必须与金属电器安装板绝缘;PE 线端子板必须与金属电器安装板做电气连接。进出线中的 N 线必须通过 N 线端子板连接;PE 线必须通过 PE 线端子板连接。

3) 配电箱和开关箱的使用和维护

(1) 配电箱和开关箱的操作顺序

配电箱、开关箱必须按照下列顺序操作:

① 送电操作顺序为:总配电箱→分配电箱→开关箱;

② 停电操作顺序为:开关箱→分配电箱→总配电箱。

但出现电气故障的紧急情况可除外。

(2) 配电箱和开关箱的使用要求

① 配电箱、开关箱应有名称、用途、分路标记及系统接线图。

② 施工现场停止作业 1 小时以上时,应将动力开关箱断电上锁。

③ 配电箱、开关箱内不得放置任何杂物,并应保持整洁。

④ 配电箱、开关箱内不得随意挂接其他用电设备。

⑤ 配电箱、开关箱内的电器配置和接线严禁随意改动。

熔断器的熔体更换时,严禁采用不符合原规格的熔体代替。漏电保护器每天使用前应启动漏电试验按钮试跳一次,试跳不正常时严禁继续使用。

⑥ 配电箱、开关箱的进线和出线严禁承受外力,严禁与金属尖锐断口、强腐蚀介质和易燃易爆物接触。

(3) 配电箱和开关箱的维护

① 配电箱、开关箱箱门应配锁,并应由专人负责。

② 配电箱、开关箱应定期检查、维修。检查、维修人员必须是专业电工。检查、维修时必须按规定穿戴绝缘鞋、手套,必须使用电工绝缘工具,并应做检查、维修工作记录。

③ 对配电箱、开关箱进行定期维修、检查时,必须将其前一级相应的电源隔离开关分闸断电,并悬挂"禁止合闸、有人工作"停电标志牌,严禁带电作业。

4.4.3 施工照明、保护系统及外电防护安全技术

1. 施工照明

1) 一般规定

(1) 在坑洞、井内作业、夜间施工或厂房、道路、仓库、办公室、食堂、宿舍、料具堆放场及自然采光差等场所,应设一般照明、局部照明或混合照明。

微课视频

施工现场临时
用电常识

在一个工作场所内,不得只设局部照明。停电后,操作人员需及时撤离的施工现场,必须装设自备电源的应急照明。

(2) 现场照明应采用高光效、长寿命的照明光源。对需大面积照明的场所,应采用高压汞灯、高压钠灯或混光用的卤钨灯等。

照明器的选择必须按下列环境条件确定:

① 正常湿度一般场所,选用开启式照明器;

② 潮湿或特别潮湿场所,选用密闭型防水照明器或配有防水灯头的开启式照明器;

③ 含有大量尘埃但无爆炸和火灾危险的场所,选用防尘型照明器;

④ 有爆炸和火灾危险的场所,按危险场所等级选用防爆型照明器;

⑤ 存在较强振动的场所,选用防振型照明器;

⑥ 有酸碱等强腐蚀介质场所,选用耐酸碱型照明器。

(3) 照明器具和器材的质量应符合国家现行有关强制性标准的规定,不得使用绝缘老化或破损的器具和器材。

(4) 无自然采光的地下大空间施工场所,应编制单项照明用电方案。

2) 照明供电

(1) 一般场所宜选用额定电压为 220 V 的照明器。

（2）下列特殊场所应使用安全特低电压照明器：

① 隧道、人防工程、高温、有导电灰尘、比较潮湿或灯具离地面高度低于 2.5 m 等场所的照明，电源电压不应大于 36 V；

② 潮湿和易触及带电体场所的照明，电源电压不得大于 24 V；

③ 特别潮湿场所、导电良好的地面、锅炉或金属容器内的照明，电源电压不得大于 12 V。

（3）使用行灯应符合下列要求：

① 电源电压不大于 36 V；

② 灯体与手柄应坚固、绝缘良好并耐热耐潮湿；

③ 灯头与灯体结合牢固，灯头无开关；

④ 灯泡外部有金属保护网；

⑤ 金属网、反光罩、悬吊挂钩固定在灯具的绝缘部位上。

（4）远离电源的小面积工作场地、道路照明、警卫照明或额定电压为 12～36 V 照明的场所，其电压允许偏移值为额定电压值的－10%～5%；其余场所电压允许偏移值为额定电压值的±5%。

（5）照明变压器必须使用双绕组型安全隔离变压器，严禁使用自耦变压器。

（6）照明系统宜使三相负荷平衡，其中每一单相回路上，灯具和插座数量不宜超过 25 个，负荷电流不宜超过 15 A。

（7）携带式变压器的一次侧电源线应采用橡皮护套或塑料护套铜芯软电缆，中间不得有接头，长度不宜超过 3 m，其中绿/黄双色线只可作 PE 线使用，电源插销应有保护触头。

（8）工作零线截面应按下列规定选择：

① 单相二线及二相二线线路中，零线截面与相线截面相同；

② 三相四线制线路中，当照明器为白炽灯时，零线截面不小于相线截面的 50%；当照明器为气体放电灯时，零线截面按最大负载相的电流选择；

③ 在逐相切断的三相照明电路中，零线截面与最大负载相相线截面相同。

3）照明装置

（1）照明灯具的金属外壳必须与 PE 线相连接，照明开关箱内必须装设隔离开关、短路与过载保护电器和漏电保护器，并应符合规范规定。

（2）室外 220 V 灯具距地面不得低于 3 m，室内 220 V 灯具距地面不得低于 2.5 m。普通灯具与易燃物距离不宜小于 300 mm；聚光灯、碘钨灯等高热灯具与易燃物距离不宜小于 500 mm，且不得直接照射易燃物。达不到规定安全距离时，应采取隔热措施。

（3）路灯的每个灯具应单独装设熔断器保护。灯头线应做防水弯。

（4）荧光灯管应采用管座固定或用吊链悬挂。荧光灯的镇流器不得安装在易燃的结构物上。

（5）碘钨灯及钠、铊、铟等金属卤化物灯具的安装高度宜在 3 m 以上，灯线应固定在接线柱上，不得靠近灯具表面。

（6）投光灯的底座应安装牢固，应按需要的光轴方向将枢轴拧紧固定。

（7）螺口灯头及其接线应符合下列要求：

① 灯头的绝缘外壳无损伤、无漏电；

② 相线接在与中心触头相连的一端，零线接在与螺纹口相连的一端。

（8）灯具内的接线必须牢固，灯具外的接线必须做可靠的防水绝缘包扎。

（9）暂设工程的照明灯具宜采用拉线开关控制，开关安装位置宜符合下列要求：

① 拉线开关距地面高度为 $2\sim3$ m，与出入口的水平距离为 $0.15\sim0.2$ m，拉线的出口向下；

② 其他开关距地面高度为 1.3 m，与出入口的水平距离为 $0.15\sim0.2$ m。

（10）灯具的相线必须经开关控制，不得将相线直接引入灯具。

（11）对夜间影响飞机或车辆通行的在建工程及机械设备，必须设置醒目的红色信号灯，其电源应设在施工现场总电源开关的前侧，并应设置外电线路停止供电时的应急自备电源。

2. 保护系统

1）保护系统的种类

施工现场临时用电必须采用 TN-S 接地、接零保护系统，二级漏电保护系统，过载、短路保护系统等三种保护系统。

（1）TN-S 接地、接零保护系统

接地是指将电气设备的某一可导电部分与大地之间用导体作为电气连接，简单地说，就是设备与大地做金属性连接。接零是指电气设备与零线连接。TN-S 接地、接零保护系统，简称 TN-S 系统，即变压器中性点接地、保护零线 PE 与工作零线 N 分开的三相五线制低压电力系统。其特点是变压器低压侧中性点直接接地，变压器低压侧引出 5 条线（3 条相线、1 条工作零线、1 条保护零线）。TN-S 符号的含义是：T 表示接地，N 表示接零，S 表示保护零线与工作零线分开。

（2）二级漏电保护系统

二级漏电保护是指在整个施工现场临时用电工程中，总配电箱中必须装设漏电保护器，开关箱中也必须装设漏电保护器。这种由总配电箱和所有开关箱中的漏电保护器所构成的漏电保护系统称为二级漏电保护系统。

（3）过载、短路保护系统

预防过载、短路故障危害的有效技术措施就是在基本供配电系统中设置过载、短路保护系统。过载、短路保护系统可通过在总配电箱、分配电箱、开关箱中设置过载、短路保护电器实现。这里需要指出，过载、短路保护系统必须按三级设置，即在总配电箱、分配电箱、开关箱及其各分路中都要设置过载、短路保护电器。用作过载、短路保护的电器主要有各种类型的断路器和熔断器。

2）接零与接地的一般规定

（1）在施工现场专用变压器的供电的 TN-S 接零保护系统中，电气设备的金属外壳必须与保护零线连接。保护零线应由工作接地线、配电室(总配电箱)电源侧零线或总漏电保护器电源侧零线处引出。

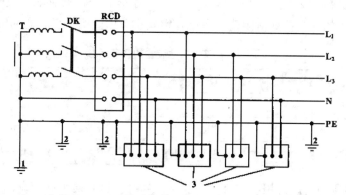

(1-工作接地;2-PE线重复接地;3-电气设备金属外壳(正常不带电的外露可导电部分);L₁、L₂、L₃-相线;N-工作零线;PE-保护零线;DK-总电源隔离开关;RCD-总漏电保护器(兼有短路、过载、漏电保护功能的漏电断路器);T-变压器)

图4-4-6　专用变压器供电时 TN-S 接零保护系统示意

(2)当施工现场与外电线路共用同一供电系统时,电气设备的接地、接零保护应与原系统保持一致。不得一部分设备做保护接零,另一部分设备做保护接地。

采用 TN 系统做保护接零时,工作零线(N 线)必须通过总漏电保护器,保护零线(PE 线)必须由电源进线零线重复接地处或总漏电保护器电源侧零线处,引出形成局部 TN-S 接零保护系统。

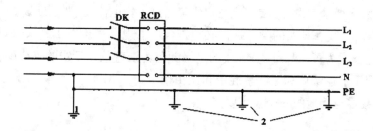

1-NPE线重复接地;2-PE线重复接地;L₁、L₂、L₃-相线;N-工作零线;PE-保护零线;DK-总电源隔离开关;RCD-总漏电保护器(兼有短路、过载、漏电保护功能的漏电断路器)

图4-4-7　三相四线供电时局部 TN-S 接零保护系统保护零线引出示意

在 TN 接零保护系统中,通过总漏电保护器的工作零线与保护零线之间不得再做电气连接。在 TN 接零保护系统中,PE 零线应单独敷设。重复接地线必须与 PE 线相连接,严禁与 N 线相连接。

(3)使用一次侧由50 V 以上电压的接零保护系统供电,二次侧为50 V 及以下电压的安全隔离变压器时,二次侧不得接地,并应将二次线路用绝缘管保护或采用橡皮护套软线。当采用普通隔离变压器时,其二次侧一端应接地,且变压器正常不带电的外露可导电部分应与一次回路保护零线相连接。以上变压器尚应采取防直接接触带电体的保护措施。

（4）施工现场的临时用电电力系统严禁利用大地做相线或零线。

（5）接地装置的设置应考虑土壤干燥或冻结等季节变化的影响，并应符合下表的规定。但防雷装置的冲击接地电阻值只考虑在雷雨季节中土壤干燥状态的影响。

表 4-4-2　接地装置的季节系数

埋深(m)	水平接地体	长 2~3 m 的垂直接地体
0.5	1.4~1.8	1.2~1.4
0.8~1.0	1.25~1.45	1.15~1.3
2.5~3.0	1.0~1.1	1.0~1.1

（6）PE 线所用材质与相线、工作零线（N 线）相同时，其最小截面应符合下表的规定。

表 4-4-3　PE 线截面与相线截面的关系

相线芯线截面 $S(\text{mm}^2)$	PE 线最小截面(mm^2)
$S \leqslant 16$	5
$16 < S \leqslant 35$	16
$S > 16$	$S/2$

（7）保护零线必须采用绝缘导线。

（8）配电装置和电动机械相连接的 PE 线应为截面不小于 2.5 mm^2 的绝缘多股铜线。手持式电动工具的 PE 线应为截面不小于 1.5 mm^2 的绝缘多股铜线。

（9）PE 线上严禁装设开关或熔断器，严禁通过工作电流，且严禁断线。

（10）相线、N 线、PE 线的颜色标记必须符合以下规定：相线 L1(A)、L2(B)、L3(C) 相序的绝缘颜色依次为黄、绿、红色；N 线的绝缘颜色为淡蓝色；PE 线的绝缘颜色为绿/黄双色。任何情况下上述颜色标记严禁混用和互相代用。

3）保护接零与接地的安全技术要点

（1）保护接零

① 在 TN 系统中，下列电气设备不带电的外露可导电部分应做保护接零：

a）电机、变压器、电器、照明器具、手持式电动工具的金属外壳；

b）电气设备传动装置的金属部件；

c）配电柜与控制柜的金属框架；

d）配电装置的金属箱体、框架及靠近带电部分的金属围栏和金属门；

e）电力线路的金属保护管、敷线的钢索、起重机的底座和轨道、滑升模板金属操作平台等；

f）安装在电力线路杆(塔)上的开关、电容器等电气装置的金属外壳及支架。

② 城防、人防、隧道等潮湿或条件特别恶劣的施工现场的电气设备必须采用保护接零。

③ 在 TN 系统中，下列电气设备不带电的外露可导电部分，可不做保护接零：

a）在木质、沥青等不良导电地坪的干燥房间内，交流电压 380 V 及以下的电气装置

金属外壳(当维修人员可能同时触及电气设备金属外壳和接地金属物件时除外);

b) 安装在配电柜、控制柜金属框架和配电箱的金属箱体上,且与其可靠电气连接的电气测量仪表、电流互感器、电器的金属外壳。

(2) 保护接地

① 单台容量超过 100 kVA 或使用同一接地装置并联运行且总容量超过 100 kVA 的电力变压器或发电机的工作接地电阻值不得大于 4 Ω。单台容量不超过 100 kVA 或使用同一接地装置并联运行且总容量不超过 100 kVA 的电力变压器或发电机的工作接地电阻值不得大于 10 Ω。在土壤电阻率大于 1 000 Ω·m 的地区,当达到上述接地电阻值有困难时,工作接地电阻值可提高到 30 Ω。

② TN 系统中的保护零线除必须在配电室或总配电箱处做重复接地外,还必须在配电系统的中间处和末端处做重复接地。在 TN 系统中,保护零线每一处重复接地装置的接地电阻值不应大于 10 Ω。在工作接地电阻值允许达到 10 Ω 的电力系统中,所有重复接地的等效电阻值不应大于 10 Ω。

③ 在 TN 系统中,严禁将单独敷设的工作零线再做重复接地。

④ 每一接地装置的接地线应采用 2 根及以上导体,在不同点与接地体做电气连接。不得采用铝导体做接地体或地下接地线。垂直接地体宜采用角钢、钢管或光面圆钢,不得采用螺纹钢。接地可利用自然接地体,但应保证其电气连接和热稳定。

⑤ 移动式发电机供电的用电设备,其金属外壳或底座应与发电机电源的接地装置有可靠的电气连接。

⑥ 移动式发电机系统接地应符合电力变压器系统接地的要求。

下列情况可不另做保护接零:

a) 移动式发电机和用电设备固定在同一金属支架上,且不供给其他设备用电时;

b) 不超过 2 台的用电设备由专用的移动式发电机供电,供用电设备间距不超过 50 m,且供用电设备的金属外壳之间有可靠的电气连接时。

⑦ 在有静电的施工现场内,对集聚在机械设备上的静电应采取接地泄漏措施。每组专设的静电接地体的接地电阻值不应大于 100 Ω,高土壤电阻率地区不应大于 1 000 Ω。

4) 防雷安全技术

(1) 在土壤电阻率低于 200 Ω·m 区域的电杆可不另设防雷接地装置,但在配电室的架空进线或出线处应将绝缘子铁脚与配电室的接地装置相连接。

(2) 施工现场内的起重机、井字架、龙门架等机械设备,以及钢脚手架和正在施工的在建工程等的金属结构,当在相邻建筑物、构筑物等设施的防雷装置接闪器的保护范围以外时,应按下表规定安装防雷装置。

表 4 - 4 - 4　施工现场内机械设备及高架设施需安装防雷装置的规定

地区年平均雷暴日(d)	机械设备高度(m)
≤15	>50
>15,<40	≥32

（续表）

地区年平均雷暴日(d)	机械设备高度(m)
≥40，<90	≥20
>90 及雷害特别严重地区	≥12

（3）当最高机械设备上避雷针（接闪器）的保护范围能覆盖其他设备，且又最后退出现场，则其他设备可不设防雷装置。

（4）机械设备或设施的防雷引下线可利用该设备或设施的金属结构体，但应保证电气连接。机械设备上的避雷针（接闪器）长度应为 1～2 m。塔式起重机可不另设避雷针（接闪器）。安装避雷针（接闪器）的机械设备，所有固定的动力、控制、照明、信号及通信线路，宜采用钢管敷设。钢管与该机械设备的金属结构体应做电气连接。

（5）施工现场内所有防雷装置的冲击接地电阻值不得大于 30 Ω。

（6）做防雷接地机械上的电气设备，所连接的 PE 线必须同时做重复接地，同一台机械电气设备的重复接地和机械的防雷接地可共用同一接地体，但接地电阻应符合重复接地电阻值的要求。

3. 外电防护安全技术

（1）安全距离

在建工程不得在外电架空线路正下方施工、搭设作业棚、建造生活设施或堆放构件、架具、材料及其他杂物等。

① 在建工程（含脚手架）的周边与外电架空线路的边线之间的最小安全操作距离应符合下表规定。

表 4-4-5 在建工程（含脚手架）的周边与架空线路的边线之间的最小安全操作距离

外电线路电压等级(kV)	<1	1～10	35～110	220	330～500
最小安全操作距离(m)	4.0	6.0	8.0	10	15

（注：上、下脚手架的斜道不宜设在有外电线路的一侧）

② 施工现场的机动车道与外电架空线路交叉时，架空线路的最低点与路面的最小垂直距离应符合下表规定。

表 4-4-6 施工现场的机动车道与架空线路交叉时的最小垂直距离

外电线路电压等级(kV)	<1	1～10	35
最小垂直距离(m)	6.0	7.0	7.0

③ 起重机严禁越过无防护设施的外电架空线路作业。在外电架空线路附近吊装时，起重机的任何部位或被吊物边缘在最大偏斜时与架空线路边线的最小安全距离应符合下表规定。

表 4 - 4 - 7 起重机与架空线路边线的最小安全距离

电压(kV) 安全距离(m)	<1	10	35	110	220	330	500
沿垂直距离	1.5	3.0	4.0	5.0	6.0	7.0	8.5
沿水平距离	1.5	2.0	3.5	4.0	6.0	7.0	8.5

④ 施工现场开挖沟槽边缘与外电埋地电缆沟槽边缘之间的距离不得小于 0.5 m。

（2）防护措施

① 当达不到本上述安全距离的规定时，必须采取绝缘隔离防护措施，并应悬挂醒目的警告标志。

② 架设防护设施时，必须经有关部门批准，采用线路暂时停电或其他可靠的安全技术措施，并应有电气工程技术人员和专职安全人员监护。防护设施应坚固、稳定，且对外电线路的隔离防护应达到 IP30 级。

③ 防护设施与外电线路之间的安全距离不应小于下表所列数值。

表 4 - 4 - 8 防护设施与外电线路之间的最小安全距离

外电线路电压等级(kV)	≤10	35	110	220	330	500
最小安全距离(m)	1.7	2.0	2.5	4.0	5.0	6.0

④ 当上表规定的防护措施无法实现时，必须与有关部门协商，采取停电、迁移外电线路或改变工程位置等措施，未采取上述措施的严禁施工。

⑤ 在外电架空线路附近开挖沟槽时，必须会同有关部门采取加固措施，防止外电架空线路电杆倾斜、悬倒。

在线题库

4.4 节

▶ 4.5 施工机械安全技术 ◀

4.5.1 塔式起重机

塔式起重机，简称塔机、塔吊，英文名称：tower（塔）crane（起重机）。如图 4 - 5 - 1 所示，塔式起重机是指臂架安装在垂直塔身顶部的回转式臂架型起重机。塔式起重机是集物料垂直、水平输送以及全回转三维功能为一体的施工机械。

根据不同的分类方式，塔式起重机可以分为以下类型（见表 4 - 5 - 1）。

表 4 - 5 - 1 塔式起重机的分类

序号	分类方式	项目
1	按有无行走机构	固定式塔式起重机 移动式塔式起重机

(续表)

序号	分类方式	项目
2	按安装方式	快速自装式塔式起重机 辅助安装式塔式起重机
3	按装设位置	内爬式塔式起重机 附着式塔式起重机
4	按回转方式	上回转式塔式起重机 下回转式塔式起重机
5	按起重臂构造方式	动臂式塔式起重机 小车变幅式塔式起重机
6	按塔顶结构	塔尖式塔式起重机 平头式塔式起重机

图 4-5-1 施工现场塔吊示例

根据《特种设备安全法》规定,塔式起重机属于涉及人身和财产安全,危险性较大的特种设备管理范畴。房屋建筑工地、市政工程工地用起重机械和场(厂)内专用机动车辆的安装、使用的监督管理,由有关部门依照本法和其他有关法律的规定实施。塔吊应遵守以下规范。

(1)《建筑施工塔式起重机安装、使用、拆卸安全技术规程》(JGJ 196-2010);

(2)《塔式起重机混凝土基础工程技术标准》(JGJ/T 187-2019);

(3)《建筑机械使用安全技术规程》(JGJ 33-2012);

(4)《塔式起重机安全规程》(GB 5144-2006);

(5)《塔式起重机分类》(JG/T 5037-1993);

(6)《塔式起重机》(GB/T 5031-2019)。

1.塔吊起重机常见安全隐患

(1)标准节开裂或连接螺栓松动;

(2)钢丝绳是否磨损,需及时更换;

(3)安全装置(各限位器、限制器等)失灵;

(4)超过4～5级风可以考虑塔吊停止使用,并锁住大臂,避免风力引起大臂旋转和

微课视频

起重吊运
安全技术

周边建筑物或者其他塔吊碰撞；

（5）塔吊基础积水，长时间浸泡而引起基础松动；

（6）部分施工企业和项目负责人，购买、租赁和使用安全性能不合格、安全装置不齐全的塔吊，并违规使用无资质、无操作证件的安拆队伍和人员进行违章冒险作业。

2. 塔式起重机安装、使用、拆卸基本规定

1）安装、拆卸单位及人员

（1）塔式起重机安装、拆卸单位必须具有从事塔式起重机安装、拆卸业务的资质。

表 4-5-2 塔式起重机安装、拆卸单位资质

序号	企业级别	承担范围
1	一级企业	各类起重设备的安装与拆卸
2	二级企业	单项合同额不超过企业注册资本金 5 倍的 1 000 kN·m 及以下塔式起重机等起重设备，120 t 及以下起重机和龙门架安装与拆卸
3		单项合同额不超过企业注册资本金 5 倍的 800 kN·m 及以下塔式起重机等起重设备，60 t 及以下起重机和龙门吊的安装与拆卸

（2）塔式起重机安装、拆卸单位应具备安全管理保证体系，有健全的安全管理制度。

（3）塔式起重机安装、拆卸作业应配备下列人员：

① 持有安全生产考核合格证书的项目负责人和安全负责人、机械管理人员；

② 具有建筑施工特种作业操作资格证书的建筑起重机械安装拆卸工、起重司机、起重信号工、司索工等特种作业操作人员。

2）塔式起重机一般安全规定

（1）塔式起重机应具有特种设备制造许可证、产品合格证、制造监督检验证明，并已在县级以上地方建设主管部门备案登记。

（2）塔式起重机应符合现行国家标准《塔式起重机安全规程》及《塔式起重机》的相关规定。

（3）塔机启用前应检查下列项目：

① 塔式起重机的备案登记证明等文件；

② 建筑施工特种作业人员的操作资格证书；

③ 专项施工方案；

④ 辅助起重机械的合格证及操作人员资格证书。

（4）对塔式起重机应建立技术档案，其技术档案应包括下列内容：

① 购销合同、制造许可证、产品合格证、制造监督检验证明、使用说明书、备案证明等原始资料；

② 定期检验报告、定期自行检查记录、定期维护保养记录、维修和技术改造记录、运行故障和生产安全事故记录、累计运转记录等运行资料；

③ 历次安装验收资料。

（5）塔式起重机的选型和布置应满足工程施工要求，便于安装和拆卸，并不得损害周边其他建筑物或构筑物。

（6）有下列情况之一的塔式起重机严禁使用：

① 国家明令淘汰的产品；

② 超过规定使用年限经评估不合格的产品；

③ 不符合国家现行相关标准的产品；

④ 没有完整安全技术档案的产品。

（7）塔式起重机安装、拆卸前，应编制专项施工方案，指导作业人员实施安装、拆卸作业。专项施工方案应根据塔式起重机使用说明书和作业场地的实际情况编制，并应符合国家现行相关标准的规定。专项施工方案应由本单位技术、安全、设备等部门审核、技术负责人审批后，经监理单位批准实施。

表 4 - 5 - 3　塔式起重机安装、拆除专项施工方案内容

安装专项施工方案	拆卸专项方案
① 工程概况； ② 安装位置平面和立面图； ③ 所选用的塔式起重机型号及性能技术参数； ④ 基础和附着装置的设置； ⑤ 爬升工况及附着节点详图； ⑥ 安装顺序和安全质量要求； ⑦ 主要安装部件的重量和吊点位置； ⑧ 安装辅助设备的型号、性能及布置位置； ⑨ 电源的设置； ⑩ 施工人员配置； ⑪ 吊索具和专用工具的配备； ⑫ 安装工艺程序； ⑬ 安全装置的调试； ⑭ 重大危险源和安全技术措施； ⑮ 应急预案等。	① 工程概况； ② 塔式起重机位置的平面和立面图； ③ 拆卸顺序； ④ 部件的重量和吊点位置； ⑤ 拆卸辅助设备的型号、性能及布置位置； ⑥ 电源的设置； ⑦ 施工人员配置； ⑧ 吊索具和专用工具的配备； ⑨ 重大危险源和安全技术措施； ⑩ 应急预案等。

（8）塔式起重机与架空输电线的安全距离应符合现行国家标准《塔式起重机安全规程》的规定。

（9）当多台塔式起重机在同一施工现场交叉作业时，应编制专项方案，并应采取防碰撞的安全措施。任意两台塔式起重机之间的最小架设距离应符合下列规定：

① 低位塔式起重机的起重臂端部与另一台塔式起重机的塔身之间的距离不得小于 2 m；

② 高位塔式起重机的最低位置的部件（或吊钩升至最高点或平衡重的最低部位）与低位塔式起重机中处于最高位置部件之间的垂直距离不得小于 2 m。

（10）塔式起重机在安装前和使用过程中，发现有下列情况之一的，不得安装和使用：

① 结构件上有可见裂纹和严重锈蚀的；

② 主要受力构件存在塑性变形的；

③ 连接件存在严重磨损和塑性变形的;

④ 钢丝绳达到报废标准的;

⑤ 安全装置不齐全或失效的。

（10）在塔式起重机的安装、使用及拆卸阶段,进入现场的作业人员必须佩戴安全帽、防滑鞋、安全带等防护用品,无关人员严禁进入作业区域内。在安装、拆卸作业期间,应设警戒区。

塔式起重机使用时,起重臂和吊物下方严禁有人员停留;物件吊运时,严禁从人员上方通过。

严禁用塔式起重机载运人员。

2. 塔式起重机的安装、拆卸安全技术

1) 塔式起重机安装条件

（1）塔式起重机安装前,必须经维修保养,并应进行全面的检查,确认合格后方可安装。

（2）塔式起重机的基础及其地基承载力应符合使用说明书和设计图纸的要求。安装前应对基础进行验收,合格后方可安装。基础周围应有排水设施。

（3）行走式塔式起重机的轨道及基础应按使用说明书的要求进行设置,且应符合现行国家标准《塔式起重机安全规程》及《塔式起重机》的规定。

（4）内爬式塔式起重机的基础、锚固、爬升支承结构等应根据使用说明书提供的荷载进行设计计算,并应对内爬式塔式起重机的建筑承载结构进行验算。

2) 塔式起重机的安装

（1）塔式起重机基础

安装前应根据专项施工方案,对塔式起重机基础的下列项目进行检查,确认合格后方可实施:

① 基础的位置、标高、尺寸;

② 基础的隐蔽工程验收记录和混凝土强度报告等相关资料;

③ 安装辅助设备的基础、地基承载力、预埋件等;

④ 基础的排水措施。

（2）塔式起重机安装注意事项

安装作业,应根据专项施工方案要求实施。安装作业人员应分工明确、职责清楚。安装前应对安装作业人员进行安全技术交底。安装作业中应统一指挥,明确指挥信号。当视线受阻、距离过远时,应采用对讲机或多级指挥。

安装辅助设备就位后,应对其机械和安全性能进行检验,合格后方可作业。安装所使用的钢丝绳、卡环、吊钩和辅助支架等起重机具均应符合吊索具的使用规定,并应经检查合格后方可使用。

自升式塔式起重机的顶升加节应符合下列规定:

① 顶升系统必须完好;

② 结构件必须完好；

③ 顶升前,塔式起重机下支座与顶升套架应可靠连接；

④ 顶升前,应确保顶升横梁搁置正确；

⑤ 顶升前,应将塔式起重机配平；顶升过程中,应确保塔式起重机的平衡；

⑥ 顶升加节的顺序,应符合使用说明书的规定；

⑦ 顶升过程中,不应进行起升、回转、变幅等操作；

⑧ 顶升结束后,应将标准节与回转下支座可靠连接；

⑨ 塔式起重机加节后需进行附着的,应按照先装附着装置、后顶升加节的顺序进行,附着装置的位置和支撑点的强度应符合要求。

塔式起重机的独立高度、悬臂高度应符合使用说明书的要求。

雨雪、浓雾天气严禁进行安装作业。安装时塔式起重机最大高度处的风速应符合使用说明书的要求,且风速不得超过 12 m/s。塔式起重机不宜在夜间进行安装作业；当需在夜间进行塔式起重机安装和拆卸作业时,应保证提供足够的照明。

当遇特殊情况安装作业不能连续进行时,必须将已安装的部位固定牢靠并达到安全状态,经检查确认无隐患后,方可停止作业。

电气设备应按使用说明书的要求进行安装,安装所用的电源线路应符合现行行业标准《施工现场临时用电安全技术规范》(JGJ 46 - 2005)的要求。

塔式起重机的安全装置必须齐全,并应按程序进行调试合格。

连接件及其防松防脱件严禁用其他代用品代用。连接件及其防松防脱件应使用力矩扳手或专用工具紧固连接螺栓。

(3) 安装完成后的检查验收

安装完毕后,应及时清理施工现场的辅助用具和杂物。

安装单位应对安装质量进行自检,并应填写自检报告书。

安装单位自检合格后,应委托有相应资质的检验检测机构进行检测。检验检测机构应出具检测报告书。安装质量的自检报告书和检测报告书应存入设备档案。

经自检、检测合格后,应由总承包单位组织出租、安装、使用、监理等单位进行验收合格后方可使用。

塔式起重机停用 6 个月以上的,在复工前,应重新进行验收,合格后方可使用。

3. 塔式起重机的使用、拆卸安全技术

(1) 作业人员要求

塔式起重机起重司机、起重信号工、司索工等操作人员应取得特种作业人员资格证书,严禁无证上岗。塔式起重机使用前,应对起重司机、起重信号工、司索工等作业人员进行安全技术交底。

每班作业应做好例行保养,并应作好记录。记录的主要内容应包括结构件外观、安全装置、传动机构、连接件、制动器、索具、夹具、吊钩、滑轮、钢丝绳、液位、油位、油压、电源、电压等。

实行多班作业的设备,应执行交接班制度,认真填写交接班记录,接班司机经检查确认无误后,方可开机作业。

(2) 塔式起重机起吊要求

塔式起重机的力矩限制器、重量限制器、变幅限位器、行走限位器、高度限位器等安全保护装置不得随意调整和拆除,严禁用限位装置代替操纵机构。

塔式起重机起吊前,当吊物与地面或其他物件之间存在吸附力或摩擦力而未采取处理措施时,不得起吊。

塔式起重机起吊前,应对安全装置进行检查,确认合格后方可起吊;安全装置失灵时,不得起吊。

塔式起重机起吊前,应按规定要求对吊具与索具进行检查,确认合格后方可起吊;当吊具与索具不符合相关规定的,不得用于起吊作业。

作业中遇突发故障,应采取措施将吊物降落到安全地点,严禁吊物长时间悬挂在空中。遇有风速在 12 m/s 及以上的大风或大雨、大雪、大雾等恶劣天气时,应停止作业。雨雪过后,应先经过试吊,确认制动器灵敏可靠后方可进行作业。夜间施工应有足够照明,照明的安装应符合现行行业标准《施工现场临时用电安全技术规范》的要求。

塔式起重机回转、变幅、行走、起吊动作前应示意警示。起吊时应统一指挥,明确指挥信号;当指挥信号不清楚时,不得起吊。当吊物上站人时不得起吊。严禁在塔式起重机塔身上附加广告牌或其他标语牌。

塔式起重机不得起吊重量超过额定载荷的吊物,且不得起吊重量不明的吊物。在吊物载荷达到额定载荷的 90% 时,应先将吊物吊离地面 200 mm~500 mm 后,检查机械状况、制动性能、物件绑扎情况等,确认无误后方可起吊。对有晃动的物件,必须拴拉溜绳使之稳固。

物件起吊时应绑扎牢固,不得在吊物上堆放或悬挂其他物件;零星材料起吊时,必须用吊笼或钢丝绳绑扎牢固。标有绑扎位置或记号的物件,应按标明位置绑扎。钢丝绳与物件的夹角宜为 45°~60°,且不得小于 30°。吊索与吊物棱角之间应有防护措施;未采取防护措施的,不得起吊。

作业完毕后,应松开回转制动器,各部件应置于非工作状态,控制开关应置于零位,并应切断总电源。

行走式塔式起重机停止作业时,应锁紧夹轨器。

当塔式起重机使用高度超过 30 m 时,应配置障碍灯,起重臂根部铰点高度超过 50 m 时应配备风速仪。

(3) 塔式起重机使用中的检查、保养

塔式起重机的主要部件和安全装置等应进行经常性检查,每月不得少于一次,并应有记录;当发现有安全隐患时,应及时进行整改。当塔式起重机使用周期超过一年时,应按规定进行一次全面检查,合格后方可继续使用。

塔式起重机应实施各级保养。转场时,应作转场保养,并应有记录。当使用过程中塔式起重机发生故障时,应及时维修,维修期间应停止作业。

（4）塔式起重机的拆卸安全技术

塔式起重机拆卸作业宜连续进行；当遇特殊情况拆卸作业不能继续时，应采取措施保证塔式起重机处于安全状态。

当用于拆卸作业的辅助起重设备设置在建筑物上时，应明确设置位置、锚固方法，并应对辅助起重设备的安全性及建筑物的承载能力等进行验算。

拆卸前应检查主要结构件、连接件、电气系统、起升机构、回转机构、变幅机构、顶升机构等项目。发现隐患应采取措施，解决后方可进行拆卸作业。

附着式塔式起重机应明确附着装置的拆卸顺序和方法。目升式塔式起重机每次降节前，应检查顶升系统和附着装置的连接等，确认完好后方可进行作业。

拆卸时应先降节、后拆除附着装置。拆卸完毕后，为塔式起重机拆卸作业而设置的所有设施应拆除，清理场地上作业时所用的吊索具、工具等各种零配件和杂物。

4. 吊索具安全使用技术

1）一般规定

（1）塔式起重机安装、使用、拆卸时，起重吊具、索具应符合下列要求：

① 吊具与索具产品应符合现行行业标准《起重机械吊具与索具安全规程》（LD 48 – 1993）的规定；

② 吊具与索具应与吊重种类、吊运具体要求以及环境条件相适应；

③ 作业前应对吊具与索具进行检查，当确认完好时方可投入使用；

④ 吊具承载时不得超过额定起重量，吊索（含各分肢）不得超过安全工作载荷；

⑤ 塔式起重机吊钩的吊点，应与吊重重心在同一条铅垂线上，使吊重处于稳定平衡状态。

（2）新购置或修复的吊具、索具，应进行检查，确认合格后，方可使用。

（3）吊具、索具在每次使用前应进行检查，经检查确认符合要求后，方可继续使用。当发现有缺陷时，应停止使用。

（4）吊具与索具每 6 个月应进行一次检查，并应作好记录。检验记录应作为继续使用、维修或报废的依据。

2）钢丝绳

（1）钢丝绳作吊索时，其安全系数不得小于 6 倍。

（2）钢丝绳的报废应符合现行国家标准《起重机 钢丝绳 保养、维护、检验和报废》（GB/T 5972 – 2016）的规定。

（3）当钢丝绳的端部采用编结固接时，编结部分的长度不得小于钢丝绳直径的 20 倍，并不应小于 300 mm，插接绳股应拉紧，凸出部分应光滑平整，且应在插接末尾留出适当长度，用金属丝扎牢，钢丝绳插接方法宜符合现行行业标准《起重机械吊具与索具安全规程》的要求。用其他方法插接的，应保证其插接连接强度不小于该绳最小破断拉力的 75%。

（4）钢丝绳夹压板应在钢丝绳受力绳一边，绳夹间距 A（图 4 – 5 – 2）不应小于钢丝绳直径的 6 倍。

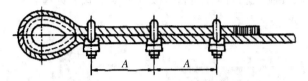

图 4-5-2　钢丝绳夹压板布置图

（5）吊索必须由整根钢丝绳制成，中间不得有接头。环形吊索应只允许有一处接头。

（6）当采用两点或多点起吊时，吊索数宜与吊点数相符，且各根吊索的材质、结构尺寸、索眼端部固定连接、端部配件等性能应相同。

（7）钢丝绳严禁采用打结方式系结吊物。

（8）当吊索弯折曲率半径小于钢丝绳公称直径的 2 倍时，应采用卸扣将吊索与吊点拴接。

（9）卸扣应无明显变形、可见裂纹和弧焊痕迹。销轴螺纹应无损伤现象。

3）吊钩与滑轮

（1）吊钩

吊钩应符合现行行业标准《起重机械吊具与索具安全规程》中的相关规定。

吊钩严禁补焊，有下列情况之一的应予以报废：

① 表面有裂纹；

② 挂绳处截面磨损量超过原高度的 10%；

③ 钩尾和螺纹部分等危险截面及钩筋有永久性变形；

④ 开口度比原尺寸增加 15%；

⑤ 钩身的扭转角超过 10°。

（2）滑轮

滑轮的最小绕卷直径应符合现行国家标准《塔式起重机设计规范》（GB/T 13752-2017）的相关规定。

滑轮有下列情况之一的应予以报废：

① 裂纹或轮缘破损；

② 轮槽不均匀磨损达 3 mm；

③ 滑轮绳槽壁厚磨损量达原壁厚的 20%；

④ 铸造滑轮槽底磨损达钢丝绳原直径的 30%；焊接滑轮槽底磨损达钢丝绳原直径的 15%。

滑轮、卷筒均应设有钢丝绳防脱装置；吊钩应设有钢丝绳防脱钩装置。

4.5.2　施工升降机

施工升降机是建筑中经常使用的垂直方向上运送人员和物料的施工机械，采用齿轮齿条啮合方式或钢丝绳提升吊笼，主要用于高层和超高层的各类建筑中，又称为施工电梯。施工升降机通常是配合塔吊使用，种类很多，按运行方式分为无对重和有对重两种；

按控制方式分为手动控制式和自动控制式;按其传动形式分为齿轮齿条式,钢丝绳式和混合式三种。

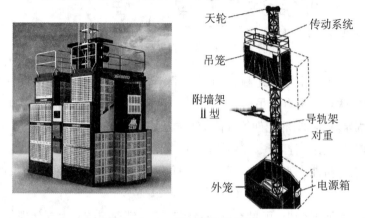

图 4‑5‑3　施工升降机示例

1. 施工升降机使用基本规定

1) 安装单位

(1) 施工升降机安装单位要求

施工升降机安装单位应具备建设行政主管部门颁发的起重设备安装工程专业承包资质和建筑施工企业安全生产许可证。

施工升降机安装、拆卸项目应配备与承担项目相适应的专业安装作业人员以及专业安装技术人员。施工升降机的安装拆卸工、电工、司机等应具有建筑施工特种作业操作资格证书。

施工升降机使用单位应与安装单位签订施工升降机安装、拆卸合同,明确双方的安全生产责任。实行施工总承包的,施工总承包单位应与安装单位签订施工升降机安装、拆卸工程安全协议书。

(2) 施工升降机要求

施工升降机应具有特种设备制造许可证、产品合格证、使用说明书、起重机械制造监督检验证书,并已在产权单位工商注册所在地县级以上建设行政主管部门备案登记。

施工升降机的类型、型号和数量应能满足施工现场货物尺寸、运载重量、运载频率和使用高度等方面的要求。

当利用辅助起重设备安装、拆卸施工升降机时,应对辅助设备设置位置、锚固方法和基础承载能力等进行设计和验算。

(3) 施工升降机安装、拆卸工程专项施工方案

施工升降机安装作业前,安装单位应根据使用说明书的要求、作业场地及周边环境的实际情况、施工升降机使用要求等编制施工升降机安装、拆卸工程专项施工方案,由安装单位技术负责人批准后,报送施工总承包单位或使用单位、监理单位审核,并告知工程所在地县级以上建设行政主管部门。当安装、拆卸过程中专项施工方案发生变更时,应按程序重新对方案进行审批,未经审批不得继续进行安装、拆卸作业。

施工升降机安装、拆卸工程专项施工方案应包括下列主要内容：

① 工程概况；

② 编制依据；

③ 作业人员组织和职责；

④ 施工升降机安装位置平面、立面图和安装作业范围平面图；

⑤ 施工升降机技术参数、主要零部件外形尺寸和重量；

⑥ 辅助起重设备的种类、型号、性能及位置安排；

⑦ 吊索具的配置、安装与拆卸工具及仪器；

⑧ 安装、拆卸步骤与方法；

⑨ 安全技术措施；

⑩ 安全应急预案。

2）施工总承包单位

施工总承包单位进行的工作应包括下列内容：

（1）向安装单位提供拟安装设备位置的基础施工资料，确保施工升降机进场安装所需的施工条件；

（2）审核施工升降机的特种设备制造许可证、产品合格证、起重机械制造监督检验证书、备案证明等文件；

（3）审核施工升降机安装单位、使用单位的资质证书、安全生产许可证和特种作业人员的特种作业操作资格证书；

（4）审核安装单位制定的施工升降机安装、拆卸工程专项施工方案；

（5）审核使用单位制定的施工升降机安全应急预案；

（6）指定专职安全生产管理人员监督检查施工升降机安装、使用、拆卸情况。

3）监理单位

监理单位进行的工作应包括下列内容：

（1）审核施工升降机特种设备制造许可证、产品合格证、起重机械制造监督检验证书、备案证明等文件；

（2）审核施工升降机安装单位、使用单位的资质证书、安全生产许可证和特种作业人员的特种作业操作资格证书；

（3）审核施工升降机安装、拆卸工程专项施工方案；

（4）监督安装单位对施工升降机安装、拆卸工程专项施工方案的执行情况；

（5）监督检查施工升降机的使用情况；

（6）发现存在生产安全事故隐患的，应要求安装单位、使用单位限期整改；对安装单位、使用单位拒不整改的，应及时向建设单位报告。

2. 施工升降机的安装

1）安装条件

（1）施工升降机地基、基础要求

施工升降机地基、基础应满足使用说明书的要求。对基础设置在地下室顶板、楼面或其他下部悬空结构上的施工升降机,应对基础支撑结构进行承载力验算。施工升降机安装前应对基础进行验收,合格后方能安装。

基础预埋件、连接构件的设计、制作应符合使用说明书的要求。

(2) 安全前检查要求

安装作业前,安装单位应根据施工升降机基础验收表、隐蔽工程验收单和混凝土强度报告等相关资料,确认所安装的施工升降机和辅助起重设备的基础、地基承载力、预埋件、基础排水措施等符合施工升降机安装、拆卸工程专项施工方案的要求。

施工升降机安装前应对各部件进行检查。对有可见裂纹的部件应进行修复或更换,对有严重锈蚀、严重磨损、整体或局部变形的部件必须进行更换,符合产品标准的有关规定后方能进行安装。

安装作业前,应对辅助起重设备和其他安装辅助用具的机械性能和安全性能进行检查,合格后方能投入作业。

(3) 附墙架要求

附墙架附着点处的建筑结构承载力应满足施工升降机使用说明书的要求。

施工升降机的附墙架形式、附着高度、垂直间距、附着点水平距离、附墙架与水平面之间的夹角、导轨架自由端高度和导轨架与主体结构间水平距离等均应符合使用说明书的要求。

当附墙架不能满足施工现场要求时,应对附墙架进行设计。附墙架的设计应满足构件刚度、强度、稳定性等要求,制作应满足设计要求。

(4) 其他要求

安装作业前,安装技术人员应根据施工升降机安装、拆卸工程专项施工方案和使用说明书的要求,对安装作业人员进行安全技术交底,并由安装作业人员在交底书上签字。在施工期间内,交底书应留存备查。

施工升降机使用期限内,非标准构件的设计计算书、图纸、施工升降机安装工程专项施工方案及相关资料应在工地存档。

有下列情况之一的施工升降机不得安装使用:

① 属国家明令淘汰或禁止使用的;
② 超过由安全技术标准或制造厂家规定使用年限的;
③ 经检验达不到安全技术标准规定的;
④ 无完整安全技术档案的;
⑤ 无齐全有效的安全保护装置的。

施工升降机必须安装防坠安全器。防坠安全器应在一年有效标定期内使用。

施工升降机应安装超载保护装置。超载保护装置在载荷达到额定载重量的110%前应能中止吊笼启动,在齿轮齿条式载人施工升降机载荷达到额定载重量的90%时应能给出报警信号。

2）安装作业

（1）人员要求

安装作业人员应按施工安全技术交底内容进行作业。

安装单位的专业技术人员、专职安全生产管理人员应进行现场监督。

进入现场的安装作业人员应佩戴安全防护用品，高处作业人员应系安全带，穿防滑鞋。作业人员严禁酒后作业。

安装作业过程中安装作业人员和工具等总载荷不得超过施工升降机的额定安装载重量。

（2）安全防护要求

施工升降机的安装作业范围应设置警戒线及明显的警示标志。非作业人员不得进入警戒范围。任何人不得在悬吊物下方行走或停留。

安装作业中应统一指挥，明确分工。危险部位安装时应采取可靠的防护措施。当指挥信号传递困难时，应使用对讲机等通信工具进行指挥。

（3）安装注意事项

当遇大雨、大雪、大雾或风速大于 13 m/s 等恶劣天气时，应停止安装作业。

安装时应确保施工升降机运行通道内无障碍物。传递工具或器材不得采用投掷的方式。

安装作业时必须将按钮盒或操作盒移至吊笼顶部操作。当导轨架或附墙架上有人员作业时，严禁开动施工升降机。

在吊笼顶板作业前应确保吊笼顶部护栏齐全完好。吊笼顶上所有的零件和工具应放置平稳，不得超出安全护栏。

当安装吊杆上有悬挂物时，严禁开动施工升降机。严禁超载使用安装吊杆。

层站应为独立受力体系，不得搭设在施工升降机附墙架的立杆上。

当需安装导轨架加厚标准节时，应确保普通标准节和加厚标准节的安装部位正确，不得用普通标准节替代加厚标准节。

导轨架安装时，应对施工升降机导轨架的垂直度进行测量校准。施工升降机导轨架安装垂直度偏差应符合使用说明书和表 4-5-4 的规定。

表 4-5-4　安装垂直度偏差

导轨架架设高度 h（m）	$h \leqslant 70$	$70 > h \leqslant 100$	$100 > h \leqslant 150$	$150 > h \leqslant 200$	$h > 200$
垂直度偏差（mm）	$\leqslant (1/1\ 000)h$	$\leqslant 70$	$\leqslant 90$	$\leqslant 110$	$\leqslant 130$
	对钢丝绳式施工升降机，垂直度偏差不大于 $(1.5/1\ 000)h$				

接高导轨架标准节时，应按使用说明书的规定进行附墙连接。

每次加节完毕后，应对施工升降机导轨架的垂直度进行校正，且应按规定及时重新设置行程限位和极限限位，经验收合格后方能运行。

连接件和连接件之间的防松防脱件应符合使用说明书的规定，不得用其他物件代替。对有预紧力要求的连接螺栓，应使用扭力扳手或专用工具，按规定的拧紧次序将螺栓准确地紧固到规定的扭矩值。安装标准节连接螺栓时,宜螺杆在下,螺母在上。

电气设备安装应按施工升降机使用说明书的规定进行,安装用电应符合现行行业标准《施工现场临时用电安全技术规范》的规定。施工升降机金属结构和电气设备金属外壳均应接地,接地电阻不应大于 4 Ω。

施工升降机最外侧边缘与外面架空输电线路的边线之间,应保持安全操作距离。最小安全操作距离应符合表 4-5-5 的规定。

表 4-5-5　最小安全操作距离

外电线电路电压(kV)	<1	1～10	25～110	220	330　500
最小安全操作距离(m)	4	6	8	10	15

当发现故障或危及安全的情况时,应立刻停止安装作业,采取必要的安全防护措施,应设置警示标志并报告技术负责人。在故障或危险情况未排除之前,不得继续安装作业。当遇意外情况不能继续安装作业时,应使已安装的部件达到稳定状态并固定牢靠,经确认合格后方能停止作业。作业人员下班离岗时,应采取必要的防护措施,并应设置明显的警示标志。

安装完毕后应拆除为施工升降机安装作业而设置的所有临时设施,清理施工场地上作业时所用的索具、工具、辅助用具、各种零配件和杂物等。

(4) 钢丝绳式施工升降机的安装规定

钢丝绳式施工升降机的安装还应符合下列规定:

① 卷扬机应安装在平整、坚实的地点,且应符合使用说明书的要求;

② 卷扬机、曳引机应按使用说明书的要求固定牢靠;

③ 应按规定配备防坠安全装置;

④ 卷扬机卷筒、滑轮、曳引轮等应有防脱绳装置;

⑤ 每天使用前应检查卷扬机制动器,动作应正常;

⑥ 卷扬机卷筒与导向滑轮中心线应垂直对正,钢丝绳出绳偏角大于 2°时应设置排绳器;

⑦ 卷扬机的传动部位应安装牢固的防护罩;卷扬机卷筒旋转方向应与操纵开关上指示方向一致。卷扬机钢丝绳在地面上运行区域内应有相应的安全保护措施。

3) 安装自检和验收

(1) 施工升降机安装完毕且经调试后,安装单位应按《建筑施工升降机安装、使用、拆卸安全技术规程》附录 B 及使用说明书的有关要求对安装质量进行自检,并应向使用单位进行安全使用说明。

(2) 安装单位自检合格后,应经有相应资质的检验检测机构监督检验。

(3) 检验合格后,使用单位应组织租赁单位、安装单位和监理单位等进行验收。实行施工总承包的,应由施工总承包单位组织验收。施工升降机安装验收应按《建筑施工升降机安装、使用、拆卸安全技术规程》附录 C 进行。

(4) 严禁使用未经验收或验收不合格的施工升降机。

（5）使用单位应自施工升降机安装验收合格之日起 30 日内，将施工升降机安装验收资料、施工升降机安全管理制度、特种作业人员名单等，向工程所在地县级以上建设行政主管部门办理使用登记备案。

（6）安装自检表检测报告和验收记录等应纳入设备档案。

4.施工升降机的使用、拆卸

1）使用前准备工作

（1）施工升降机司机应持有建筑施工特种作业操作资格证书，不得无证操作。

（2）使用单位应对施工升降机司机进行书面安全技术交底，交底资料应留存备查。

（3）使用单位应按使用说明书的要求对需润滑部件进行全面润滑。

2）操作使用

（1）安全防护要求

应在施工升降机作业范围内设置明显的安全警示标志，应在集中作业区做好安全防护。

当建筑物超过 2 层时，施工升降机地面通道上方应搭设防护棚。当建筑物高度超过 24 m 时，应设置双层防护棚。

使用单位应根据不同的施工阶段、周围环境、季节和气候，对施工升降机采取相应的安全防护措施。

施工升降机安装在建筑物内部井道中时、应在运行通道四周搭设封闭屏障。施工升降机额定载重量、额定乘员数标牌应置于吊笼醒目位置。

（2）人员安全要求

使用单位应在现场设置相应的设备管理机构或配备专职的设备管理人员，并指定专职设备管理人员、专职安全生产管理人员进行监督检查。

施工升降机司机应遵守安全操作规程和安全管理制度，严禁酒后作业。工作时间内司机不应与其他人员闲谈，不应有妨碍施工升降机运行的行为。工作时间内司机不得擅自离开施工升降机。当有特殊情况需离开时，应将施工升降机停到最底层，关闭电源并锁好吊笼门。

实行多班作业的施工升降机，应执行交接班制度，交班司机应填写交接班记录表。接班司机应进行班前检查，确认无误后，方能开机作业。

施工升降机每天第一次使用前，司机应将吊笼升离地面 1 m～2 m，停车试验制动器的可靠性。当发现问题，应经修复合格后方能运行。

（3）钢丝绳式施工升降机使用规定

钢丝绳式施工升降机的使用还应符合下列规定：

① 钢丝绳应符合现行国家标准《起重机 钢丝绳 保养、维护、安装、检验和报废》的规定；

② 施工升降机吊笼运行时钢丝绳不得与遮掩物或其他物件发生碰触或摩擦；

③ 当吊笼位于地面时，最后缠绕在卷扬机卷筒上的钢丝绳不应少于 3 圈，且卷扬机

卷筒上钢丝绳应无乱绳现象；

④ 卷扬机工作时，卷扬机上部不得放置任何物件；

⑤ 不得在卷扬机、曳引机运转时进行清理或加油。

（4）严禁及不得使用施工升降机的情况

① 严禁施工升降机使用超过有效标定期的防坠安全器。

② 严禁在超过额定载重量或额定乘员数的情况下使用施工升降机。

③ 严禁用行程限位开关作为停止运行的控制开关。

④ 不得使用有故障的施工升降机。

⑤ 当电源电压值与施工升降机额定电压值的偏差超过±5％或供电总功率小于施工升降机的规定值时，不得使用施工升降机。

⑥ 当遇大雨、大雪、大雾、施工升降机顶部风速大于 20 m/s 或导轨架、电缆表面结有冰层时，不得使用施工升降机

（5）其他安全使用要求

在施工升降机基础周边水平距离 5 m 以内，不得开挖井沟，不得堆放易燃易爆物品及其他杂物。

施工升降机运行通道内不得有障碍物。不得利用施生升降机的导轨架、横竖支撑、层站等牵拉或悬挂脚手架、施工管道、绳缆标语、旗帜等。

施工升降机不得使用脱皮、裸露的电线、电缆。

使用期间，使用单位应按使用说明书的要求对施工升降机定期进行保养。

安装在阴暗处或夜班作业的施工升降机、应在全行程装设明亮的楼层编号标志灯。夜间施工时作业区应有足够的照明、照明应满足现行行业标准《施工现场临时用电安全技术规范》的要求。

施工升降机吊笼底板应保持干燥整洁。各层站通道区域不得有物品长期堆放。

施工升降机每 3 个月应进行 1 次 1.25 倍额定载重量的超载试验，确保制动器性能安全可靠。

操作手动开关的施工升降机时，不得利用机电联锁开动或停止施工升降机。

层门门闩宜设置在靠施工升降机一侧，且层门应处于常闭状态。未经施工升降机司机许可，不得启闭层门。

施工升降机专用开关箱应设置在导轨架附近便于操作的位置，配电容量应满足施工升降机直接启动的要求。

施工升降机使用过程中，运载物料的尺寸不应超过吊笼的界限。

散状物料运载时应装入容器、进行捆绑或使用织物袋包装，堆放时应使载荷分布均匀。运载熔融沥青、强酸、强碱溶液、易燃物品或其他特殊物料时，应由相关技术部门做好风险评估和采取安全措施，且应向施工升降机司机、相关作业人员书面交底后方能载运。

当使用搬运机械向施工升降机吊笼内搬运物料时，搬运机械不得碰撞施工升降机。卸料时，物料放置速度应缓慢。当运料小车进入吊笼时，车轮处的集中载荷不应大于吊笼

底板和层站底板的允许承载力。

吊笼上的各类安全装置应保持完好有效。经过大雨、大雪、台风等恶劣天气后应对各安全装置进行全面检查,确认安全有效后方能使用。

当在施工升降机运行中发现异常情况时,应立即停机,直到排除故障后方能继续运行。当在施工升降机运行中由于断电或其他原因中途停止时,可进行手动下降。吊笼手动下降速度不得超过额定运行速度。

作业结束后应将施工升降机返回最底层停放,将各控制开关拨到零位,切断电源,锁好开关箱、吊笼门和地面防护围栏门。

3）检查、保养和维修

（1）检查

在每天开工前和每次换班前,施工升降机司机应按使用说明书及规程要求对施工升降机进行检查。对检查结果应进行记录,发现问题应向使用单位报告。

在使用期间,使用单位应每月组织专业技术人员按安全计税规程对施工升降机进行检查,并对检查结果进行记录。

当遇到可能影响施工升降机安全技术性能的自然灾害、发生设备事故或停工 6 个月以上时,应对施工升降机重新组织检查验收。

（2）保养和维修

应按使用说明书的规定对施工升降机进行保养、维修。保养、维修的时间间隔应根据使用频率、操作环境和施工升降机状况等因素确定。使用单位应在施工升降机使用期间安排足够的设备保养、维修时间。

对保养和维修后的施工升降机,经检测确认各部件状态良好后,宜对施工升降机进行额定载重量试验。双吊笼施工升降机应对左右吊笼分别进行额定载重量试验。试验范围应包括施工升降机正常运行的所有方面。

施工升降机使用期间,每 3 个月应进行不少于一次的额定载重量坠落试验。坠落试验的方法、时间间隔及评定标准应符合使用说明书和现行国家标准《货用施工升降机 第 1 部分:运载装置可进入的升降机》(GB/T 10054.1 - 2021)的有关要求。

对施工升降机进行检修时应切断电源,并应设置醒目的警示标志。当需通电检修时,应做好防护措施。

不得使用未排除安全隐患的施工升降机。严禁在施工升降机运行中进行保养、维修作业。

施工升降机保养过程中,对磨损、破坏程度超过规定的部件,应及时进行维修或更换,并由专业技术人员检查验收。

应将各种与施工升降机检查、保养和维修相关的记录纳入安全技术档案,并在施工升降机使用期间内在工地存档。

4）施工升降机的拆卸

拆卸前应对施工升降机的关键部件进行检查,当发现问题时,应在问题解决后方能进行拆卸作业。

施工升降机拆卸作业应符合拆卸工程专项施工方案的要求。

应有足够的工作面作为拆卸场地,应在拆卸场地周围设置警戒线和醒目的安全警示标志,并应派专人监护。拆卸施工升降机时,不得在拆卸作业区域内进行与拆卸无关的其他作业。夜间不得进行施工升降机的拆卸作业。

拆卸附墙架时施工升降机导轨架的自由端高度应始终满足使用说明书的要求。

应确保与基础相连的导轨架在最后一个附墙架拆除后,仍能保持各方向的稳定性。

施工升降机拆卸应连续作业。当拆卸作业不能连续完成时,应根据拆卸状态采取相应的安全措施。

吊笼未拆除之前,非拆卸作业人员不得在地面防护围栏内、施工升降机运行通道内、导轨架内以及附墙架上等区域活动。

4.5.3 龙门架及物料提升机

龙门架作为一种垂直运输的起重设备,以地面卷扬机为动力,采用钢丝绳提升方式使吊篮沿导轨升降,在建筑施工的物料运输中应用十分广泛。

图 4-5-4 龙门架

物料提升机也是一种垂直方向上固定装置的机械输送设备,用来运输物料,严禁载人,主要通过主机加钢丝绳进行传送。

图 4-5-5 物料提升机

目前,国内各省市使用的物料提升机,在设计制作精度、传动方式及安装工艺程序方面相对比较简易,特别是停层装置多为手动连杆机构,停层的准确度较差,不适于高架物料提升机。另外,安装工艺程序受物料提升机构造所限,仍存在人工安装作业的现象,作业安全度很低。同时额定起重量过大,会加大电动机功率及导轨架、吊笼等结构尺寸,较不经济。

1. 基本规定

(1) 物料提升机在下列条件下应能正常作业:

① 环境温度为-20℃～+40℃;

② 导轨架顶部风速不大于 20 m/s;

③ 电源电压值与额定电压值偏差为±5%,供电总功率不小于产品使用说明书的规定值。

(2) 物料提升机的可靠性指标应符合现行国家标准《货用施工升降机 第2部分:运载装置不可进入的倾斜式升降机》(GB/T 10054.2-2014)的规定。

用于物料提升机的材料、钢丝绳及配套零部件产品应有出厂合格证。起重量限制器、防坠安全器应经型式检验合格。

传动系统应设常闭式制动器,其额定制动力矩不应低于作业时额定力矩的 1.5 倍。不得采用带式制动器。

(3) 具有自升(降)功能的物料提升机应安装自升平台,并应符合下列规定:

① 兼做天梁的自升平台在物料提升机正常工作状态时,应与导轨架刚性连接;

② 自升平台的导向滚轮应有足够的刚度,并应有防止脱轨的防护装置;

③ 自升平台的传动系统应具有自锁功能,并应有刚性的停靠装置;

④ 平台四周应设置防护栏杆,上栏杆高度宜为 1.0 m～1.2 m,下栏杆高度宜为 0.5 m～0.6 m,在栏杆任一点作用 1 kN 的水平力时,不应产生永久变形;挡脚板高度不应小于 180 mm,且宜采用厚度不小于 1.5 mm 的冷轧钢板;

⑤ 自升平台应安装渐进式防坠安全器。

(4) 当物料提升机采用对重时,对重应设置滑动导靴或滚轮导向装置,并应设有防脱轨保护装置。对重应标明质量并涂成警告色。吊笼不应作对重使用。

(5) 在各停层平台处,应设置显示楼层的标志。

(6) 物料提升机的制造商应具有特种设备制造许可资格。

制造商应在说明书中对物料提升机附墙架间距、自由端高度及缆风绳的设置作出明确规定。

(7) 物料提升机额定起重量不宜超过 160 kN;安装高度不宜超过 30 m。当安装高度超过 30 m 时,物料提升机除应具有起重量限制、防坠保护、停层及限位功能外,尚应符合下列规定:

① 吊笼应有自动停层功能,停层后吊笼底板与停层平台的垂直高度偏差不应超过 30 mm;

② 防坠安全器应为渐进式;

③ 应具有自升降安拆功能；

④ 应具有语音及影像信号。

（8）物料提升机的标志应齐全，其附属设备、备件及专用工具、技术文件均应与制造商的装箱单相符。

物料提升机应设置标牌，且应标明产品名称和型号、主要性能参数、出厂编号、制造商名称和产品制造日期。

2. 安装、使用、拆除

1）安装前准备

（1）安装、拆除物料提升机的单位条件

安装、拆除物料提升机的单位应具备下列条件：

① 安装、拆除单位应具有起重机械安拆资质及安全生产许可证；

② 安装、拆除作业人员必须经专门培训，取得特种作业资格证。

（2）专项安装、拆除方案编制

物料提升机安装、拆除前，应根据工程实际情况编制专项安装、拆除方案，且应经安装、拆除单位技术负责人审批后实施。

专项安装、拆除方案应具有针对性、可操作性，并应包括下列内容：

① 工程概况；

② 编制依据；

③ 安装位置及示意图；

④ 专业安装、拆除技术人员的分工及职责；

⑤ 辅助安装、拆除起重设备的型号、性能、参数及位置；

⑥ 安装、拆除的工艺程序和安全技术措施；

⑦ 主要安全装置的调试及试验程序。

（3）其他准备

安装作业前的准备，应符合下列规定：

① 物料提升机安装前，安装负责人应依据专项安装方案对安装作业人员进行安全技术交底；

② 应确认物料提升机的结构、零部件和安全装置经出厂检验，并符合要求；

③ 应确认物料提升机的基础已验收，并符合要求；

④ 应确认辅助安装起重设备及工具经检验检测，并符合要求；

⑤ 应明确作业警戒区，并设专人监护。

2）安装

（1）基础

基础的位置应保证视线良好，物料提升机任意部位与建筑物或其他施工设备间的安全距离不应小于 0.6 m；与外电线路的安全距离应符合现行行业标准《施工现场临时用电安全技术规范》的规定。

（2）卷扬机（曳引机）的安装

卷扬机（曳引机）的安装，应符合下列规定：

① 卷扬机安装位置宜远离危险作业区，且视线良好；操作棚应符合《货用施工升降机 第2部分：运载装置不可进人的倾斜式升降机》（GB/T 10054.2-2014）的规定；

② 卷扬机卷筒的轴线应与导轨架底部导向轮的中线垂直，垂直度偏差不宜大于2°，其垂直距离不宜小于20倍卷筒宽度；当不能满足条件时，应设排绳器；

③ 卷扬机（曳引机）宜采用地脚螺栓与基础固定牢固；当采用地锚固定时，卷扬机前端应设置固定止挡。

（3）导轨架的安装

导轨架的安装程序应按专项方案要求执行。紧固件的紧固力矩应符合使用说明书要求。安装精度应符合下列规定：

① 导轨架的轴心线对水平基准面的垂直度偏差不应大于导轨架高度的0.15%。

② 标准节安装时导轨结合面对接应平直，错位形成的阶差应符合下列规定：

a）吊笼导轨不应大于1.5 mm；

b）对重导轨、防坠器导轨不应大于0.5 mm。

③ 标准节截面内，两对角线长度偏差不应大于最大边长的0.3%。

（4）钢丝绳

钢丝绳宜设防护槽，槽内应设滚动托架，且应采用钢板网将槽口封盖。钢丝绳不得拖地或浸泡在水中。

4）拆除

拆除作业前，应对物料提升机的导轨架、附墙架等部位进行检查，确认无误后方能进行拆除作业。

拆除作业应先挂吊具、后拆除附墙架或缆风绳及地脚螺栓。拆除作业中，不得抛掷构件。

拆除作业宜在白天进行，夜间作业应有良好的照明。

5）验收

物料提升机安装完毕后，应由工程负责人组织安装单位、使用单位、租赁单位和监理单位等对物料提升机安装质量进行验收，并应按《龙门架及井架物料提升机安全技术规范》（JGJ 88-2010）规范填写验收记录。

物料提升机验收合格后，应在导轨架明显处悬挂验收合格标志牌。

3. 使用管理

（1）建立设备档案

使用单位应建立设备档案，档案内容应包括下列项目：

① 安装检测及验收记录；

② 大修及更换主要零部件记录；

③ 设备安全事故记录；

④ 累计运转记录。

（2）作业前检查

物料提升机每班作业前司机应进行作业前检查，确认无误后方可作业。应检查确认下列内容：

① 制动器可靠有效；

② 限位器灵敏完好；

③ 停层装置动作可靠；

④ 钢丝绳磨损在允许范围内；

⑤ 吊笼及对重导向装置无异常；

⑥ 滑轮、卷筒防钢丝绳脱槽装置可靠有效；

⑦ 吊笼运行通道内无障碍物。

拓展学习

其他施工机械

（3）使用注意事项

① 物料提升机必须由取得特种作业操作证的人员操作，严禁载人。

② 物料应在吊笼内均匀分布，不应过度偏载，不得装载超出吊笼空间的超长物料，不得超载运行。

③ 在任何情况下，不得使用限位开关代替控制开关运行。

④ 当发生防坠安全器制停吊笼的情况时，应查明制停原因，排除故障，并应检查吊笼、导轨架及钢丝绳，应确认无误并重新调整防坠安全器后运行。

⑤ 作业结束后，应将吊笼返回最底层停放，控制开关应扳至零位，并应切断电源，锁好开关箱。

⑥ 物料提升机夜间施工应有足够照明，照明用电应符合现行行业标准《施工现场临时用电安全技术规范》的规定。物料提升机在大雨、大雾、风速13 m/s 及以上大风等恶劣天气时，必须停止运行。

在线题库

4.5 节

▶ 4.6 劳动保护管理制度与职业卫生工程安全技术 ◀

4.6.1 劳动保护管理制度

1. 劳动保护工作制度

1）项目经理部工会劳动保护工作制度

（1）会议制度

每季度召开一次劳动保护监督检查委员会会议，通报研究有关劳动保护工作事宜。

（2）检查制度

每月协同行政部门进行一次劳动安全卫生方面的现场检查，并进行一次符合建筑施工安全工会检查标准的自检，认真填写自检记录，整改发现的问题。

（3）培训制度

工会劳动保护监督检查员每年参加相关知识的培训不低于 24 h,有安全资质的员工要积极参加安全资质年审培训;班组劳动保护检查员的安全培训,每年不低于 16 学时,每年至少进行一次全员安全培训。

（4）信息反馈制度

工会劳动保护工作要贯彻系统管理原则,项目工会要及时下情上达。上情下达,按要求及时进行信息反馈,对发现的问题提出整改措施。

（5）内业资料管理制度

贯彻"写应做的,做所写的,记所做的"原则,搞好原始记录和基础资料的管理。

（6）总结评比制度

工伤认定

每月进行一次工作小结,半年进行一次初评,年终总结评比,搞好奖优罚劣。

2）劳动保护工作会议制度

（1）劳动保护监督检查小组,每季度召开一次工作例会。

（2）学习和传达上级有关安全生产、劳动保护方面的文件、指示、规定和要求等。

（3）结合本单位安全生产和劳动保护的特点和形式,制定劳动保护监督检查工作措施和计划。

（4）研究、讨论和分析劳动保护方面存在的问题及整改、解决办法。

（5）建立完整的会议记录制度,包括会议时间、地点、主要内容、参加人以及研究讨论的主要问题、发言记录、决议、决定和结果等。

3）劳动保护工作检查考核制度

（1）工会主席必须积极参加同级和上级的安全文明施工检查。

（2）工会组织职工代表经常深入施工现场和生产一线,巡视安全生产和劳动保护情况,每年一次到两次。

（3）劳动保护组织要坚持每季度检查一次,劳动保护检查员要坚持每班的检查。

（4）要认真按照标准进行检查,做好记录（参加人、时间、地点、单位）。对事故隐患和处理意见,监督专业人员填写事故隐患通知书和整改建议书,待整改后进行复查。

（5）工会要参与伤亡事故调查和重大事故隐患的跟踪调查,坚持"三不放过"的原则（事故原因分析不清不放过,事故责任者和群众没受到教育不放过,没有防范措施不放过）。

（6）对本单位每次购置的劳动保护用品进行监督,没有"三证"的产品禁止使用。对发放劳动用品使用情况进行定期检查。

4）劳动保护工作教育与信息反馈制度

（1）充分利用简报、板报、橱窗、标语、口号等各种形式宣传安全生产、劳动保护等有关政策、法令、法规及安全技术卫生知识等。劳动保护宣传专栏要坚持每月更换一次内容。

（2）组织工会劳动保护人员的业务培训，协助专业部门搞好特殊工种的培训。

（3）劳动保护组织，每半年向公司工会交一份总结材料，汇报劳动保护监督检查情况。

（4）工会小组和劳务分包队伍的劳动保护检查员，每月向劳动保护组织汇报一次情况。

（5）劳动保护组织要注意收集信息，对在安全生产、劳动保护方面有突出贡献的职工和集体，要及时总结先进典型事迹，宣传报道，申报奖励。

（6）劳动保护组织对发生重大伤亡事故，坚持执行速报，用电话、通信便条、传呼等方式（一般不得超过 24 h）报告到公司工会。报告内容包括：事故发生单位、伤亡人员姓名、年龄、工种、伤亡地点、伤亡部位状况、事故类别及简要经过。

2. 劳动保护监督检查工作责任制

1）工会劳动保护监督检查委员会工作责任制

（1）监督和协助项目经理贯彻执行国家和企业关于劳动保护政策、法律和法规，参加集体合同、劳动合同和劳动安全卫生条款的协商与制定，并对执行情况进行监督检查。

（2）贯彻执行中华全国总工会《基层工会劳动保护检查委员会工作条例》，宣传国家和企业关于劳动保护的政策、法律和法规，普及安全文明生产知识，协同行政进行职工的安全生产培训，开展安全生产和文明施工竞赛。

（3）协同行政进行安全检查，监督整改，问题严重的下达《限期解决问题的通知书》，要求限期解决。

（4）参加伤亡事故的调查，提出处理意见，维护职工合法权益，协助项目经理部采取防范措施。

（5）制止违章指挥、违章作业，发现明显重大的事故隐患和严重职业危害，危及职工生命的紧急状况时，协助现场指挥人员立即采取紧急避险措施。

（6）实行分工责任制，各负其责。

2）项目经理部劳动保护监督检查员工作责任制

（1）全面负责本单位劳动保护监督检查委员会工作。

（2）认真贯彻执行中华全国总工会《工会劳动保护监督检查员工作条例》和全国建设建材工会和地方总工会等上级有关文件精神，在施工现场佩戴"监督检查员"标识，依法实行安全生产的监督检查。

（3）参与施工生产的安全管理，对安全生产的现状进行调查研究，提出意见和建议，对不符合国家标准的劳动条件和安全卫生设施，协同行政予以解决，并如实上报同一级工会。

（4）严格执行"职工伤亡速报制度"，现场发生重伤、重大伤亡、特大伤亡事故或紧急中毒事故，须在 24 h 内如实报告上一级工会，并按照"三不放过"的原则，参与伤亡事故的调查处理工作，提出意见和建议。

（5）支持班组劳动保护检查员开展工作，在劳动保护业务上给予指导。

（6）定期召开劳动保护监督检查委员会会议。

3）班组劳动保护检查员工作责任制

（1）认真贯彻执行中华全国总工会《工会小组劳动保护检查员工作条例》，佩戴"检查员"标识上岗，协助班组长落实国家和企业的劳动保护政策、法律和法规，开展安全生产竞赛。

（2）协助和监督班组长对本班组人员搞好安全交底、班前讲话，进行安全教育，提高全员安全意识和安全技能。

（3）制止违章指挥、违章作业。

（4）进行安全检查，发现事故隐患及时报告，提出建议，督促解决；发现明显危及职工生命安全的紧急情况时，立即报告，并组织职工采取紧急避险措施。

（5）发生伤亡事故立即报告，迅速参加抢险、急救工作，保护事故现场，协助检查。

（6）协助班组长优化作业环境，建议现场改善劳动条件和作业环境。

3. 劳动防护用品管理制度

个人劳动保护用品，是指在建筑施工现场，从事建筑施工活动的人员使用的安全帽、安全带以及安全（绝缘）鞋、防护眼镜、防护手套、防尘（毒）口罩等个人劳动保护用品。

1）劳动防护用品的配备制度

（1）一般规定

① 进入施工现场人员必须佩戴安全帽。作业人员必须戴安全帽、穿工作鞋和工作服；应按作业要求正确使用劳动防护用品。在 2 m 及以上的无可靠安全防护设施的高处、悬崖和陡坡作业时，必须系挂安全带。

② 从事机械作业的女工及长发者应配备工作帽等个人防护用品。

③ 从事登高架设作业、起重吊装作业的施工人员应配备防止滑落的劳动防护用品，应为从事自然强光环境下作业的施工人员配备防止强光伤害的劳动防护用品。

④ 从事施工现场临时用电工程作业的施工人员应配备防止触电的劳动防护用品。

⑤ 从事焊接作业的施工人员应配备防止触电、灼伤、强光伤害的劳动防护用品。

⑥ 从事锅炉、压力容器、管道安装作业的施工人员应配备防止触电、强光伤害的劳动防护用品。

⑦ 从事防水、防腐和油漆作业的施工人员应配备防止触电、中毒、灼伤的劳动防护用品。

⑧ 从事基础施工、主体结构、屋面施工、装饰装修作业人员应配备防止身体、手足、眼部等受到伤害的劳动防护用品。

⑨ 冬期施工期间或作业环境温度较低的，应为作业人员配备防寒类防护用品。

⑩ 雨期施工期间应为室外作业人员配备雨衣、雨鞋等个人防护用品。对环境潮湿及水中作业的人员应配备相应的劳动防护用品。

（2）劳动防护用品的配备

① 架子工、起重吊装工、信号指挥工的劳动防护用品配备应符合下列规定：

　　a) 架子工、塔式起重机操作人员、起重吊装工应配备灵便紧口的工作服、系带防滑鞋和工作手套。

　　b) 信号指挥工应配备专用标志服装。在自然强光环境条件作业时,应配备有色防护眼镜。

　　② 电工的劳动防护用品配备应符合下列规定:

　　a) 维修电工应配备绝缘鞋、绝缘手套和灵便紧口的工作服。

　　b) 安装电工应配备手套和防护眼镜。

　　c) 高压电气作业时,应配备相应等级的绝缘鞋、绝缘手套和有色防护眼镜。

　　③ 电焊工、气割工的劳动防护用品配备应符合下列规定:

　　a) 电焊工、气割工应配备阻燃防护服、绝缘鞋、鞋盖、电焊手套和焊接防护面罩。在高处作业时,应配备安全帽与面罩连接式焊接防护面罩和阻燃安全带。

　　b) 从事清除焊渣作业时,应配备防护眼镜。

　　c) 从事磨削钨极作业时,应配备手套、防尘口罩和防护眼镜。

　　d) 从事酸碱等腐蚀性作业时,应配备防腐蚀性工作服、耐酸碱胶鞋,戴耐酸碱手套、防护口罩和防护眼镜。

　　e) 在密闭环境或通风不良的情况下,应配备送风式防护面罩。

　　④ 锅炉、压力容器及管道安装工的劳动防护用品配备应符合下列规定:

　　a) 锅炉及压力容器安装工、管道安装工应配备紧口工作服和保护足趾安全鞋。在强光环境条件作业时,应配备有色防护眼镜。

　　b) 在地下或潮湿场所,应配备紧口工作服、绝缘鞋和绝缘手套。

　　⑤ 油漆工在从事涂刷、喷漆作业时,应配备防静电工作服、防静电鞋、防静电手套、防毒口罩和防护眼镜;从事砂纸打磨作业时,应配备防尘口罩和密闭式防护眼镜。

　　⑥ 普通工从事淋灰、筛灰作业时,应配备高腰工作鞋、鞋盖、手套和防尘口罩,应配备防护眼镜;从事抬、扛物料作业时,应配备垫肩;从事人工挖扩桩孔孔井下作业时,应配备雨靴、手套和安全绳;从事拆除工程作业时,应配备保护足趾安全鞋、手套。

　　⑦ 混凝土工应配备工作服、系带高腰防滑鞋、鞋盖、防尘口罩和手套,宜配备防护眼镜;从事混凝土浇筑作业时,应配备胶鞋和手套;从事混凝土振捣作业时,应配备绝缘胶靴、绝缘手套。

　　⑧ 瓦工、砌筑工应配备保护足趾安全鞋、胶面手套和普通工作服。

　　⑨ 抹灰工应配备高腰布面胶底防滑鞋和手套,宜配备防护眼镜。

　　⑩ 磨石工应配备紧口工作服、绝缘胶靴、绝缘手套和防尘口罩。

　　⑪ 石工应配备紧口工作服、保护足趾安全鞋、手套和防尘口罩,宜配备防护眼镜。

　　⑫ 木工从事机械作业时,应配备紧口工作服、防噪声耳罩和防尘口罩,宜配备防护眼镜。

　　⑬ 钢筋工应配备紧口工作服、保护足趾安全鞋和手套。从事钢筋除锈作业时,应配备防尘口罩,宜配备防护眼镜。

　　⑭ 防水工的劳动防护用品配备应符合下列规定:

　　a) 从事涂刷作业时,应配备防静电工作服、防静电鞋和鞋盖、防护手套、防毒口罩和防护眼镜。

　　b) 从事沥青熔化、运送作业时,应配备防烫工作服、高腰布面胶底防滑鞋和鞋盖、工作帽、耐高温长手套、防毒口罩和防护眼镜。

　　⑮ 玻璃工应配备工作服和防切割手套;从事打磨玻璃作业时,应配备防尘口罩,宜配备防护眼镜。

　　⑯ 司炉工应配备耐高温工作服、保护足趾安全鞋、工作帽、防护手套和防尘口罩,宜配备防护眼镜;从事添加燃料作业时,应配备有色防冲击眼镜。

　　⑰ 钳工、铆工、通风工的劳动防护用品配备应符合下列规定:

　　a) 从事使用锉刀、刮刀、整子、扁铲等工具作业时,应配备紧口工作服和防护眼镜。

　　b) 从事剔凿作业时,应配备手套和防护眼镜;从事搬抬作业时,应配备保护足趾安全鞋和手套。

　　c) 从事石棉、玻璃棉等含尘毒材料作业时,操作人员应配备防异物工作服、防尘口罩、风帽、风镜和薄膜手套。

　　⑱ 筑炉工从事磨砖、切砖作业时,应配备紧口工作服、保护足趾安全鞋、手套和防尘口罩,宜配备防护眼镜。

　　⑲ 电梯安装工、起重机械安装拆卸工从事安装、拆卸和维修作业时,应配备紧口工作服、保护足趾安全鞋和手套。

　　⑳ 其他人员的劳动防护用品配备应符合下列规定:

　　a) 从事电钻、砂轮等手持电动工具作业时,应配备绝缘鞋、绝缘手套和防护眼镜。

　　b) 从事蛙式夯实机、振动冲击夯作业时,应配备具有绝缘功能的保护足趾安全鞋、绝缘手套和防噪声耳塞(耳罩)。

　　c) 从事可能飞溅渣屑的机械设备作业时,应配备防护眼镜。

　　d) 从事地下管道检修作业时,应配备防毒面罩、防滑鞋(靴)和工作手套。

　　2) 劳动防护用品使用及管理

　　(1) 建筑施工企业

　　① 建筑施工企业应选定劳动防护用品的合格供货方,为作业人员配备的劳动防护用品必须符合国家有关标准,应具备生产许可证、产品合格证等相关资料。

　　建筑施工企业不得采购和使用无厂家名称、无产品合格证、无安全标志的劳动防护用品。

　　经本单位安全生产管理部门审查合格后方可使用。

　　② 施工作业人员所在企业(包括总承包企业、专业承包企业、劳务企业等)必须按国家规定免费发放劳动保护用品,更换已损坏或已到使用期限的劳动保护用品,不得收取或变相收取任何费用。

　　劳动保护用品必须以实物形式发放,不得以货币或其他物品替代。

　　劳动防护用品的使用年限应按国家现行相关标准执行。劳动防护用品达到使用年限或报废标准的应由建筑施工企业统一收回报废,并应为作业人员配备新的劳动防护用品。

有定期检测要求的劳动防护用品应按照其产品的检测周期进行检测。

③ 建筑施工企业应建立健全劳动防护用品购买、验收、保管、发放、使用、更换、报废管理制度。同时应建立相应的管理台账,管理台账保存期限不得少于两年,以保证劳动保护用品的质量具有可追溯性。在劳动防护用品使用前,应对其防护功能进行必要的检查。

④ 建筑施工企业应教育从业人员按照劳动防护用品使用规定和防护要求,正确使用劳动防护用品。

⑤ 建筑施工企业应对危险性较大的施工作业场所及具有尘毒危害的作业环境设置安全警示标识及应使用的安全防护用品标识牌。

⑥ 建筑施工企业应加强对施工作业人员的教育培训,保证施工作业人员能正确使用劳动保护用品。

工程项目部应有教育培训的记录,有培训人员和被培训人员的签名和时间。

施工作业人员有接受安全教育培训的权利,有按照工作岗位规定使用合格的劳动保护用品的权利;有拒绝违章指挥、拒绝使用不合格劳动保护用品的权利。同时,也负有正确使用劳动保护用品的义务。

⑦ 建筑施工企业应加强对施工作业人员劳动保护用品使用情况的检查,并对施工作业人员劳动保护用品的质量和正确使用负责。

实行施工总承包的工程项目,施工总承包企业应加强对施工现场内所有施工作业人员劳动保护用品的监督检查。督促相关分包企业和人员正确使用劳动保护用品。

（2）建设单位

① 建设单位应按国家有关法律和行政法规的规定,支付建筑工程的施工安全措施费用。建筑施工企业应严格执行国家有关法规和标准,使用合格的劳动防护用品。

② 建设单位应当及时、足额向施工企业支付安全措施专项经费,并督促施工企业落实安全防护措施,使用符合相关国家产品质量要求的劳动保护用品。

（3）监理单位

监理单位要加强对施工现场劳动保护用品的监督检查。发现有不使用、或使用不符合要求的劳动保护用品,应责令相关企业立即改正。对拒不改正的,应当向建设行政主管部门报告。

（4）各级建设行政主管部门

① 各级建设行政主管部门应当加强对施工现场劳动保护用品使用情况的监督管理。发现有不使用、或使用不符合要求的劳动保护用品的违法违规行为的,应当责令改正;对因不使用或使用不符合要求的劳动保护用品造成事故或伤害的,应当依据《建设工程安全生产管理条例》和《安全生产许可证条例》等法律法规,对有关责任方给予行政处罚。

② 各级建设行政主管部门应将企业劳动保护用品的发放、管理情况列入建筑施工企业《安全生产许可证》条件的审查内容之一;施工现场劳动保护用品的质量情况作为认定企业是否降低安全生产条件的内容之一;施工作业人员是否正确使用劳动保护用品情况作为考核企业安全生产教育培训是否到位的依据之一。

③ 各地建设行政主管部门可建立合格劳动保护用品的信息公告制度,为企业购买合格的劳动保护用品提供信息服务。同时依法加大对采购、使用不合格劳动保护用品的企业的处罚力度。

4.6.2　职业病防治管理制度

1. 职业病防治管理措施

（1）职业病防治管理措施

用人单位应当采取下列职业病防治管理措施:

① 设置或者指定职业卫生管理机构或者组织,配备专职或者兼职的职业卫生专业人员,负责本单位的职业病防治工作;

② 制定职业病防治计划和实施方案;

③ 建立、健全职业卫生管理制度和操作规程;

④ 建立、健全职业卫生档案和劳动者健康监护档案;

⑤ 建立、健全工作场所职业病危害因素监测及评价制度;

⑥ 建立、健全职业病危害事故应急救援预案。

（2）职业病防护设施及用品

① 采取有效的职业病防护设施,并为劳动者提供合格的职业病防护用品。

② 优先采用有利于防治职业病和保护劳动者健康的新技术、新工艺、新材料。

③ 对产生严重职业病危害的作业岗位,应当在其醒目位置设置警示标识和中文警示说明。警示说明应当载明产生职业病危害的种类、后果、预防以及应急救治措施等内容。

④ 对可能发生急性职业损伤的有毒、有害工作场所,设置报警装置,配置现场急救用品、冲洗设备、应急撤离通道和必要的泄险区。

⑤ 用人单位应当按照卫生行政部门的规定,定期对工作场所进行职业病危害因素检测、评价。检测、评价结果存入用人单位职业卫生档案,定期向所在地卫生行政部门报告并向劳动者公布。

⑥ 不得将产生职业病危害的作业转移给不具备职业病防护条件的单位和个人。不得安排未成年人从事接触职业病危害的作业;不得安排孕期、哺乳期的女职工从事对本人和胎儿、婴儿有危害的作业。

2. 有害作业防护措施

（1）油漆涂料作业卫生防护制度

① 油漆配料应有较好的自然通风条件并减少连续工作时间。

② 喷漆应采用密闭喷漆间。在较小的喷漆室内进行小件喷漆,应采取隔离防护措施。

③ 施工现场必须通风良好。在通风不良的车间、地下室、管道和容器内进行油漆、涂料作业时,应根据场地大小设置抽风机排出有害气体,防止急性中毒。

④ 在地下室、池槽、管道和容器内进行有害或刺激性较大的涂料作业时,除应使用防

护用品外,还应采取人员轮换间歇、通风换气等措施。

⑤ 以无毒、低毒防锈漆代替含铅的红丹防锈漆。必须使用红丹防锈漆时,宜采用刷涂方式,并加强通风和防护措施。

(2) 沥青作业卫生防护制度

① 装卸、搬运、使用沥青和含有沥青的制品均应使用机械和工具,有散漏粉末时,应洒水,防止粉末飞扬。

② 从事沥青或含沥青制品作业的工人应按规定使用防护用品,并根据季节、气候和作业条件安排适当的间歇时间。

③ 熔化桶装沥青,应先将桶盖和气眼全部打开,用铁条串通后,方准烘烤,并经常疏通防油孔和气眼,严禁火焰与油直接接触。

④ 熬制沥青时,操作工人应站在上风方向。

(3) 焊接作业卫生防护制度

① 焊接作业场所应通风良好,可视情况在焊接作业点装设局部排烟装置、采取局部通风或全面通风换气措施。

② 分散焊接点可设置移动式焊烟除尘器,集中焊接场所可采用机械抽风系统。

③ 流动频繁、每次作业时间较短的焊接作业,焊接应选择上风方向进行,以减少锰烟尘危害。

④ 在容器内施焊时,容器应有进、出风口,设通风设备,焊接时必须有人在场监护。

⑤ 在密闭容器内施焊时,容器必须可靠接地,设置良好通风和有人监护,且严禁向容器内输入氧气。

(4) 施工现场粉尘防护制度

① 混凝土搅拌站,木加工、金属切削加工,锅炉房等产生粉尘的场所,必须装置除尘器或吸尘罩,将尘粒捕捉后送到储仓内或经过净化后排放,以减少对大气的污染。

② 施工和作业现场经常洒水,控制和减少灰尘飞扬。

③ 采取综合防尘措施或低尘的新技术、新工艺、新设备,使作业场所的粉尘浓度不超过国家的卫生标准。

(5) 施工现场噪声防护制度

① 施工现场的噪声应严格控制在 90 dB 以内。

② 改革工艺和选用低噪声设备,控制和减弱噪声源。

③ 采取消声措施,装设消声器。

④ 采取吸声措施,采用吸声材料和结构,吸收和降低噪声。

⑤ 采取隔声措施,把发声的物体和场所封闭起来。

⑥ 采用隔振措施,装设减振器或设置减振垫层,减轻振源声及其传播。

⑦ 采用阻尼措施,用一些内耗损、内摩擦大的材料涂在金属薄板上,减少其辐射噪声的能量。

⑧ 做好个人防护,戴耳塞、耳罩、头盔等防噪声用品。

⑨ 定期进行体检。

4.6.3　职业卫生工程安全技术措施

1. 建筑施工过程中造成职业病的危害因素

由生产性有害因素引起的疾病,统称为职业病。与建筑行业有关的职业病,主要有尘肺病职业中毒、物理因素职业病、职业性皮肤病、职业性眼病、职业性耳鼻喉疾病、职业性肿瘤等。造成这些建筑职业病的危害因素,大致有以下几类。

(1) 生产性粉尘

建筑行业在施工过程中会产生多种粉尘,主要包括矽(硅旧称矽)尘、水泥尘电焊尘、石棉尘以及其他粉尘等。如果工人在含粉尘浓度高的场所作业,吸入肺部的粉尘量就多,当粉尘达到一定数量时,就会引起肺组织发生纤维化病变,使肺组织逐渐硬化,失去正常的呼吸功能,称为尘肺病。

产生这些粉尘的作业主要有以下几方面。

① 矽尘:挖土机、推土机、刮土机、铺路机、压路机、打桩机、钻孔机、凿岩机、碎石机设备作业;挖方工程、土方工程、地下工程、竖井工程和隧道掘进作业;爆破作业;除锈作业;旧建筑的拆除和翻修作业。

② 水泥尘:水泥运输、储存和使用。

③ 电焊尘:电焊作业。

④ 石棉尘:保温工程、防腐工程、绝缘工程作业;旧建筑的拆除和翻修作业。

⑤ 其他粉尘:木材料加工产生木尘;钢筋、铝合金切割产生金属尘;炸药运输、储存和使用产生三硝基甲苯粉尘;装饰作业使用腻子粉产生混合粉尘;使用石棉代用品产生人造玻璃纤维、岩棉、渣棉粉尘。长期吸入这样的粉尘可发生尘肺病。

(2) 有毒物品

许多建筑施工活动可产生多种化学毒物,主要有:

① 爆破作业产生氮氧化物、一氧化碳等有毒气体;

② 油漆、防腐作业产生苯、甲苯、二甲苯、游离甲苯二异氰酸酯以及铅、汞等金属毒物;防腐作业产生沥青烟气;

③ 涂料作业产生甲醛、苯、甲苯、二甲苯、游离甲苯二异氰酸酯以及铅、汞等金属毒物;

④ 建筑物防水工程作业产生沥青烟、煤焦油、甲苯、二甲苯等有机溶剂,以及石棉、阴离子再生乳胶、聚氨酯、丙烯酸树脂、聚氯乙烯、环氧树脂、聚苯乙烯等化学品;

⑤ 电焊作业产生锰、镁、铁等金属化合物、氮氧化物、一氧化碳、臭氧等。

这些毒物主要经过呼吸道或皮肤进入人体。

(3) 弧光辐射

弧光辐射的危害对建筑施工来说主要是紫外线的危害。适量的紫外线对人的身体健康是有益的,但长时间受焊接电弧产生的强烈紫外线照射对人的健康是有一定危害的。手工电弧焊、氩弧焊、二氧化碳气体保护焊和等离子弧焊等作业,都会产生紫外线辐射。

其中二氧化碳气体保护焊弧光强度是手工电弧焊的 2～3 倍。紫外线对人体的伤害是由于光化学作用,主要造成对皮肤和眼睛的伤害。

(4) 放射线

建筑施工中常用放射线进行工业探伤、焊缝质量检查等。放射线的伤害,主要是可使接受者出现造血障碍、白细胞减少、代谢机能失调、内分泌障碍、再生能力消失、内脏器官变形、胎儿畸形等。

(5) 噪声

施工及构件加工过程中,存在着多种无规律的音调和使人听之生厌的杂乱声音。

① 机械性噪声即由机械的撞击、摩擦、敲打、切削、转动等而发生的噪声,如风钻、风镐、混凝土搅拌机、混凝土振动器,木材加工的带锯、圆锯、平刨等发生的噪声。

② 空气动力性噪声,如通风机、鼓风机、空气压缩机、铆枪、空气锤打桩机、电锤打桩机等发出的噪声。

③ 电磁性噪声,如发电机、变压器等发出的噪声。

④ 爆炸性噪声,如爆破作业过程中发出的噪声。

以上噪声不仅损害人的听觉系统,造成职业性耳聋、爆炸性耳聋,严重者可致鼓膜出血,而且可能造成神经系统紊乱、胃肠功能紊乱等。

(6) 振动

建筑行业产生振动危害的作业主要有:风钻、风铲、铆枪、混凝土振动器、锻锤打桩机汽车、推土机、铲运机、挖掘机、打夯机、拖拉机、小翻斗车等。

振动危害,分为局部症状和全身症状。局部症状主要是手指麻木、胀痛、无力,双手震颤,手腕关节骨质变形,指端坏死等;全身症状,主要是脚部周围神经和血管的改变,肌肉触痛以及头晕、头痛、腹痛、呕吐、平衡失调及内分泌障碍等。

(7) 高温作业

在建筑施工中露天作业,常可遇到气温高、湿度大、强热辐射等不良气象条件。如果施工环境气温超过 35℃ 或热辐射强度超过 6.3 J/(cm² · min),或气温在 30℃ 以上、相对湿度超过 80% 的作业,称为高温作业。

高温作业可造成人体体温和皮肤温度升高、水盐代谢改变、循环系统改变、消化系统改变、神经系统改变以及泌尿系统改变。

2. 职业卫生工程安全技术措施

1) 防尘技术措施

(1) 水泥除尘措施

① 搅拌机除尘

在建筑施工现场,搅拌机流动性比较大,因此,除尘设备必须考虑其特点,既要达到除尘目的,又要做到装、拆方便。

搅拌机上有 2 个粉尘源:一是向料斗上加料时飞起的粉尘;二是料斗向拌筒中倒料时,从进料口、出料口飞起的粉尘。

搅拌机除尘的措施是采用通风除尘系统,即在搅拌筒出料口安装活动胶皮护罩,挡住粉尘外扬;在拌筒上方安装吸尘罩,将拌筒进料口飞起的粉尘吸走;在地面料斗侧向安装吸尘罩,将加料时扬起的粉尘吸走,通过风机将空气粉尘送入旋风滤尘器,再通过滤尘器内水浴将粉尘降落,流入沉淀池。

② 搅拌站除尘

水泥制品厂搅拌站多采用混凝土搅拌自动化。由计算机控制混凝土搅拌、输送全系统,这不仅提高了生产效率,减轻了工人劳动强度,同时在进料仓上方安装水泥、砂料粉尘除尘器,就可使料斗作业点粉尘降为零,从而达到彻底改善职工劳动条件的目的。

(2) 木屑除尘措施

可在每台加工机械尘源上方或侧向安装吸尘罩,通过风机作用,将粉尘吸入输送管道,再送到蓄料仓内。

(3) 金属除尘措施

钢、铝门窗的抛光(砂轮打磨)作业中,一般是采用局部通风除尘系统。或在打磨台工人操作的侧方安装吸尘罩,通过支道管、主道管,将含金属粉尘的空气输送到室外。

2) 防中毒技术措施

(1) 职业中毒预防措施

在职业中毒的预防上,管理和生产部门应采取以下方面的措施。

① 加强管理,搞好防毒工作。

② 严格执行劳动保护法规和卫生标准。

③ 对新建、改建、扩建的工程,一定要做到主体工程和防毒设施同时设计、施工及投产使用。

④ 依靠科学技术,提高预防中毒的技术水平。包括:改革工艺、禁止使用危害严重的化工产品、加强设备的密闭化、加强通风。

(2) 生产工人预防职业中毒的措施

对生产工人应采取下面的预防职业中毒的措施:

① 认真执行操作规程,熟练掌握操作方法,严防错误操作。

② 穿戴好个人防护用品。

(3) 防止铅中毒的技术措施

防止铅中毒要积极采取措施,改善劳动条件,降低生产环境空气中铅烟浓度,达到国家规定标准($0.03\ mg/m^3$)。铅尘浓度在 $0.05\ mg/m^3$ 以下,就可以防止铅中毒。具体措施如下。

① 清除或减少铅毒发生源。

② 改进工艺,使生产过程机械化、密闭化,减少与铅烟或铅尘接触的机会。

③ 加强个人防护及个人卫生。

(4) 防止锰中毒的技术措施

预防锰中毒,最主要的是应在那些通风不良的电焊作业场所采取措施,使空气中锰烟

浓度降低到 $0.2\,mg/m^3$ 以下。

预防锰中毒主要应采取下列具体防护措施。

① 加强机械通风,或安装锰烟抽风装置,以降低现场锰浓度。

② 尽量采用低尘低毒焊条或无锰焊条,用自动焊代替手工焊等。

③ 工作时戴手套、口罩,饭前洗手漱口,下班后全身淋浴,不在车间内吸烟、喝水、进食。

(5) 预防苯中毒的措施

建筑企业使用油漆、喷漆的工人较多,施工前应采取综合性预防措施,使苯在空气中的浓度下降到国家卫生标准的标准值(苯为 $40\,mg/m^3$,甲苯、二甲苯为 $100\,mg/m^3$)以下。

主要应采取以下措施。

① 用无毒或低毒物代替苯。

② 在喷漆上采用新的工艺。

③ 采用密闭的操作和局部抽风排毒设备。

④ 在进入密闭的场所,如地下室等环境工作时,应戴防毒面具。

⑤ 在通风不良的地下室、防水池内涂刷各种防腐涂料、环氧树脂或玻璃钢等作业时,必须根据场地大小,采取多台抽风机把苯等有害气体抽出室外,以防止急性苯中毒。

⑥ 施工现场油漆配料房,应改善自然通风条件,减少连续配料时间,防止发生苯中毒和铅中毒。

⑦ 在较小的喷漆室内进行小件喷漆,可以采取水幕隔离的防护措施,即工人在水幕外面操纵喷枪,喷嘴在水幕内喷漆。

3) 弧光辐射、红外线、紫外线的防护措施

生产中的红外线和紫外线主要采源于火焰和加热的物体,如气焊和气割等。

(1) 为了保护眼睛不受电弧的伤害,焊接时必须使用镶有特制防护眼镜片的面罩。可根据焊接电流强度和个人眼睛情况,选择吸水式滤光镜片或是反射式防护镜片。

(2) 为防止弧光灼伤皮肤,焊工必须穿好工作服、戴好手套和鞋帽。

4) 防止噪声危害的技术措施

各建筑、安装企业应重视噪声的治理,主要应从三个方面着手:消除和减弱生产中噪声源,控制噪声的传播和加强个人防护。

(1) 控制和减弱噪声。从改革工艺入手,以无声的工具代替有声的工具。

(2) 控制噪声的传播

① 合理布局。

② 从消声方面采取措施,如消声、吸声、隔声、隔振、增加阻尼。

(3) 做好个人防护。及时戴耳塞、耳罩、头盔等防噪声用品。

(4) 定期进行预防性体检。

5) 防止振动危害的技术措施

(1) 隔振,就是在振源与需要防振的设备之间,安装具有弹性性能的隔振装置,使振

源产生的大部分振动被隔振装置所吸收。

（2）改革生产工艺,是防止振动危害的根本措施。

（3）有些手持振动工具的手柄包扎泡沫塑料等隔振垫,工人操作时戴好专用的防振手套也可减少振动的危害。

6）防暑降温措施

（1）为了补偿高温作业工人因大量出汗而损失的水分和盐分,最好的办法是供给含盐饮料。

（2）对高温作业工人应进行身体检查,凡有心血管器质性疾病者不宜从事高空作业。

（3）炎热季节医务人员要到现场巡查,发现工人中暑,要立即抢救。

4.6.4　伤害急救

1. 施工现场急救步骤

施工现场可能发生的伤害有触电、高空坠落、烧伤或烫伤、中暑、溺水、中毒、心肌梗死、突发脑出血等。现场急救,就是应用急救知识和简单的急救技术进行现场初步抢救,最大限度地稳定伤员的伤情、病情,减少并发症,维持伤员的基本生命特征等。

现场急救步骤如下。

（1）事故上报

出现事故第一时间向上级主管部门报告并调查事故现场,调查时要确保调查者、伤员或其他人无任何危险,迅速使伤病员远离危险场所。

（2）对伤员进行必要的现场处理

初步检查伤员,判断其神志是否清醒,呼吸循环是否有问题,必要时立即进行现场急救和监护,使伤员保持呼吸顺畅,视情况采取有效的急救措施,如:包扎伤口、防止休克、固定保存断裂的器官或组织、预防感染、做好止痛等措施。

指定专人呼叫救护车,同时实施急救,直到救护人员到达现场,还应向医护人员介绍伤员病情及救护措施。

2. 创伤急救

在急性职业创伤中,急性软组织创伤最多见,可以是小伤口或小裂口,也可能是大片组织的撕脱,常见于有大型滚筒、连动皮带和大型切刀等的工作环境,因挤压、碾轧、绞拉、切削或被硬物撞击致伤;腹部伤多见于坠跌、撞击、挤压和利器刺人时。半数以上的急性职业创伤是因违反操作规程所致,其次是因设备缺陷或管理缺陷所致。这些创伤完全可以防止。

1）施工现场事故创伤发生的特点与分类

（1）施工现场事故创伤发生的特点

① 伤情复杂,往往是多发伤、复合伤并存,表现为多个部位损伤或多种因素的损伤。

② 受伤突然,伤情凶险,变化快。休克、昏迷等早期并发症发生率高。

③ 现场急救至关重要,往往影响着临床救治时机和创伤的转归。

④ 处理不好,致残率高。

(2) 创伤的基本分类

① 开放性创伤

开放性创伤是指皮肤或黏膜的破损,常见的有擦伤、切割伤、撕裂伤、刺伤、撕脱、烧伤等。开放性创伤容易诊断,易发生伤口感染。

② 闭合性创伤

闭合性创伤是指人体内组织的损伤,而没有皮肤黏膜的破损,常见的有挫伤、扭伤、挤压伤等。闭合性创伤诊断相对困难,需要一定临床密切观察期或者使用一定检查工具及手段排查。

2) 现场急救

止血、包扎、固定、搬运是外伤救护的四项基本技术。先抢后救,先重后轻,先急后缓,先近后远;先止血后包扎,再固定后搬运。

(1) 开放性创伤的处理

① 伤口清洗消毒

对伤口进行清洗消毒,可用生理盐水和酒精棉球将伤口和周围皮肤上沾染的泥沙、污物等清理干净,并用干净纱布吸收水分及渗血,再用酒精等药物进行初步消毒。

在没有消毒条件的情况下,可用清洁水冲洗伤口,最好用流动的自来水冲洗,然后用干净的布或敷料吸干伤口。

② 出血不止的伤口的处理

出血不止的伤口主要有两类:一种是动脉出血,血色鲜红,血流出如喷泉状,时间稍有延误就可造成病人死亡。一种是静脉出血,血色紫红,血流出较徐缓。对于出血不止的伤口,要及时有效的止血,对抢救伤员性命有重要意义。

一般可采用直接按压、抬高肢体、压迫供血动脉、包扎等方式止血,在现场处理时,应根据出血类型和部位不同采用不同的止血方法:

a) 一般止血法:针对小的创口出血。需用生理盐水冲洗消毒患部,然后覆盖多层消毒纱布用绷带扎紧包扎。

b) 指压止血法:只适用于头面颈部及四肢的动脉出血急救,注意压迫时间不能过长。

头顶部出血:在伤侧耳前,对准下颌耳屏上前方 1.5 厘米处,用拇指压迫颞浅动脉。

头颈部出血:四个手指并拢对准颈部胸锁乳突肌中段内侧,将颈总动脉压向颈椎。注意不能同时压迫两侧颈总动脉,以免造成脑缺血坏死。压迫时间也不能太久,以免造成危险。

上臂出血:一手抬高患肢,另一手四个手指对准上臂中段内侧压迫肱动脉。

手掌出血:将患肢抬高,用两手拇指分别压迫手腕部的尺、桡动脉。

大腿出血：在腹股沟中稍下方，用双手拇指向后用力压股动脉。

足部出血：用两手拇指分别压迫足背动脉和内踝与跟腱之间的颈后动脉。

c）屈肢加垫止血法：当前臂或小腿出血时，可在肘窝、膝窝内放以纱布垫、棉花团或毛巾、衣服等物品，屈曲关节，用三角巾作 8 字形固定。但对于骨折或关节脱位者不能使用。

d）橡皮止血带止血：常用的止血带是三尺左右长的橡皮管。方法是：掌心向上，止血带一端由虎口拿住，一手拉紧，绕肢体 2 圈，中、食两指将止血带的末端夹住，顺着肢体用力拉下，压住余头，以免滑脱。注意使用止血带要加垫，不要直接扎在皮肤上。每隔 45 分钟放松止血带 2～3 分钟，松时慢慢用指压法代替。

e）绞紧止血法：把三角巾折成带形，打一个活结，取一根小棒穿在带子外侧绞紧，将绞紧后的小棒插在活结小圈内固定。

f）填塞止血法：将消毒的纱布、棉垫、急救包填塞、压迫在创口内，外用绷带、三角巾包扎，松紧度以达到止血为宜。

（2）闭合性创伤的处理

① 较轻的闭合性创伤，如局部挫伤、皮下出血，可在受伤部位进行冷敷，以防止组织继续肿胀，减少皮下出血。

② 如发现人员从高处坠落或摔伤等意外时，要仔细检查其头部、颈部、胸部、腹部、四肢、背部和脊椎，检查是否有肿胀、青紫、局部压疼、骨摩擦声等其他内部损伤，假如出现上述情况，不能对患者随意搬动，需按照正确的搬运方法进行搬运，否则可能造成患者神经、血管损伤并加重伤情。

现场常用的搬运方法有：

a）担架搬运法

用担架搬运时，要使伤员头部向后，以便后面抬担架的人可随时观察其变化。

b）徒手搬运法

徒手搬运法适用于伤情较轻且搬运距离短的伤员。单人搬运法是用搀扶、抱、背等方法；双人搬运法是用双人椅式、平托式等方法；多人搬运法是用平卧托运等方法。

③ 如怀疑有内伤，应尽早使伤员得到医疗处理：运送伤员时要采取卧位，小心搬运，注意保持呼吸道畅通，注意防止休克。

在搬运严重创伤办有大量出血或以休克的伤员时，要平卧运送伤员，头部可放置冰袋或带冰帽，路途中要尽量避免振动。

在搬运高处坠落伤员时，如已有脊椎受伤可能，一定要使伤员平卧在硬板上搬运，切忌只抬伤员的两肩与两腿或单肩背送伤员。因为这样会使伤员的躯干过分屈曲或过分伸展，致使以受了伤的脊椎移位甚至断裂，造成瘫痪甚至死亡。

运送过程中，如果伤员出现呼吸、心搏骤停时，应立即进行人工呼吸和体外心脏挤压法等急救措施。

3. 骨折与软组织损伤急救

骨折是指骨的完整性和连续性中断，常见的是创伤性骨折。骨折通常分为闭合性和开放性两大类。闭合性骨折指皮肤软组织相对完整,骨折端尚未和外界连通;开放性骨折是指骨折处有伤口,骨折端已与外界连通。

1) 现场急救原则

对于非医学专业的救助者,在事发现场一定要坚持骨折救治的"三个不"法则:

(1) 不复位

因为盲目复位极易造成二次损伤,或污染的骨折端回缩造成深部感染。

(2) 不盲目上药

这种做法会给医院处理增加难度,建议没有医学经验或经过急救培训的人,最好不要给患者上药,以免增加处理难度。

(3) 不冲洗

因为冲洗易将污染物带入身体深部甚至骨髓,造成伤口感染,引发其他疾病。

2) 现场急救处理

(1) 伤口表面处理

如受伤者是开放性骨折,伤口处势必有大量的出血,其处理除应及时恰当地止血外,还应立即用消毒纱布或干净布包扎伤口,以防伤口继续被污染。

如伤口表面有异物,一定要取掉,而外露的骨折端,非专业的救助者切勿推入伤口,以免污染深层组织。伤口深处有较大异物时,如不能判断其深度和是否有大血管损伤时,不能立即取出异物,应送到医院后由医生处理。伤口周围有松动的异物,且无明显出血时可用消毒纱布轻拭擦去。拭擦异物的方向应由创面向外周移动,否则会加重污染或加重创伤。

(2) 四肢骨折固定

现场急救时正确、及时地固定患肢,可减少伤者的疼痛及二次损伤,同时也便于伤员的搬运和转送。力求简单而有效,不要求对骨折准确复位。

现场人员一定要先使受伤部位用制式夹板或就地取材如木棍、竹片、树枝、手杖、报纸等做成的夹板进行骨折固定。

如找不到固定的硬物,也可用布带直接将伤肢绑在身上,骨折的上肢可固定在胸壁上,使前臂悬于胸前;骨折的下肢可同健肢固定在一起。

① 在上夹板前凡是和身体接触的地方要用棉花、软物垫好,避免进一步压迫,摩擦损伤。骨的凹凸处,四肢、躯干的凹凸处因骨折造成的畸形处,一定要加够厚的棉织品软垫才能避免再度损伤。

② 骨折固定绑扎时应将骨折处上下两个关节同时固定,才能限制骨折处的活动。要求夹板长度一定要超过骨折处上下两个关节。只有大腿骨折时夹板的长度是从腋下至足跟,因为大腿肌肉丰厚,仅仅固定髋及膝关节,难以固定牢固。

③ 骨折固定绑扎的顺序。应先固定骨折的近心端,再固定骨折的远心端;然后依次由上到下固定各关节处;下肢骨折和脊柱骨折要将两脚靠在一起,中间加厚垫,用"8"字包扎方法固定;绑扎松紧度以绑扎的带子上下能活动一厘米为宜。

四肢固定要露出指(趾)尖,以便随时观察末梢血液循环状况。如果指(趾)尖苍白、发凉、发麻或发紫。说明固定太紧,要松开重新调整固定压力。

4. 昏迷和触电急救

1) 昏迷急救

昏迷的原因有很多,如急性脑血管病脑出血、脑梗死等,糖尿病引起低血糖昏迷、酮症酸中毒、高血糖高渗性昏迷,脑外伤、脑肿瘤,中毒引起的昏迷等,应谨慎处置。

遇到昏迷的情况的急救方法是:

(1) 将患者平躺

昏迷病人应去枕平卧,头后仰并偏向一侧,并及时拨打 120 急救电话。

(2) 检查呼吸和脉搏

不要随意移动病人,及时清理口腔内的呕吐物、分泌物,使呼吸道通畅,防止发生窒息。

(3) 心肺复苏

一旦发生心脏骤停或呼吸停止,立即进行心肺复苏。

① 胸外按压

将伤病员仰卧,摆成心肺复苏体位,打开上衣,松开裤带。

救护人跪在触电者一侧或骑跪在其腰部两侧,手掌根部按压在胸骨体中下 1/3 处,救护者身体前倾,双臂伸直,两手掌平放重叠,十指相扣,贴腕绕指,以髋关节(胯部)用力,肘关节伸直向下压(垂直用力),按压使胸骨下陷 5~6 厘米。

按压频率每分钟 100~120 次。可用双音节数数,以保证节律,如默数“01、02、03……”按压后让胸廓充分回弹,放松时掌根不必完全离开胸部以至减少按压中断。

② 人工呼吸

一只手按住病人的额头,另一只手的食指、中指托起他的下巴,使头向后仰,开放气道,用拇指、食指捏紧病人鼻孔,吸足一口气后,用嘴严密包住病人的嘴,以中等力量将气吹入病人口内,不要漏气,吹气时间为 1 秒钟,此时可用一手将其鼻孔捏住。

当看到病人的胸廓起伏时停止吹气,离开病人的口唇,松开捏紧病人鼻孔的手指,施救者再侧转头吸入新鲜空气。连续进行 2 次人工呼吸(通气),避免过度通气。

③ 持续对病人实施按压

按压与通气比例为 30∶2,即按压 30 次后给予 2 次人工呼吸,尽量减少按压中断时间,直到病人恢复呼吸、脉搏,或有专业急救人员到达现场。

若施救者不愿对病人进行口对口人工呼吸,可给予病人不间断的持续胸外按压,直到患者恢复呼吸心跳或专业急救人员到达现场。

2) 触电急救

(1) 脱离电源

发现有人触电时,应立即断开电源开关或拔出插头,若一时无法找到并断开电源开关时,可用绝缘物(如干燥的木棒、竹竿、手套)将电线移开,使触电者脱离电源。必要时可用绝缘工具切断电源。如果触电者在高处,要采取防摔措施,防止触电者脱离电源后摔伤。

（2）救护前诊断

根据触电者的情况，进行简单的诊断，并分别处理：

① 病人神志清醒，但感乏力、头昏、心悸、出冷汗，甚至有恶心或呕吐。此类病人应使其就地安静休息，减轻心脏负担，加快恢复；情况严重时，应立即小心送往医疗部门检查治疗。

② 病人呼吸、心跳尚存在，但神志昏迷。此时，应将病人仰卧，周围空气要流通，并注意保暖；除了要严密观察外，还要做好人工呼吸和心脏挤压的准备工作。

③ 如经检查发现，病人处于"假死"状态，则应立即针对不同类型的"假死"进行对症处理：如呼吸停止，应用口对口的人工呼吸法来维持气体交换；如心脏停止跳动，应用体外人工心脏按压法来维持血液循环。

（3）紧急救护方法

① 人工呼吸

人工呼吸法是在触电者呼吸停止后应用的急救方法。各种人工呼吸法中，一口对口（鼻）人工呼吸效果最好，其方法简单易学，容易掌握。施行人工呼吸前，应迅速解除妨碍呼吸的一切障碍，使呼吸道畅通，如宽衣解带，清除口腔内杂物等。人工呼吸时，必须使触电者仰卧，头部充分后仰，鼻孔朝上，以利呼吸道畅通。其操作方法见"昏迷急救"的"心肺复苏"一节。

② 胸外心脏按压法

胸外心脏按压法是触电者心脏跳动停止后的急救方法。其操作方法见"昏迷急救"的"心肺复苏"一节。

抢救过程中，如发现触电者嘴唇稍有开合，或眼皮活动或喉咙间有咽东西的动作，则应注意其是否自动心脏跳动和自动呼吸。

触电者能自己开口呼吸，即可停止人工呼吸，如果人工呼吸停止后，触电者仍不能自己呼吸，则应立即再做人工呼吸。急救过程中，如果触电者身上出现尸斑或身体僵硬，经医生做出无效救治的诊断后方可停止抢救。

触电者的生命能否获救，在绝大多数情况下取决于能否迅速脱离电源和正确地实行人工呼吸和心脏按压，拖延时间、动作迟缓或救护不当，都可能造成死亡。

5. 烧（灼）伤、烫伤及冻伤急救

发生烧烫伤，正确的急救方式十分重要，基本急救原则为消除热源、灭火、自救互救。

1）烧伤烫伤的现场急救处理

烧伤发生时，最好的就治方法是用冷水冲洗，或伤员自己浸入附近水池浸泡，防止烧伤面积进一步扩大。

（1）尽快扑灭身上的火焰，迅速逃离现场。

当衣服着火时，应立即脱去，采用如水浸、水淋、就地卧倒翻滚等方法尽快灭火。

千万不可直立奔跑或站立呼喊,以免助长燃烧,引起或加重呼吸道烧伤。冬天身穿棉衣时,有时明火熄灭、暗火仍燃,衣服如有冒烟现象应立即脱下或剪去以避免继续烧伤。

先去除烧伤源后,将伤员尽快转移到空气流通的地方,如衣服和皮肤粘在一起,可在救护人员的帮助下把未粘的部分剪去,并对创面进行包扎。烫伤时,立即除去衣物,用洁净自来水或井水冲洗创面,小面积者可持续冲洗 20～30 分钟。

（2）创面保护

在现场,没有专业人员在场,除了化学烧伤可用大量流动清水冲洗外,对创面一般不做处理,尽量不弄破水泡,保护表皮。

为防止创面继续污染,避免加重感染和加深创面,应立即用大块纱布、清洁的衣服、被单等,给予简单包扎,把伤面包裹起来,防止再次污染。手足烧伤时,应将各个指、趾分开包扎,以防粘连。

2）化学烧伤现场急救处理

（1）脱

发生烧烫伤后尽量让表皮存留在原处,千万不要很快将衣服撸下来,这么做对皮肤的损伤比较大。如果是比较紧的衣服,拿剪刀剪开;比较宽松的衣服,可以两人一起帮助撑着脱下来;如果衣服和皮肤已经完全粘在一起,不要自己处理,立即送往医院。

（2）冲

烧烫伤后皮肤受损的原因有两个,一是温度高,二是温度持续时间长。冷疗能降低受伤组织的严重程度。烧烫伤后用常温水冲,要冲到感觉不到热灼疼痛感为止,一般需要半个小时以上。

注意:冲水适用于中小面积烧烫伤。大面积烧烫伤要尽快送医院,后续的处理更重要。

（3）泡

根据现场的实际情况和条件,因地制宜,见机行事,如可以跳进附近河水或池塘中浸泡。

泡在凉水中,常温水就可以。泡半个小时较合适,疼痛缓解了就可以到医院进行下一步的治疗。

（4）盖

经过冲洗后,创面上不要涂红药水、紫药水及民间常用的老鼠油、狗油等,用干净的布或被单盖在创面上,将创面保护起来。

为了防止感染和沾染脏东西,可用保鲜膜、干净的衣服或者浸湿了凉水的毛巾等覆盖创面,但不建议用卫生纸。

（5）送

烧烫伤和别的疾病不太一样,如果工程管理人员不知道哪些医院有烧伤科,要就近送到三级医院、二级医院。送到最近的医院处理后,建议立即转送专科医院,尤其是重症患者。

3) 冻伤急救

冻伤是低温袭击所引起的全身性或局部性损伤。引起冻伤的原因主要是低温、身体长时间暴露、潮湿、风、水所造成的大量热量流失。

冻伤一般表现为耳郭、手、足等处发红或发紫、肿胀,严重时会出现肢体坏死,甚至死亡。冻伤的发生除了与寒冷的强度、风速、湿度、受冻时间有关,还与潮湿、局部血液循环不良和抗寒能力下降有关。

冻伤分全身冻伤和局部冻伤两类,局部冻伤较多见,多发生在手指、脚趾、手背、足跟、耳郭、鼻尖、面颊部等处。全身冻伤见于在登山中被雪埋盖或沉船落水,机体受到严重寒冷侵袭时引起的全身功能障碍和组织损伤,人体被冻成僵硬状态。

(1) 冻伤分级

① 一度冻伤

皮肤浅层冻伤。局部皮肤苍白,有麻木感,进而皮肤充血、水肿,痒、刺痛和感觉异常。

② 二度冻伤

皮肤全层冻伤。皮肤红肿,有大小不等的水疱,水疱破溃后流出黄色浆液,易感染。自觉皮肤发热,疼痛较重。

③ 三度冻伤

局部皮肤或肢体发生坏死,皮肤呈紫褐色或黑色,局部感觉完全消失。

④ 全身冻伤

体温明显下降,全身肌肉僵硬,皮肤苍白水肿,呼吸心跳微弱甚至停止,危及生命。

(2) 冻伤急救

冻伤救护原则是尽快脱离低温环境,注意保暖,尽可能将冻伤人员送往专业医院进行救护。

① 一度冻伤

速将伤肢放入温水(约 37～40℃)中浸泡 20～30 min 以达到复温的目的。

② 二度、三度冻伤

保持创面清洁干燥,肢体保温,伤肢肿胀较剧或已有炎症时,则将健侧肢体放入温水中(若双脚冻伤,则双手放入温水中),改善冻伤部位的血液循环。

局部有水疱,不要弄破,待其自行消退,在手指、足趾之间放置消毒敷料包扎,保持局部干燥,防止粘连,减少并发症。

禁用高温烘烤、热敷、冷水浴、雪挫、捶打等方法恢复体温,不要使用粘性敷料处理伤员,三度的局部冻伤,应由医生处理。

③ 全身冻伤

全身冻伤肢体冻僵、意识丧失者,在搬运时要注意动作的轻巧柔和,否则会造成肢体扭伤、组织断裂及骨折。

对心跳呼吸骤停者,立即进行心肺复苏。拨打急救电话送到医疗机构。有条件可利用保温毯进行保温。

6. 中暑及中毒急救

1) 中暑急救

中暑是指人体处于高温环境中,因体热平衡功能紊乱而突然发生高热、皮肤干燥、无汗及意识丧失或惊厥等表现特征的一种急性病,临床上根据症状轻重分为:先兆、轻度、重度中暑三种类型。

发现有中暑迹象后,应当将中暑者迅速转移至阴凉通风的地方,解开衣服、脱掉鞋子,让其平卧,头部不要抬高。并进行降温,用凉水或医用酒精擦其全身,直到皮肤发红,血管扩张以促进散热。

(1) 中暑症状轻者

对中暑症状轻者,带其离开高温环境到阴凉通风的地方适当休息,饮用冷盐开水,冷水洗脸,进行通风降温等;对中暑症状较重者,救护人员应将其移到阴凉通风处,平卧、揭开衣服采取冷湿毛巾敷头部、冷水擦身体及通风降温等方法给患者降温。

(2) 严重中暑者

对严重中暑者(体温较高者)还可用冷水冲淋或在头、颈、腋下、大腿放置冰袋等方法迅速降温,如中暑者能饮水,则应让其喝冷盐开水或其他清凉饮料,以补充水分和盐分,最好转送医院作进一步急救治疗。

2) 中毒急救

施工现场发生的中毒主要有食物中毒、燃气中毒及毒气中毒;中暑是指人员因处于高温高热的环境而引起的疾病。

(1) 食物中毒的救护

① 发现饭后多有人呕吐、腹泻等不正常症状时,尽量让病人大量饮水,用压舌板等刺激咽后壁或舌根部以催吐,如此反复,刺激喉部使其呕吐。

② 立即将病人送往就近医院或打急救电话120,对催吐无效或神志不清的,则需进行洗胃。

③ 及时报告工地负责人和当地卫生防疫部门,并保留剩余食品以备检验。

(2) 毒气中毒的救护

吸入毒气:如工人进入下水道、地下管道、地下的或密封的仓库、化粪池等不通风的地方施工,或环境中有有毒、有害气体以及焊割作业,或有乙炔气、硫化氢、煤气泄漏,二氧化碳过量,尤其是涂料、保温、粘合等施工时苯气体、铅蒸汽等作业产生的有毒有害气体的吸入造成中毒时,应及时将中毒人员脱离现场,在抢救和治疗时应加强通风和吸氧。

① 在发现施工中有人发生毒气中毒昏迷时,救护人员不能盲目下去救助。必须先向出事地点送风,待有害气体降到允许浓度时,救助人员装备齐全安全保护用具,施救时一定要佩戴防毒面具。

② 立即报告工地负责人及有关部门,现场不具备抢救条件时,应及时拨打110或120电话求救。

③ 将中毒者抬至空气新鲜的地点后,立即送至医院救治。

（3）皮肤污染、体表接触毒物

如在施工现场因接触油漆、涂料、沥青、外掺剂、添加剂、化学制品等有毒物品中毒时,应脱去污染的衣物并用大量的清水清洗被污染的皮肤、头发以及指甲等,对不能溶于水的毒物用适宜的溶剂进行清洗。

在线题库

4.6 节

参考文献

[1] 周和荣.安全员专业管理实务[M].北京:中国建筑工业出版社,2007.

[2] 王洪德.安全员[M].武汉:华中科技大学出版社,2009.

[3] 王洪德.毕业就当安全员[M].北京:中国电力出版社,2011.

[4] 陈晖.安全员专业管理实务[M].北京:中国电力出版社,2011.

[5] 王东升.建筑工程安全生产技术与管理[M].徐州:中国矿业大学出版社,2010.

[6] 李林.建筑工程安全技术与管理[M].北京:机械工业出版社,2010.

[7] 李钰.建筑施工安全[M].北京:中国建筑工业出版杜,2012.

[8] 于春林.建筑工程安全员[M].南京:江苏科学技术出版社,2012.

[9] 朱建军.建筑安全工程[M].北京:化学工业出版社,2007.

[10] 廖亚立.建筑工程安全员培训教材[M].北京:中国建材工业出版社,2010.

[11] 建设部干部学院.建筑施工安全技术与管理[M].武汉:华中科技大学出版社,2009.

[12] 罗凯.建筑工程施工项目专职安全指导手册[M].北京:中国建筑工业出版社,2007.

[13] 蔡中辉.安全员[M].武汉:华中科技大学出版社,2008.

[14] 宋健,韩志刚.建筑工程安全管理[M].北京:北京大学出版社,2011.

[15] 颜剑锋,武田艳,柯翔西.建筑工程管理[M].北京:中国建筑工业出版社,2013.

[16] 曹进.建筑工程施工安全与计算[M].北京:化学工业出版社,2008.

[17] 杜雪海.建筑工程安全员人门与提高[M].长沙:湖南大学出版社,2012.

[18] 周连起,刘学应.建筑工程质量与安全管理[M].北京:北京大学出版社,2010.